# 非线性脉冲微分方程

张玲玲　翟成波　王国涛　编著

中国矿业大学出版社
· 徐州 ·

## 内容提要

本书系统介绍了非线性脉冲微分方程的有关基础概念、基本方法和结论。首先介绍了研究非线性脉冲微分方程所需的必要知识和结论。接着分别介绍了一阶、二阶、高阶脉冲微分方程和脉冲积微分方程初值问题、边值问题，讨论了解的存在性、唯一性和多重性，并举例验证。

本书旨在为读者了解非线性脉冲微分方程的研究方法、研究动态和发展趋势提供参考。本书内容充实、论述严谨、方法实用，既能使读者尽快了解和掌握脉冲微分方程的基本理论，又能提高其应用数学方法解决实际问题的能力。

**图书在版编目(CIP)数据**

非线性脉冲微分方程 / 张玲玲，翟成波，王国涛编著. — 徐州 ：中国矿业大学出版社，2025. 1. — ISBN 978 - 7 - 5646 - 6615 - 6

Ⅰ. O175

中国国家版本馆 CIP 数据核字第 2025S7Z531 号

**书　　名**　非线性脉冲微分方程
**编　　著**　张玲玲　翟成波　王国涛
**责任编辑**　张　岩　赵朋举
**出版发行**　中国矿业大学出版社有限责任公司
（江苏省徐州市解放南路　邮编 221008）
**营销热线**　(0516)83885370　83884103
**出版服务**　(0516)83995789　83884920
**网　　址**　http://www.cumtp.com　**E-mail**:cumtpvip@cumtp.com
**印　　刷**　徐州中矿大印发科技有限公司
**开　　本**　787 mm×1092 mm　1/16　**印张** 16.75　**字数** 328 千字
**版次印次**　2025 年 1 月第 1 版　2025 年 1 月第 1 次印刷
**定　　价**　42.80 元

# 前　言

脉冲现象反映了过程或系统中出现的瞬时突变现象，在物理学、力学、化学、生物学等相关领域中广泛存在.含有脉冲现象的变化过程或系统通常可用脉冲微分方程来描述；研究非线性脉冲微分方程可解性问题，可以客观描述瞬时突变对系统状态产生的影响，从而进一步揭示系统的内在机理与变化规律.

本书运用非线性泛函分析的方法与工具研究了非线性脉冲微分方程解的存在性问题.首先介绍了研究非线性脉冲微分方程所需的必要知识和结论，包括Banach空间，锥与半序，非线性算子及其不动点定理和非紧性测度等相关知识.接着介绍了一阶、二阶、高阶脉冲微分方程和脉冲积微分方程初值问题、边值问题，讨论了解的存在性、唯一性和多重性，并举例验证，同时也对分数阶脉冲微分方程解的存在性问题做了简要介绍.本书旨在为读者了解非线性脉冲微分方程的研究方法、研究动态和发展趋势提供参考.

本书内容充实、论述严谨、方法实用，能够帮助读者快速掌握脉冲微分方程的基本理论，同时着重提升运用数学方法解决实际问题的能力，以及分析、总结和概括能力.在此基础上，进一步培养读者的科研能力，为他们在相关领域的深入研究和实践打下坚实基础.

本书可作为高等院校数学专业和其他有关专业高年级本科生、研究生的教材，也可作为相关科学工作者的参考用书.

**编　者**

2024年9月

# 目　录

# 第 1 章　预备知识

本章主要介绍一些基础概念和结论, 包括Banach空间、半序理论、不动点定理、非紧性测度、拓扑度等. 本章中, $E$表示实Banach空间, $\theta$ 表示$E$的零元, $\mathbb{R}$表示一切实数所成的集合.

## 1.1　Banach空间

**定义1.1.1**(线性空间)　设$X$为非空集合, $\mathbb{K}$是复（或实）数域. 如果下列条件满足, 便称$X$为一复（或实）线性空间.

(1) 在$X$中定义加法, 对任意$x, y \in X$, 存在$u \in X$, 使得 $u = x + y$ 称为 $x$, $y$ 之和, 满足

(i) $x + y = y + x$;

(ii) $(x + y) + z = x + (y + z)$;

(iii) 存在唯一的 $\theta \in X$, 对任意的$x \in X, x + \theta = \theta + x$;

(iv) 对任意的$x \in X$, $\exists x' \in X$, 使得$x + x' = \theta$, 记此 $x'$ 为 $-x$.

(2) 定义数域 $\mathbb{K}$ 中的数 $\alpha$ 与 $x \in X$ 的数乘运算, 即对任意的 $(\alpha, x) \in \mathbb{K} \times X$, 存在 $u \in X$, 记 $u = \alpha x$ 称为 $x$ 对 $\alpha$ 的数乘, 满足

(i) $\alpha(\beta x) = (\alpha\beta)x, \qquad (\forall \alpha, \beta \in \mathbb{K}, \forall x \in X)$;

(ii) $1x = x$;

(iii) $(\alpha + \beta)x = \alpha x + \beta x, \qquad (\forall \alpha, \beta \in \mathbb{K}, \forall x \in X)$;

(iv) $\alpha(x + y) = \alpha x + \alpha y, \qquad (\forall x, y \in X, \forall \alpha \in \mathbb{K})$.

线性空间的元素又称为向量, 因而线性空间又称为向量空间.

**定义1.1.2**(赋范线性空间) $X$是数域$\mathbb{K}$上的线性空间, 映射$\|\cdot\|: X \to \mathbb{R}$, 满足:

(i) $\forall x \in X, \|x\| \geq 0$;

(ii) $\|x\| = 0$当且仅当$x = \theta$;

(iii) $\forall x \in X, \alpha \in \mathbb{K}, \|\alpha x\| = |\alpha|\|x\|$;

(iv) $\forall x, y \in X, \|x+y\| \leq \|x\| + \|y\|$,

则称$\|\cdot\|$是$X$上的一个范数.

定义了范数的线性空间称为赋范线性空间, 记为$(X, \|\cdot\|)$ 或简记为$X$.

**定义1.1.3**(Banach空间) 完备的赋范线性空间称为Banach空间 (完备性指所有的Cauchy列均收敛).

**例1.1.1** $\mathbb{R}^n$ 是Banach 空间, 其范数定义为:

$$\| x \| = \sqrt{x_1^2 + x_2^2 + ... + x_n^2},\ \forall\ x = (x_1, x_2, \cdots, x_n) \in \mathbb{R}^n.$$

**例1.1.2** $C(G)$为有界闭集$G$上的连续函数全体, $C(G)$是一个Banach空间, 其范数定义为:

$$\| x \| = \max_{t \in G} |x(t)|,\ \forall x \in C(G).$$

**例1.1.3** $C^1[a,b]$为区间$[a,b]$上的一阶导函数连续的函数全体, $C^1[a,b]$ 是一个Banach空间, 其范数定义为:

$$\| x \| = \max_{t \in [a,b]} |x(t)| + \max_{t \in [a,b]} |x'(t)|,\ \forall\ x \in C^1[a,b].$$

**例1.1.4** $C^k[a,b]$是一个Banach空间, 其范数定义为:

$$\| x \| = \sum_{j=0}^{k} \max_{a \leq t \leq b} |x^{(j)}(t)|,\ \forall\ x \in C^k[a,b].$$

**例1.1.5** $l^\infty$是一个Banach空间, 其范数定义为:

$$\| x_n \| = \sup_{i \geq 1} |\xi_i^{(n)}|,$$

其中$x_n=\{\xi_1^n,\xi_2^n,\cdots,\xi_i^n,\cdots\}$.

**例1.1.6**　$L^p[a,b]$是一个Banach空间, 其范数定义为:

$$\| f \|_p=(\int_a^b |f(t)|^p \, \mathrm{d}t)^{\frac{1}{p}}.$$

**例1.1.7**　$C[a,b]$是一个Banach空间, 其范数定义为:

$$\| x \|=\max_{a\le t\le b}|x(t)|.$$

**定理1.1.1**　设$X$是Banach空间, 则其闭子空间是Banach空间, 相对于闭子空间的商空间是Banach空间. Banach空间的积空间是Banach空间.

**定理1.1.2**　设$X$是Banach空间, 则$X$的子空间$D$是Banach空间当且仅当$D$是闭的子空间.

**定理1.1.3**　有限维赋范线性空间都是Banach空间.

**定理1.1.4**　设$X$是Banach 空间, $Y$是赋范线性空间, 则$Y$到$X$的有界算子空间$B(Y,X)$是一个Banach空间.

**定理1.1.5**(Arzela-Ascoli定理)　设$M$是一个紧的距离空间, $F\subset C(M)$为列紧集的充要条件是

(i) $F$一致有界, 即对任意的$x\in M,\varphi\in F$, 存在$M_1>0$, 使得$|\varphi(x)|\le M_1$;

(ii) $F$等度连续, 即对任意的$\varepsilon>0$, 存在$\delta(\varepsilon)>0$, 使得

$$|\ \varphi(x_1)-\varphi(x_2)\ |<\varepsilon,$$

其中$x_1$, $x_2\in M$, 且满足$\rho(x_1,x_2)<\delta$, $\varphi\in F$.

## 1.2　锥与半序

**定义1.2.1**(锥)　若$E$为Banach空间, $P$为$E$中的非空凸闭集, 满足

(i) $x\in P$, $\lambda\ge 0\Rightarrow \lambda x\in P$;

(ii) $x\in P$, $-x\in P\Rightarrow x=\theta$, $\theta$ 为 $E$ 中零元,

则称$P$为$E$中的一个锥.

**定义1.2.2**(体锥)　用$\mathring{P}$ 表示$P$的内点集, 若$\mathring{P} \neq \varnothing$, 则称$P$为一个体锥.

**定义1.2.3**(半序)　给定$E$中的锥$P$ 后, 可在$E$中元素之间引入半序. $x \leq y : y - x \subset P$; $x < y : x \leq y$ 且 $x \neq y$; $x \ll y : y - x \in \mathring{P}$. 此序关系满足:

(i) $x \leq y, y \leq z \Rightarrow x \leq z$;

(ii) $x \leq x, \forall\, x \in E$;

(iii) $x \leq y, y \leq x \Rightarrow x = y$,

于是$E$为半序集.

**定义1.2.4**(正规锥)　若存在$\delta > 0$, 使当$\|x_1\| = \|x_2\| = 1$, $x_1$, $x_2 \in P$ 时, 恒有$\| x_1 + x_2 \| \geq \delta$, 则称$P$为正规锥.

**定义1.2.5**(极小锥, 强极小锥)　若$E$ 中任意两个元素$x$, $y$ 都存在上确界$\sup\{x, y\}$, $P$ 为极小锥. 若$E$ 中任何有上界的集$D$ 都有上确界$\sup D$, 则称$P$为强极小锥.

**定义1.2.6** (正则锥)　若$\{x_n\}$单调递增有界: $x_1 \leq x_2 \leq \cdots \leq x_n \cdots \leq y$, 有$x^* \in E$ 使$\|x_n - x^*\|_E \to 0\ (n \to \infty)$, 则称锥$P$ 是正则的.

**定义1.2.7**(全正则锥)　如果$E$中每个按范数有界的增序列必有极限, 称 $P$ 为全正则锥. ($\{x_n\} \subset E, x_1 \leq x_2 \leq \cdots \leq x_n \cdots$, $u = \sup\limits_n \|x_n\| < \infty$, 必有$x \in E$, 使$\|x_n - x\| \to 0\ (n \to \infty)$).

**定理1.2.1**(全正则与正则的关系)　$P$ 为$E$中锥, 全正则$\Rightarrow$正则 (正规).

**定义1.2.8**(再生锥)　$P$ 为$E$中一个锥, 若$E = P - P$，即 $E$ 中任何元素 $x$ 都可以表示为$x = y - z$的形式 ($y$, $z \in P$), 则称$P$是再生的.

**例1.2.1**　$E = \mathbb{R}^n$, $P_1 = \{x \mid x = (x_1, x_2, \cdots, x_n) \in \mathbb{R}^n,\ x_j \geq 0,\ j = 1, 2, \cdots, n\}$ (锥, 正规锥, 体锥, 极小锥, 强极小锥).

**例1.2.2** $E=C(G):G$为 $\mathbb{R}^n$ 某个有界闭集.

$P_2=\{x|x\in C(G),x(t)\geq 0,\ \forall\, t\in G\}$ (锥, 正规锥, 体锥, 极小锥, 不是强极小锥, 从而不是正则锥),

$P_3=\{x|x\in C(G),x(t)\geq 0,\ \forall\, t\in G$ 且 $\int_G x(t)\,\mathrm{d}t\geq \varepsilon_0\parallel x\parallel_c\}$,

$P_4=\{x|x\in C(G),x(t)\geq 0,\ \forall\, t\in G$ 且 $\min\limits_{t\in G_0}x(t)\geq \varepsilon_1\parallel x\parallel_c\}$,

其中$G_0$为$G$的闭子集, $\varepsilon_0$, $\varepsilon_1$ 为常数, 且$0<\varepsilon_0<\mathrm{mes}\ G$, $0<\varepsilon_1<1$. ($P_3$, $P_4$ 也是正规锥, 体锥).

**例1.2.3** $E=L^p(\Omega)$, $\Omega\subset\mathbb{R}^n$, $0<\mathrm{mes}\ \Omega<+\infty$, $p\geq 1$. $P_5=\{x|x\in L^p(\Omega),x(t)\geq 0\}$ (锥, 正规锥, 不是体锥).

**例1.2.4** $E=C^1[0,2\pi]$, $\parallel x\parallel=\max\limits_{0\leq t\leq 2\pi}|x(t)|+\max\limits_{0\leq t\leq 2\pi}|x'(t)|$. $P_6=\{x|x\in C^1[0,2\pi],x(t)\geq 0,\ \forall\ 0\leq t\leq 2\pi\}$ (锥, 体锥, 不是正规锥, 不是极小锥).

正规锥有以下几个等价命题:

**命题1.2.1** 锥$P$正规当且仅当存在常数$N>0$, 使当$\theta\leq x\leq y$时, 恒有$\|x\|\leq N\|y\|$.

**证明:** 必要性:(反证法) 若对任意的 $n>0$, 总有$x_n$, $y_n$, 尽管$\theta\leq x_n\leq y_n$, 但$\|x_n\|>n\parallel y_n\parallel$, $n=1,2,\cdots$. 令

$$z_n=\frac{x_n}{\parallel x_n\parallel}+\frac{y_n}{n\parallel y_n\parallel},\ h_n=-\frac{x_n}{\parallel x_n\parallel}+\frac{y_n}{n\parallel y_n\parallel},$$

有$\parallel\dfrac{z_n}{\parallel z_n\parallel}\parallel=1$, $\parallel\dfrac{h_n}{\parallel h_n\parallel}\parallel=1$, 且$|\dfrac{z_n}{\parallel z_n\parallel}|$, $|\dfrac{h_n}{\parallel h_n\parallel}|\in P$.

由 $P$ 的正规性, 存在$\delta>0$, 使

$$\parallel\frac{z_n}{\parallel z_n\parallel}+\frac{h_n}{\parallel h_n\parallel}\parallel\geq\delta,\ n=1,2,\cdots.\tag{1.2.1}$$

但是 $z_n+h_n=2\dfrac{y_n}{n\parallel y_n\parallel}$, 可以得到与(1.2.1)式矛盾的结论.

事实上,

$$\begin{aligned}&\frac{z_n}{\| z_n \|}+\frac{h_n}{\| h_n \|}\\=&\frac{\frac{2y_n}{n\|y_n\|}-h_n}{\| z_n \|}+\frac{h_n}{\| h_n \|}\\=&\frac{2y_n}{n \| y_n \| \cdot \| z_n \|}-\frac{h_n \| h_n \| -h_n \| z_n \|}{\| h_n \| \cdot \| z_n \|}\\=&\frac{2y_n}{n \| y_n \| \cdot \| z_n \|}+\frac{h_n(\| z_n \| - \| h_n \|)}{\| z_n \| \cdot \| h_n \|}.\end{aligned}$$

根据 $z_n, h_n$ 的定义有, $1-\dfrac{1}{n} \leq \| z_n \|, \| h_n \| \leq 1+\dfrac{1}{n}, | \| z_n \| - \| h_n \| | \leq \frac{2}{n}$. 由范数三角不等式可以推得, 当$n \to \infty$时, $\| \dfrac{z_n}{\| z_n \|}+\dfrac{h_n}{\| h_n \|} \| \to 0$. 与(1.2.1)式矛盾.

充分性: 若范数关于 $P$ 为半单调, 则存在 $N>0$, 对任意的 $x, y \in P$, 只要 $\theta \leq x \leq y$, 有$\| x \| \leq N \| y \|$. $\forall\, x_1 \in P$, $x_2 \in P$, $\| x_1 \|=1$, $\| x_2 \|=1$. 因为$\theta \leq x_1 \leq x_1+x_2$, 故 $1=\| x_1 \| \leq N \| x_1+x_2 \|$, $\| x_1+x_2 \| \geq \dfrac{1}{N}=\delta$. □

**命题1.2.2** 锥 $P$ 正规当且仅当任何区间 $[x_1,\ x_2]=\{\ x \mid\ x_1 \leq\ x \leq\ x_2\}$ 有界.

**证明:** 必要性: 区间$[x_1, x_2]$有界, 即对任意的$x \in [x_1, x_2]$, 存在$C>0$, 使得$\| x \| \leq C$ ($C$ 为常数). 于是 $\theta \leq x-x_1 \leq x_2-x_1$. 由 $P$ 正规, 根据半单调性, 存在 $N>0$, 使$\| x-x_1 \| \leq N \| x_2-x_1 \|$.所以

$$\| x \|=\| x-x_1+x_1 \| \leq N \| x_2-x_1 \| + \| x_1 \|=C. \tag{1.2.2}$$

充分性: (反证法) 若 $P$ 不正规, 则对任意的 $n$ , 存在 $\theta \leq x_n \leq y_n$ , 使 $\|x_n\|>n^3\|y_n\|$ , $n=1,2,\cdots$. 令 $z_n=\dfrac{x_n}{n^2 \| y_n \|}$ , 于是 $\| z_n \|>n$ ,故 $\{z_n\}$ 无界. 又由于

$$\theta \leq z_n \leq \frac{y_n}{n^2 \| y_n \|},\ \sum_{n=1}^{\infty} \| \frac{y_n}{n^2 \| y_n \|} \|=\sum_{n=1}^{\infty} \frac{1}{n^2}<+\infty, \tag{1.2.3}$$

于是$\sum\limits_{n=1}^{\infty}\frac{y_n}{n^2\|y_n\|}$收敛. 用 $u$ 表示此级数之和, 必有 $\theta\leq z_n\leq u$, $n=1,2,\cdots$, 因此$[\theta,u]$ 无界, 与假设矛盾. □

**命题1.2.3** 锥 $P$ 正规当且仅当如果 $x_n\leq z_n\leq y_n$, $x_n\to x$, $y_n\to x$, 可以得到 $z_n\to x$.

**证明:** 必要性: $P$ 正规, 必有半单调性. 当 $x_n\leq z_n\leq y_n$, $x_n\to x$, $y_n\to x$ 时, 有 $\theta\leq z_n-x_n\leq y_n-x_n$. 必存在常数 $N>0$ 使$\| z_n-x_n \|\leq N\| y_n-x_n \|$, 当 $n\to\infty$ 时,

$$\begin{aligned}\| z_n-x \| &=\| z_n-x_n+x_n-x \|\\ &\leq\| z_n-x_n \|+\| x_n-x \|\\ &\leq N\| y_n-x_n \|+\| x_n-x \|\\ &\leq N\| y_n-x \|+N\| x_n-x \|+\| x_n-x \|\to 0.\end{aligned}\tag{1.2.4}$$

充分性: (反证法) 若 $P$ 不正规 (不半单调), 则对任意的 $n$, 存在$\theta\leq x_n\leq y_n$, 使$\| x_n \|>n^2\| y_n \|, n=1,2,\cdots$. 令 $z_n=\frac{x_n}{n\|y_n\|}$, 于是$\| z_n \|>n$, $z_n\nrightarrow\theta$, 但是 $\theta\leq z_n\leq\frac{y_n}{n\|y_n\|}$, $\sum\limits_{n=1}^{\infty}\| \frac{y_n}{n\|y_n\|} \|=\sum\limits_{n=1}^{\infty}\frac{1}{n}\to 0$. 所以 $\frac{y_n}{n\|y_n\|}\to 0\Rightarrow z_n=\theta$.

下面给出由锥 $P$ 导出正规锥的一个方法:

$P$ 为 $E$ 中锥, $u_0\in P$, $u_0\neq\theta(u_0>\theta)$, 令$E_{u_0}$=$\{x\mid x\in E,\exists\,\lambda>0$ 使 $-\lambda u_0\leq x\leq\lambda u_0\}$, 对任意的 $x\in E_{u_0}$, 令$\|x\|_{u_0}=\inf\{\lambda\mid\lambda>0,\ -\lambda u_0\leq x\leq\lambda u_0\}$, 可知 $E_{u_0}$为赋范线性空间, 且$P_{u_0}=P\cap E_{u_0}$ 为 $E_{u_0}$ 中一个锥, 而且是体锥, 正规常数 $N=1, u_0\in P_{u_0}$.

**定理1.2.2** 若 $P$ 是正规的, 则

(1) 存在常数 $N_1>0$, 使$\| x \|\leq N_1\| x \|_{u_0}$, 对任意的$x\in E_{u_0}$成立;

(2) $E_{u_0}$ 完备.

**证明:** (1) 对任意的 $x\in E_{u_0}$, 记 $\alpha=\|x\|_{u_0}$, 则 $-\alpha u_0\leq x\leq\alpha u_0$, 从而

$\theta \le x+\alpha u_0 \le 2\alpha u_0$, 于是有$\|x+\alpha u_0\| \le N\|2\alpha u_0\|$, 因此, 存在常数 $N$, $N_1$,使得

$$\| x \|=\| x+\alpha u_0-\alpha u_0 \|\le N \| 2\alpha u_0 \| + \| \alpha u_0 \|= N_1 \| x \|_{u_0}= N_1\alpha.$$

(2) ($E_{u_0}$ 完备: 所有Cauchy列都收敛) 对任意的$\{x_n\} \subset E_{u_0}$ 为 Cauchy列. 对任意的$\varepsilon > 0$, 存在$N > 0$, 使得$n$, $m > N$, $\|x_n - x_m\|_{u_0} < \varepsilon$, 即 $-\varepsilon u_0 \le x_n - x_m \le \varepsilon u_0$ 或$\|x_n - x_m\|_{u_0} \to 0$ $(n, m \to \infty)$. 于是, $\| x_n - x_m \|\le N_1 \| x - x_m \|_{u_0} \to 0$. 所以, $\{x_n\}$ 为$E$中Cauchy 列. 由 $E$ 的完备性, 存在$x^* \in E$, 使得$x_n \to x^*$ ($n \to \infty$, 按$E$中范数), 又因为 $-\varepsilon u_0 \le x_n - x_m \le \varepsilon u_0$, 固定 $n$, $m \to \infty$, $-\varepsilon u_0 \le x_n - x^* \le \varepsilon u_0$, $\| x_n - x^* \|_{u_0}\le \varepsilon$ ($u_0$范数的定义). 由此知 $x^* \in E_{u_0}$, 且$\| x_n - x^* \|_{u_0}\to 0$. □

**定理1.2.3** 如果 $P$ 正则, 那么 $P$ 正规, 反之不然.

**证明:** (反证法) 若 $P$ 不正规, 则存在$\{x_n\} \subset P$, $\{y_n\} \subset P$, 尽管$\|x_n\| = \|y_n\| = 1$, 但是, $\| x_n + y_n \|< \frac{1}{n^2}$, $n = 1, 2, \cdots$, 级数$\sum\limits_{n=1}^{\infty}(x_n+y_n)$ 收敛. 用$u$表示其和, 令$z_n = x_1 + x_2 + \cdots + x_n$,则 $\| z_{n+1} - z_n \|=\| x_{n+1} \|= 1$, $z_1 \le z_2 \le \cdots \le z_n \le \cdots \le u$ 单调递增有界. 由于$P$正则, 必存在 $x^* \in E$, 使$\| z_n - x^* \|\to 0$. 当 $z_{n+1} \to x^*$, $\| z_{n+1} - z_n \|\to 0$与$\| z_{n+1} - z_n \|= 1$ 矛盾. □

## 1.3 非线性算子及其不动点定理

### 1.3.1 经典不动点定理

**定理1.3.1**(Banach压缩映射原理) 令$Y$是完备度量空间且$\rho$ 为其上的距离. 定义 $B : Y \to Y$. 对于任意的 $x, y \in Y$, 有

$$\rho(Bx, By) \le k\rho(x, y),$$

其中 $k$ 是一个常数且满足 $0 \le k < 1$, 那么 $B$ 在 $Y$ 上只有一个不动点 $y^* \in Y$ 使得 $By^* = y^*$.

**定理1.3.2**(Schauder不动点定理) 设 $D$ 是 $E$ 中的有界闭凸集 ($D$ 不一定有内点), $A$: $D \to D$ 全连续, 则 $A$ 在 $D$ 中必有不动点.

**定理1.3.3**(Guo-Krasnosel'skii不动点定理) 假设 $\Omega_1$, $\Omega_2$ 是 $E$ 上有界开子集且 $\theta \in \Omega_1$, $\bar{\Omega}_1 \subset \Omega_2$, 其中 $\theta$ 是 $E$ 中零元. $T : P \cap (\bar{\Omega}_2 \setminus \Omega_1) \to P$ 是全连续算子且下列两个条件之一成立:

(i) $\| Ty \| \le \| y \|, y \in P \cap \partial\Omega_1, \| Ty \| \ge \| y \|, y \in P \cap \partial\Omega_2,$

(ii) $\| Ty \| \ge \| y \|, y \in P \cap \partial\Omega_1, \| Ty \| \le \| y \|, y \in P \cap \partial\Omega_2,$

那么 $T$ 在 $P\cap$ $(\bar{\Omega}_2 \setminus \Omega_1)$ 中至少有一个不动点.

### 1.3.2 具有凹凸性的单调算子及不动点定理

**定义1.3.1**(凹算子凸算子) 设 $D$ 是 $E$ 中一个凸集, 算子 $A : D \to E$,

(i) 如果 $A(tx+(1-t)y) \ge tAx+(1-t)Ay, \forall\, x, y \in D, x \le y, 0 \le t \le 1,$ 则称 $A$ 是 $D$ 上的凹算子;

(ii) 如果 $A(tx+(1-t)y) \le tAx+(1-t)Ay, \forall\, x, y \in D, x \le y, 0 \le t \le 1,$ 则称 $A$ 是 $D$ 上的凸算子.

显然, $A$ 是 $D$ 的凸算子, 则 $-A$ 是 $D$ 上的凹算子.

**定义1.3.2**($\beta$-凹算子) 设 $A$: $P \to P$, $\beta$ 是一个实数且满足 $0 \le \beta < 1$, 使得对任意的 $x \in P$, 有 $A(tx) \ge t^\beta A(x)$, 则称 $A$ 是一个 $\beta$-凹算子.

**定义1.3.3**(一般凹算子) 设 $A$: $D \subset E \to E$, 对任意的 $x$, $y \in D$, 且 $x \le y$, 对任意的 $t \in [0, 1]$, 有 $A(tx - (1-t)y) \ge tAx + (1-t)Ay$, 则称 $A$ 是一般凹算子.

**定义1.3.4**($u_0$-凹算子)　设 $A$: $P \to P$, $u_0 > \theta$, 若 $A$ 满足:

(i) 对任意的 $x > \theta$, 存在$a(x) > 0$, $b(x) > 0$, 使 $a(x)u_0 \leq A(x) \leq b(x)u_0$;

(ii) $x \in P$,对任意的$a_1(x)u_0 \leq x \leq b_1(x)u_0$,$0 < t < 1$,存在$\eta = \eta(t,x) > 0$, 使 $A(tx) \geq (1+\eta)tAx$, 则称 $A$ 是一个 $u_0$-凹算子.

**定义1.3.5**($\varphi$-凹算子)　给定$h > \theta$, 定义$P_h = \{x \in E|$存在$\lambda(x)$,$\eta(x) > 0$, 使得$\lambda(x)h \leq x \leq \eta(x)h\}$. 设$A$: $P_h \to P_h$, 对任意的 $x \in P_h$, $t \in (0,1)$, 都存在 $\varphi(t,x)$ 满足$t < \varphi(t,x) \leq 1$, 使 $A(t,x) \geq \varphi(t,x)Ax$, 则称 $A$ 为 $\varphi$- 凹算子.

**定理1.3.4**　假设下面命题成立:

(i) 令$\beta \in (0,1)$, $B$: $P_h \to P_h$ 是一个增 $\beta$-凹算子, 那么算子 $B$ 在 $P_h$ 中有唯一的不动点;

(ii) 假设 $T$ 是增的 $\varphi$-凹算子, $P$ 是正规锥, $Th \in P_h$;

那么 $T$ 在 $P_h$ 中有唯一不动点 $x^*$, 对任意的 $v_0 \in P_h$, 构造迭代序列 $v_n = Tv_{n-1}$, $n = 1,2,\cdots$, 有 $\|v_n - x^*\| \to 0$, $n \to \infty$.

**定理1.3.5**　设 $P$ 是正规的, $u_0, v_0 \in E$, $u_0 < v_0$, $A: [u_0, v_0] \to E$ 是一个增算子. 记 $h_0 = v_0 - u_0$. 假定满足下面两个条件之一:

(i) $A$ 是凹算子, $Au_0 \geq u_0 + \varepsilon h_0$, $Av_0 \leq v_0$, 其中 $\varepsilon$ 是某正数, 满足 $0 < \varepsilon < 1$;

(ii) $A$ 是凸算子, $Au_0 \geq u_0, Av_0 \leq v_0 - \varepsilon h_0$, 其中 $\varepsilon$ 是某正数, 满足$0 < \varepsilon < 1$.

则 $A$ 在 $[u_0, v_0]$ 中必有唯一的不动点 $x^*$, 并且对任何 $x_0 \in [u_0, v_0]$, 令 $x_n = Ax_{n-1}$ $(n = 1,2,\cdots)$, 都有

$$\| x_n - x^*\| \to 0,\ n \to \infty,$$

$$\|x_n - x^*\| \leq M(1-\varepsilon),\ n = 1,2,\cdots,$$

其中 $M$ 是正常数, 与 $x_0$ 的选取无关.

**定理1.3.6**　设 $\Omega_1$, $\Omega_2$, $\Omega_3$ 是$E$ 中有界开集, $\theta \in \Omega_1$, $\bar{\Omega}_1 \subset \Omega_2$, $\bar{\Omega}_2 \subset \Omega_3$, $A : P \cap \bar{\Omega}_3 \to P$ 是一个 $k$-集压缩映射, $0 \leq k < 1$.

假定

$$Ax \nleq x,\ \forall x \in P \cap \partial\Omega_1,$$

$$Ax \ngeq x,\ \forall x \in P \cap \partial\Omega_2,$$

$$Ax \nleq x,\ \forall x \in P \cap \partial\Omega_3,$$

则 $A$ 在 $P \cap \Omega_3$ 中具有两个非 $\theta$ 不动点 $x^*$ 和 $x^{**}$, 并且 $x^* \in P \cap (\Omega_2 \setminus \bar{\Omega}_1)$, $x^{**} \in P \cap (\Omega_3 \setminus \bar{\Omega}_2)$.

**定义1.3.6**(增算子)　设 $D \subset E$, 算子 $T : D \to E$,

(1) 如果 $x_1, x_2 \in D$, $x_1 \leq x_2 \Rightarrow Tx_1 \leq Tx_2$, 则称 $T$ 是 $D$ 是 $E$ 上的增算子;

(2) 如果 $x_1, x_2 \in D$, $x_1 < x_2 \Rightarrow Tx_1 < Tx_2$, 则称 $T$ 是 $D$ 是 $E$ 上的严格增算子.

**定义1.3.7**(减算子)　设 $D \subset E$, 算子 $T : D \to E$,

(1) 如果 $x_1$ ,$x_2 \in D$ , $x_1 \leq x_2 \Rightarrow Tx_1 \geq Tx_2$, 则称 $T$ 是 $D$ 是 $E$ 上的减算子;

(2) 如果 $x_1$ ,$x_2 \in D$ , $x_1 < x_2 \Rightarrow Tx_1 > Tx_2$, 则称 $T$ 是 $D$ 是 $E$ 上的严格减算子.

**定义1.3.8**(混合单调算子)　设 $D \subset E$, 算子 $T : D \times D \to E$, 如果 $T(x, y)$ 关于 $x$ 是增算子, 关于 $y$ 是减算子, 则称 $T$ 是混合单调算子.

**定义1.3.9**(弱紧算子)　若 $E$ 为可分的Banach 空间, $E$ 的一个子集 $D$ 称为弱列紧的, 如果 $D$ 的每一个无穷序列都含有子列弱收敛于 $E$ 中某点. 算子 $A$ 称为弱紧算子, $A$ 把定义域中的每一个有界集映为弱列紧集.

**定理1.3.7** $P$ 是 $E$ 中的一个正规锥, $h > \theta$, 令 $A$: $P \to P$ 是一个增算子, 且满足:

(i) 存在 $h \in P$, 使得 $Ah \in P_h$;

(ii) 对任意的 $x \in P$, $t \in (0,1)$, 存在$\varphi(t) \in (t,1]$, 使得 $A(tx) \geq \varphi(t)Ax$.

则有 (1) 算子方程 $Ax = x$ 在 $P_h$ 中有唯一不动点$x^*$;

(2) 对任意的初值 $x_0 \in P_h$, 构造单调迭代序列 $x_n = Ax_{n-1}, n = 1, 2, \cdots$, 必有 $x_n \to x^*(n \to \infty)$.

**定理1.3.8** 设 $u_0$, $v_0 \in E$, $u_0 < v_0$, $A : [u_0, v_0] \to E$ 是一个增算子, 满足$u_0 \leq Au_0$, $Av_0 \leq v_0$, 如果 $P$ 是强极小的, 则 $A$ 在 $[u_0, v_0]$ 中必有最小不动点 $x_*$ 和最大不动点 $x^*$, 且满足

$$u_0 \leq u_1 \leq \cdots \leq u_n \leq \cdots \leq x_* \leq x^* \leq \cdots \leq v_n \leq \cdots \leq v_1 \leq v_0.$$

**定理1.3.9** 设 $u_0$, $v_0 \in E$, $u_0 < v_0$, $A : [u_0, v_0] \to E$ 是一个增算子, 满足 $u_0 \leq Au_0$, $Av_0 \leq v_0$. 如果 $A([u_0, v_0])$ 是相对紧的, 则 $A$ 在 $[u_0, v_0]$ 中必有最小不动点 $x_*$ 和最大不动点 $x^*$, 且满足

$$u_0 \leq u_1 \leq \cdots \leq u_n \leq \cdots \leq x_* \leq x^* \leq \cdots \leq v_n \leq \cdots \leq v_1 \leq v_0.$$

**定理1.3.10** 设 $u_0$, $v_0 \in E$, $u_0 < v_0$, $A : [u_0, v_0] \to E$ 是一个增算子, 满足$u_0 \leq Au_0$, $Av_0 \leq v_0$. 如果 $P$ 是正则的, 则 $A$ 在 $[u_0, v_0]$ 中必有最小不动点 $x_*$ 和最大不动点 $x^*$, 且满足

$$u_0 \leq u_1 \leq \cdots \leq u_n \leq \cdots \leq x_* \leq x^* \leq \cdots \leq v_n \leq \cdots \leq v_1 \leq v_0.$$

**定理1.3.11** 设 $u_0$, $v_0 \in E$, $u_0 < v_0$, $A : [u_0, v_0] \to E$ 是一个增算子, 满足 $u_0 \leq Au_0$, $Av_0 \leq v_0$. 如果 $P$ 是正规的, 并且 $A([u_0, v_0])$ 是相对弱紧的,

则 $A$ 在 $[u_0, v_0]$ 中必有最小不动点 $x_*$ 和最大不动点 $x^*$, 且满足

$$u_0 \leq u_1 \leq \cdots \leq u_n \leq \cdots \leq x_* \leq x^* \leq \cdots \leq v_n \leq \cdots \leq v_1 \leq v_0.$$

接下来, 给出单调算子有唯一不动点的几个定理, 为了方便起见, 列出下列条件:

$(\mathrm{A}_1)$ 增算子 $A: P_h \to P_h$ 满足 $A(tx) \geq t^{\alpha(t)}Ax$, $x \in P_h$, 对任意的 $t \in (0,1)$, $0 < \alpha(t) < 1$;

$(\mathrm{A}_2)$ 减算子 $A: P_h \to P_h$ 满足 $A(tx) \leq t^{-\alpha(t)}Ax$, $x \in P_h$, 对任意的 $t \in (0,1)$, $0 < \alpha(t) < 1$;

$(\mathrm{A}_3)$ 增算子 $A: P_h \to P_h$ 满足:

(i) 对任意的 $t \in (0,1)$, $x \in P_h$, $A(tx) \geq t^{\alpha(t,x)}Ax$, 对于任意固定的 $t \in (0,1)$, $\alpha: (0,1) \times P_h \to (0,1)$ 关于 $x$ 是增的;

(ii) 存在 $t_0 \in (0,1)$ 使得

$$t_0 h \leq Ah \leq \frac{1}{t_0^{1-\alpha(t_0, \frac{1}{t_0}h)}}h;$$

$(\mathrm{A}_4)$ 减算子 $A: P_h \to P_h$ 满足:

(i) 对任意的 $t \in (0,1)$, $x \in P_h$, $A(tx) \leq t^{-\alpha(t,x)}Ax$, 对于任意固定的 $t \in (0,1)$, $\alpha: (0,1) \times P_h \to (0,1)$ 关于 $x$ 是增的.

(ii) 存在 $t_0 \in (0,1)$ 使得

$$t_0 h \leq A^2 h \leq \frac{1}{t_0^{1-\alpha(t_0, \frac{1}{t_0}h)}}h.$$

**定理1.3.12** 设算子 $A$ 满足条件 $(\mathrm{A}_1)$ 或 $(\mathrm{A}_2)$, 则 $A$ 在 $P_h$ 中存在唯一不动点 $x^*$, 并且对于任意的初始点 $x_0 \in P_h$, 构造迭代序列 $x_n = Ax_{n-1}, n = 1, 2, \cdots$, 都有 $\| x_n - x^* \| \to 0 (n \to \infty)$.

**定理1.3.13** 设算子 $A$ 满足条件 $(\mathrm{A}_1)$, 记 $x_\lambda (\lambda > 0)$ 为特征值方程

$Ax = \lambda x$ 在 $P_h$ 中的唯一解, 则有如下结论:

(1) $x_\lambda$ 关于 $\lambda$ 是严格递减的, 即若 $0 < \lambda_1 < \lambda_2$, 必有 $x_{\lambda_1} > x_{\lambda_2}$;

(2) 若 $\alpha : (0,1) \to (0,1)$ 连续, 则 $x_\lambda$ 关于 $\lambda$ 连续, 即当 $\lambda > \lambda_0$ 时, 有 $\| x_\lambda - x_{\lambda_0} \| \to 0$;

(3) $\lim\limits_{\lambda\to\infty} \| x_\lambda \| = 0$, $\lim\limits_{\lambda\to 0^+} \| x_\lambda \| = \infty$.

**定理1.3.14** 设算子 $A$ 满足条件 $(\mathrm{A}_2)$, 记 $x_\lambda(\lambda > 0)$ 为特征值方程 $Ax = \lambda x$ 在 $P_h$ 中的唯一解, 则有如下结论:

(1) $x_\lambda$ 关于 $\lambda$ 是严格递减的, 即若 $0 < \lambda_1 < \lambda_2$, 必有 $x_{\lambda_1} > x_{\lambda_2}$;

(2) 若 $\alpha : (0,1) \to (0,1)$ 连续, $\alpha(0^+)$(即$\alpha(t)$在 $t = 0$ 处的右极限)存在且 $\alpha(0^+) \in (0,1)$, 则 $x_\lambda$ 关于 $\lambda$ 连续, 即当 $\lambda \to \lambda_0$ 时, 有:

$$\| x_\lambda - x_{\lambda_0} \| \to 0;$$

$$\lim_{\lambda\to\infty} \| x_\lambda \| = 0, \quad \lim_{\lambda\to 0^+} \| x_\lambda \| = \infty.$$

**定理1.3.15** 设算子 $A$ 满足条件 $(\mathrm{A}_3)$, 则 $A$ 在 $P_h$ 中存在唯一的不动点.

**定理1.3.16** 设算子 $A$ 满足条件 $(\mathrm{A}_4)$, 则 $A$ 在 $P_h$ 中存在唯一的不动点.

**定理1.3.17** 设算子 $A$ 满足条件 $(\mathrm{A}_3)$, 则必存在常数 $R^* \geq r^* > 0$, 使得

$$Ax \nleq x, \forall x \in P_h, 0 < \| x \| < r^*,$$

$$Ax \ngeq x, \forall x \in P_h, \| x \| > R^*.$$

### 1.3.3 具有广义凹凸性的混合单调算子及其不动点定理

考虑混合单调算子 $A : P \times P \to P$. 假设下列条件成立:

$(\mathrm{A}_5)$ 存在 $h \in P, h \neq \theta$, 使得 $A(h,h) \in P_h$;

($A_6$) 对任意 $u$, $v \in P$, $t \in (0,1)$, 存在 $\varphi(t) \in (t,1]$, 使得 $A(tu, t^{-1}v) \geq \varphi(t)A(u,v)$.

**引理1.3.1** 假设 ($A_5$), ($A_6$) 成立, 则 $A: P_h \times P_h \to P_h$, 且存在 $u_0$, $v_0 \in P_h$, $r \in (0,1)$, 使得 $rv_0 \leq u_0 < v_0$, $u_0 \leq A(u_0, v_0) \leq A(v_0, u_0) \leq v_0$.

**定理1.3.18** $P$ 是正规锥, 且条件 ($A_5$), ($A_6$) 成立, 则算子 $A$ 在 $P_h$ 上有唯一不动点, 并且可以构造单调迭代序列

$$x_n = A(x_{n-1}, y_{n-1}),\ y_n = A(y_{n-1},\ x_{n-1}), \quad n = 1, 2, \cdots,$$

使得当 $n \to \infty$ 时, 有 $\| x_n - x^* \| \to 0$, $\| y_n - x^* \| \to 0$.

**推论1.3.1** 令 $P$ 是一个正规体锥, $\mathring{P}$ 是 $P$ 的内点集. 令 $A: \mathring{P} \to \mathring{P}$ 是一个混合单调算子.

假设存在 $\alpha \in (0,1)$, 使得对于任意的$u, v \in \mathring{P}$, $t \in (0,1)$, 都有

$$A(tu, t^{-1}v) \geq t^{\alpha} A(u,v),$$

则算子 $A$ 在 $\mathring{P}$ 有唯一不动点 $x^*$. 接下来对任意的初值 $x_0, y_0 \in \mathring{P}$ 构造迭代序列 $x_n = A(x_{n-1}, y_{n-1})$, $y_n = A(y_{n-1}, x_{n-1})$, $n = 1, 2, \cdots$, 当 $n \to \infty$ 时, 有 $||x_n - x^*|| \to 0$, $||y_n - x^*|| \to 0$.

**定理1.3.19** 设 $u_0$, $v_0 \in E$, $u_0 < v_0$, $A: [u_0, v_0] \times [u_0, v_0] \to E$ 是一个混合单调算子, 满足

$$u_0 \leq A(u_0, v_0),\ A(v_0, u_0) \leq v_0,$$

假定下面两个条件之一满足:

(i) $P$ 是正规的且 $A$ 是凝聚的 (即对 $[u_0, v_0] \times [u_0, v_0]$ 中任何非相对紧有界集 $S$, 有 $\alpha(A(S)) < \widetilde{\alpha}(S)$)(特别地, $A$ 是全连续的, 或 $A$ 是严格集压缩的);

(ii) $P$ 是正则的且 $A$ 是次连续的 (即 $(x_n, y_n) \to (x, y) \Rightarrow A(x_n, y_n) \xrightarrow{弱} A(x, y)$);

则 $A$ 在 $[u_0, v_0] \times [u_0, v_0]$ 中有一个耦合不动点 $(x^*, y^*)$, 它具有如下的最小最大性质: 对于 $A$ 在 $[u_0, v_0] \times [u_0, v_0]$ 中的任何耦合不动点 $(\bar{x}, \bar{y})$, 都有 $x^* \le \bar{x} \le y^*$, $x^* \le \bar{y} \le y^*$; 并且,

$$x^* = \lim_{n\to\infty} u_n,\ y^* = \lim_{n\to\infty} u_n,$$

其中

$$u_n = A(u_{n-1}, v_{n-1}),\ v_n = A(v_{n-1}, u_{n-1}),\ n = 1, 2, \cdots,$$

且满足

$$u_0 \le u_1 \le \cdots \le u_n \le \cdots \le x^* \le y^* \le \cdots \le v_n \le \cdots \le v_1 \le v_0.$$

**定理1.3.20** 设 $P$ 是正规锥, $v > \theta$, $A : [\theta, v] \times [\theta, v] \to [\theta, v]$ 是一个混合单调算子. 假定

(i) $A(\theta, v) \ge \frac{1}{2}v$, 且存在 $\frac{1}{2} < c \le 1$, 使

$$A(v, \theta) \le cA(\theta, v) + (1-c)v;$$

(ii) 对任意的 $y \in [\theta, v]$, $A(\cdot, y) : [\theta, v] \to [\theta, v]$ 是凸算子; 对任意的 $x \in [\theta, v]$, $A(x, \cdot) : [\theta, v] \to [\theta, v]$ 是凹算子.

则 $A$ 在 $[\theta, v]$ 中具有唯一不动点 $x^*$, 并且, 对任意的 $x_0, y_0 \in [\theta, v]$, 必有

$$v - x_n \to x^*, v - y_n \to x^* \quad (n \to \infty),$$

其中$x_n = v - A(v - x_{n-1}, v - y_{n-1})$, $y_n = v - A(v - y_{n-1}, v - x_{n-1})$ $(n = 1, 2, \cdots)$.

**定理1.3.21** $P$ 是 $E$ 中的一个正规锥, $e > 0$, $P_e$ 是 $P$ 的子集. 假设 $A$, $B$: $P_e \times P_e \to P_e$ 是两个混合单调算子, 且满足下列三个条件:

(i) 对任意的 $t \in (0, 1)$, 存在 $\varphi(t) \in (t, 1)$, 使得对任意的 $x$, $y \in P_e$, 都有$A(tx, t^{-1}) \ge \varphi(t)A(x, y)$;

(ii) 对任意的 $t \in (0, 1)$, $x$, $y \in P_e$, $B(tx, t^{-1}y) \ge tB(x, y)$;

(iii) 存在常数 $\delta_0>0$, 使得$B(x,y)\le\delta_0 A(x,y)$, $\forall x,\ y\in P_e$.

那么算子方程 $T(x,y)=A(x,x)+B(x,x)$ 在 $P_e$ 中有唯一的正解, 且满足 $ce\le x^*\le Ce$, 其中 $c$, $C$ 是两个实数, 对任意的初值 $x_0$, $y_0\in P_e$, 构造迭代序列$x_n=T(x_{n-1},y_{n-1})$, $y_n=T(y_{n-1},x_{n-1})$, $n=1,2,\cdots$, 可得 $x_n\to x^*$, $y_n\to x^*$, $n\to\infty$.

**定理1.3.22** 令 $\beta\in(0,1)$, $A$: $P\times P\to P$ 是一个混合单调算子, 且满足对任意的$t\in(0,1)$, $A(tx,t^{-1}y)\ge t^{\beta}A(x,y)$, $y\in P$, $B:\ P\to P$ 是一个增齐次算子. 假设

(i)存在 $h_0\in P_h$, 使得 $A(h_0,h_0)\in P_h$ 且 $A(h_0)\in P_h$;

(ii)存在常数 $\delta_0>0$, 使得 $A(x,y)\ge\delta_0 Bx$, $\forall x,\ y\in P_h$.

则有如下结论成立:

(1) $A:\ P_h\times P_h\to P_h$, $B:\ P_h\to P_h$;

(2) 存在 $u_0$, $v_0\in P_h$ 及 $r\in(0,1)$, 使得 $rv_0\le u_0<v_0$ 且 $u_0\le A(u_0,v_0)+Bu_0\le A(v_0,u_0)+Bv_0\le v_0$;

(3) 算子方程 $A(x,x)+Bx=x$ 在 $P_h$ 中有唯一解 $x^*$;

(4) 对任意的初值 $x_0$, $y_0\in P_h$, 构造下列迭代序列 $x_n=A(x_{n-1},y_{n-1})+Bx_{n-1}$, $y_n=A(y_{n-1},x_{n-1})+By_{n-1}$, $n=1,2,\cdots$, 可得 $x_n\to x^*$, $y_n\to y^*$, $n\to\infty$.

**定理1.3.23** 假设 $E$ 是一个实 Banach 空间, $P$ 是 $E$ 中的一个正规锥, $h>\theta$ 并且 $A:P_h\times P_h\to P_h$ 是一个混合单调算子, 假设 $A$ 满足: 对于任意的 $0<t<1$, 存在 $0<\alpha=\alpha(t)<1$, 使得

$$A(tu,\frac{1}{t}v)\ge t^{\alpha(t)}A(u,v),\qquad (u,v\in P_h,u\le v),$$

那么 $A$ 在 $P_h$ 中有唯一不动点 $x^*$ 当且仅当对于 $u_0$, $v_0\in P_h$, $u_0\le v_0$, 有 $u_0\le$

$A(u_0,v_0)$, $A(v_0,u_0)\le v_0$. 构造序列 $x_n=A(x_{n-1},y_{n-1})$, $y_n=A(y_{n-1},x_{n-1})$, $n=1,2,\cdots$, 对于任意初值 $(x_0,y_0)\in[u_0,v_0]$, 有 $\lim\limits_{n\to\infty}x_n=\lim\limits_{n\to\infty}y_n=x^*$.

**定理1.3.24** $P$ 是 $E$ 中的一个正规锥, $h>\theta$ 并且 $A:P_h\times P_h\to P_h$ 是一个混合单调算子, 假设 $A$ 满足: 对于任意的 $0<t<1$, 存在 $0<\alpha=\alpha(t)<1$, 使得

$$A(tu,\frac{1}{t}v)\ge t^{\alpha(t)}A(u,v),\qquad (u,v\in P_h,u\le v),$$

且 $u=v=:x$, 那么 $A$ 在 $P_h$ 中有唯一的不动点 $x^*$, 当且仅当存在 $x_0\in P_h$, $t_0\in(0,1)$ 使得

$$t_0x_0\le A(t_0x_0,\frac{x_0}{t_0}),\ A(\frac{x_0}{t_0},t_0x_0)\le\frac{x_0}{t}.$$

**定理1.3.25** $P$ 是 $E$ 中的一个正规锥, $h>\theta$ 并且 $A:P_h\times P_h\to P_h$ 是一个混合单调算子, 假设 $A$ 满足: 对于任意的 $0<t<1$ 以及 $u,v\in P_h$, 存在 $0<t=\alpha(t,u,v)\le1$, 使得 $A(tu,\frac{1}{t}v)\ge t^{\alpha(t,u,v)}A(u,v)$, 那么 $A$ 在 $P_h$ 中有唯一的不动点 $x^*$ 当且仅当存在 $u_0$, $v_0$ 满足:

(i) $u_0\le A(u_0,v_0)$, $A(v_0,u_0)\le v_0$;

(ii) 存在 $\lambda_0>0$, 使得 $u_0\ge\lambda_0v_0$,

那么可以找到关于 $\lambda_0$, $u_0$, $v_0$ 的 $A$ 的伴随序列 $\{\eta_n\}$ 使得 $\lim\limits_{n\to\infty}n\eta_n=\ln\frac{1}{\lambda_0}$. 另外, 如果 $A$ 在 $P_h$ 中有不动点 $x^*$, 那么对于所有的 $x_0$, $y_0\in P_h$, 有 $\lim\limits_{n\to\infty}x_n=\lim\limits_{n\to\infty}y_n=x^*$, 其中, $x_n$, $y_n$ 满足: $x_n=A(x_{n-1},y_{n-1})$, $y_n=A(y_{n-1},x_{n-1})$, $n=1,2,\cdots$.

## 1.4 非紧性测度

**定义1.4.1**(非紧性测度) $S\subset E$ 为有界集, $\alpha(S)$=inf$\{\delta>0:S=\bigcup\limits_{k=1}^{m}S_k$,

使$d(S_k) \le \delta\}$, 显然, $0 \le \alpha(S) < \infty$. $\alpha(S)$ 为 $S$的 kuratowski 非紧性测度.

关于非紧性测度有如下性质:

(1) $\alpha(S) = 0 \Leftrightarrow S$ 是相对紧集.

(2) $S \subset T \Rightarrow \alpha(S) \le \alpha(T)$.

(3) $\alpha(\bar{S}) = \alpha(S)$.

(4) $\alpha(S \cup T) = \max\{\alpha(S), \alpha(T)\}$.

(5) $\alpha(kS) = \{k \mid \alpha(S)$, 其中 $kS = \{x|x = kz, z \in S\}\}$.

(6) $\alpha(S + T) \le \alpha(S) + \alpha(T)$.

(7) $\alpha(\bar{c_0}S) = \alpha(S)$.

(8) $\mid \alpha(S) - \alpha(T) \mid \le 2d_n(S, T)$,其中 $d_n(S, T)$ 为 $S$ 与 $T$ 之间的 Hausdorff 距离, 即 $d_n(S, T) = \max\{\sup\limits_{x \in S} d(x, T), \sup\limits_{x \in T} d(x, S)\}$.

**定理1.4.1** 设 $H \subset C[J, E]$ 是有界的、等度连续的, 则 $\alpha(H(t))$ 在 $J$ 上连续且

$$\alpha(\{\int_J x(t)\mathrm{d}t | x \in H\}) \le \int_J \alpha(H(t))\,\mathrm{d}t.$$

## 1.5 拓扑度

**定义1.5.1**(拓扑度) 设 $\Omega$ 是 $\mathbb{R}^n$中的有界开集, $f: \bar{\Omega} \to \mathbb{R}^n$ 是 $C^2$ 映像, $p \in \mathbb{R}^n \backslash f(\partial\Omega)$. 于是 $\tau = \inf\limits_{x \in \partial\Omega} \| f(x) - p \| > 0$. 作连续函数 $\Phi: [0, +\infty) \to \mathbb{R}^1$, 使满足:

(i) 存在 $\sigma, \tau^*$, 满足 $0 < \sigma < \tau^* \le \tau$, 且当 $r \notin (\sigma, \tau^*)$ 时, 恒有 $\Phi(r) = 0$;

(ii) $\int_{\mathbb{R}^n} \Phi(\|z\|)\mathrm{d}z = 1$.

定义拓扑度 $\deg(f, \Omega, p)$ 如下: $\deg(f, \Omega, p) = \int_\Omega \Phi(\| f(x) - p \|) \cdot J_{f(x)}\mathrm{d}x$.

$J_{f(x)}$ 表示 $f$ 在点 $x$ 的 Jacobi 行列式:

$$J_{f(x)}=\frac{D(f_1,\cdots,f_n)}{D(x_1,\cdots,x_n)}=|\frac{\partial f_i}{\partial x_j}|=\begin{vmatrix}\frac{\partial f_1}{\partial x_1} & \frac{\partial f_1}{\partial x_2} & \cdots & \frac{\partial f_1}{\partial x_n}\\ \frac{\partial f_2}{\partial x_1} & \frac{\partial f_2}{\partial x_2} & \cdots & \frac{\partial f_2}{\partial x_n}\\ \vdots & \vdots & \ddots & \vdots\\ \frac{\partial f_n}{\partial x_1} & \frac{\partial f_n}{\partial x_2} & \cdots & \frac{\partial f_n}{\partial x_n}\end{vmatrix}.$$

### 1.5.1 Brouwer度

**定义1.5.2**(Brouwer度) 设 $\Omega$ 是 $\mathbb{R}^n$ 中某有界开集, $f:\bar{\Omega}\to\mathbb{R}^n$ 连续, $p\in\mathbb{R}^n\setminus f(\partial\Omega)$. 于是有, $\tau=\inf\limits_{x\in\partial\Omega}\parallel f(x)-p\parallel>0$.

令 $T=\{g|g:\bar{\Omega}\to\mathbb{R}^2$ 是 $C^2$ 映像, 且$\max\limits_{x\in\bar{\Omega}}\parallel f(x)-g(x)\parallel<\tau\}$, 则 $T$ 非空, 对任意的 $g\in T$, 有 $\parallel g(x)-p\parallel\geq\parallel f(x)-p\parallel-\parallel f(x)-g(x)\parallel>0$, 因此, $p\in\mathbb{R}^n\setminus g(\partial\Omega)$, 且 $\deg(g,\Omega,p)$ 有定义. 规定 Brouwer 度 $\deg(f,\Omega,p)$ 为: $\deg(f,\Omega,p)=\deg(g,\Omega,p)$.

Brouwer度具有如下性质:

(1) 正规性: $\deg(I,\Omega,p)=1,\forall p\in\Omega$ , $I$ 表示恒等算子.

(2) 可加性: 设 $\Omega_1$, $\Omega_2$ 是 $\Omega$ 的两个互不相交的开子集, 并且 $p\notin f(\bar{\Omega}\setminus(\Omega_1\cup\Omega_2))$, 那么

$$\deg(f,\Omega,p)=\deg(f,\Omega_1,p)+\deg(f,\Omega_2,p).$$

(3) 同伦不变性: 设 $H:[0,1]\times\bar{\Omega}\to\mathbb{R}^n$ 连续, 令 $h_t(x)=H(t,x)$, 若对任意的 $0\leq t\leq 1$, $p\notin h_t(\partial\Omega)$, 则 $\deg(h_t,\Omega,p)$ 保持常数.

(4) 可解性: 若 $\deg(f,\Omega,p)\neq 0$, 则方程 $f(x)=p$ 在 $\Omega$ 内必有解.

(5) 切除性: 设 $\Omega_0$ 是 $\Omega$ 的开子集, 并且 $p\notin f(\bar{\Omega}\setminus\Omega_0)$, 则$\deg(f,\Omega,p)=\deg(f,\Omega_0,p)$.

(6) 若 $p \notin f(\partial\Omega)$, 则 $\deg(f,\Omega,p)=\deg(f-p,\Omega,\theta)$, 其中 $f-p$ 表示映像 $f(x)-p$.

### 1.5.2 Leray-Schauder度

**定义1.5.3**(Leray-Schauder度) 设 $\Omega$ 是实 Banach 空间 $E$ 中有界开集, $F:\bar{\Omega}\to E$ 全连续. 令 $f(x)=x-F(x)$, 即$f=I-F$. 设 $p\in E\backslash f(\partial\Omega)$, 则 $f$ 是闭映像, 故 $f(\partial\Omega)$ 是 $E$ 中闭集, 从而 $\tau=d(p,f(\partial\Omega))=\inf\limits_{x\in\partial\Omega}\| f(x)-p\|>0$, 则存在 $E$ 的有限维子空间$E^{(n)}$, $p\in E^{(n)}$ 及有界连续算子 $F_n:\bar{\Omega}\to E^{(n)}$, 使 $\| F(x)-F_n(x)\|<\tau$. 考察 $E^{(n)}$ 的有界开集 $\Omega_n=E^{(n)}\cap\Omega$ 和算子 $f_n(x)=x-F_n(x)$. 显然 $f_n:\bar{\Omega}\to E^{(n)}$ 连续.

现证 $p\notin f_n(\partial\Omega_n)$. 事实上, 当 $x\in\partial\Omega_n\subset\Omega$ 时, 有 $\| f_n-p\|\geq\| f(x)-p\| - \| F(x)-F_n(x)\|>0$. 由此可知 $E^{(n)}$ 中拓扑度 $\deg_n(f_n,\Omega_n,p)$ 有意义. 定义全连续场 $f$ 的 Leray-Schauder 度: $\deg(f,\Omega,p)=\deg(f_n,\Omega_n,p)$.

依据上述拓扑度的定义及性质, 有如下结论:

**定理1.5.1**(Leray-Schauder不动点定理) 设 $A:E\to E$ 全连续. 如果集 $\{x|x\in E,x=\lambda Ax,0<\lambda<1\}$ 是有界的, 则 $A$ 在 $E$ 中的闭球 $T$ 中必有不动点, 这里

$$T=\{x|x\in E,\|x\|\leq R\},$$

$$R=\sup\{\|x\||x=\lambda Ax,0<\lambda<1\}.$$

**定理1.5.2**(Altman不动点定理) 设 $\Omega$ 是 $E$ 中有界开集, $\theta\in\Omega$, 设 $A:\bar{\Omega}\to E$ 全连续, 满足

$$\|Ax-x\|^2\geq\|Ax\|^2-\|x\|^2,\quad x\in\partial\Omega, \tag{1.5.4}$$

那么 $A$ 在 $\bar{\Omega}$ 中必有不动点.

**定理1.5.3** 设 $T_r=\{x|x\in E,\|x\|<r\}(r>0)$, $A:\bar{T}_r\to E$ 全连续, 对任意的 $x\in\partial T_r$, 满足 $A(-x)=-Ax$, 则 $A$ 在 $\bar{T}_r$ 中必有不动点.

### 1.5.3 全连续算子的不动点指数理论

**定义1.5.4** 设 $X$ 是实 Banach 空间 $E$ 中一个收缩核. 对于 $X$ 的每个有界 (相对) 开集 $U\subset X$, 设 $A:\bar{U}\to X$ 全连续且在 $\partial U$ 上没有不动点 (即 $Ax\neq x$ ), 则存在整数 $i(A,U,X)$ 称为 $A$ 在 $U$ 上关于 $X$ 的不动点指数, 满足下列性质:

(1) 正规性: 若 $A:\bar{U}\to U$ 是常算子, 则 $i(A,U,X)=1$;

(2) 可加性: 若 $U_1$ 与 $U_2$ 是 $U$ 的互不相交的子集, 都是开的 (关于 $X$), 并且 $A$ 在 $\bar{U}\setminus(U_1\cup U_2)$ 上没有不动点, 则

$$i(A,U,X)=i(A,U_1,X)+i(A,U_2,X),$$

这里 $i(A,U_k,X)=i(A\,|_{\bar{U}_k},U_k,X)(k{=}1{,}2)$;

(3) 同伦不变性: 设 $H:[0,1]\times\bar{U}\to X$ 全连续, 使当 $(t,x)\in[0,1]\times\partial U$ 时, 恒有 $H(t,x)\neq x$, 则 $i(H(t,\cdot),U,X)$ 与 $t$ 无关;

(4) 保持性: 若 $Y$ 是 $X$ 的一个收缩核, $A(\bar{U})\subset Y$, 则

$$i(A,U,X)=i(A,U\cup Y,Y),$$

这里 $i(A,U\cap Y,Y)=i(A|_{\overline{U\cap Y}},U\cap Y,Y)$;

(5) 切除性: 若 $V$ 是开集 (关于 $X$), $V\subset U$, 且 $A$ 在 $\bar{U}\setminus V$ 上没有不动点, 则

$$i(A,U,X)=i(A,V,X);$$

(6) 可解性: 若 $i(A,U,X)\neq 0$, 则 $A$ 在 $U$ 中至少有一个不动点.

**定理1.5.4** 设 $\theta\in\Omega$, $A:P\cap\bar{\Omega}\to P$ 是凝聚映像, 并且满足

$$Ax=\mu x, x\in P\cap\partial\Omega\Rightarrow\mu<1,$$

那么必有

$$i(A, P\cap\Omega, P)=1.$$

**定理1.5.5**　设 $A: P\cap\bar{\Omega}\to P$ 全连续, 那么

(1) 设 $\theta\in\Omega$, 若 $x\in P\cap\partial\Omega\Rightarrow Ax\not\geq x$, 则 $i(A, P\cap\Omega, P)=1$;

(2) 若 $x\in P\cap\partial\Omega\Rightarrow Ax\not\leq x$, 则 $i(A, P\cap\Omega, P)=0$.

**定理1.5.6**　设 $\Omega_1,\Omega_2$ 是 $E$ 的有界开集, $\theta\in\Omega_1$, $\bar{\Omega}_1\subset\Omega_2$, $A: P\cap(\bar{\Omega}_2\backslash\Omega_1)\to P$ 全连续. 如果满足下列条件之一:

(i) 对任意的 $x\in P\cap\partial\Omega_2$, $t\geq 0$, 存在 $u_0\in P\backslash\{\theta\}$, 使 $x-Ax\neq tu_0$; 对任意的 $x\in P\cap\partial\Omega_1$, $\mu\geq 1$, $Ax\neq\mu x$;

(ii) 对任意的 $x\in P\cap\partial\Omega_1$, $t\geq 0$, 存在 $u_0\in P\backslash\{\theta\}$, 使 $x-Ax\neq tu_0$; 对任意的 $x\in P\cap\partial\Omega_2, \mu\geq 1$, $Ax\neq\mu x$.

那么, $A$ 在$P\cap(\Omega_2\setminus\bar{\Omega}_1)$ 中必有不动点.

**定理1.5.7**(锥拉伸与锥压缩不动点定理)　设 $\Omega_1$ ,$\Omega_2$ 是 $E$ 中的有界开集 , $\theta\in\Omega_1$, $\bar{\Omega}_1\subset\Omega_2$, $A: P\cap(\bar{\Omega}_2\backslash\Omega_1)\to P$ 全连续. 如果满足下列条件之一:

(i) $Ax\not\geq x$, $\forall x\in P\cap\partial\Omega_1$; $Ax\not\leq x$, $\forall x\in P\cap\partial\Omega_2$ (即锥拉伸);

(ii) $Ax\not\geq x$, $\forall x\in P\cap\partial\Omega_2$; $Ax\not\leq x$, $\forall x\in P\cap\partial\Omega_1$ (即锥压缩),

那么, $A$ 在 $P\cap(\Omega_2\backslash\bar{\Omega}_1)$ 中必有不动点.

**定理1.5.8**(范数形式的锥拉伸与锥压缩不动点定理)　设 $\Omega_1,\Omega_2$ 是 $E$ 中有界开集, $\theta\in\Omega_1,\bar{\Omega}_1\subset\Omega_2$, $A: P\cap(\bar{\Omega}_2\backslash\Omega_1)\to P$ 全连续. 如果满足以下条件之一:

(i) $\|Ax\|\leq\|x\|$, $\forall x\in P\cap\partial\Omega_1$; $\|Ax\|\geq\|x\|$, $\forall x\in P\cap\partial\Omega_2$ (即范数锥拉伸);

(ii) $\|Ax\|\leq\|x\|$, $\forall x\in P\cap\partial\Omega_2$; $\|Ax\|\geq\|x\|$, $\forall x\in P\cap\partial\Omega_1$ (即范数锥压缩),

那么, $A$ 在 $P\cap(\bar{\Omega}_2\backslash\Omega_1)$ 中必有不动点.

## 1.6 小结

1.1节介绍了相关的预备知识, 包括线性空间与赋范线性空间以及Banach空间的定义, Banach空间中的主要结论等内容. 这部分内容选自张恭庆和林源渠著作《泛函分析讲义》[1].

1.2节介绍了锥与半序的基本概念, 并通过给出一些常见的锥的例子, 探讨正规锥的等价命题及其相互证明. 这部分内容主要选自郭大钧著《非线性泛函分析》[2].

1.3节定义了凹凸算子以及增减算子, 并给出了这些算子在不同条件下的不动点定理. 其中, 定理1.3.1－1.3.3是经典的不动点定理, 选自郭大钧著《非线性泛函分析》[2]. 定理1.3.5, 定理1.3.6, 定理1.3.8－1.3.11, 均选自郭大钧著《非线性分析中的半序方法》[3]. 定理1.3.7选自翟成波和张玲玲论文的结论[4]. 定理1.3.12－1.3.17 是具有凹凸性的单调算子的不动点定理, 选自翟成波, 王文霞和张玲玲论文结果[5]. 定理1.3.18 是具有广义凹凸性的混合单调算子的不动点定理, 选自翟成波和张玲玲论文中的结论[4]. 定理1.3.19, 定理1.3.20选自郭大钧所著《非线性分析中的半序方法》[3]. 定理1.3.22选自翟成波和郝梦茹论文中的结论[6]. 定理1.3.23－1.3.25 选自梁展东, 张玲玲和李胜家论文中的结果[7].

1.4节介绍了非紧性测度的基本概念及其重要性质. 定理1.4.1是非紧性测度理论中的关键结论. 这部分内容选自郭大钧著《非线性分析中的半序方法》[3].

1.5节阐述了拓扑度以及不动点指数的相关理论. 这部分内容选自郭大钧著《非线性泛函分析》[2].

# 第 2 章　一阶脉冲微分方程

脉冲微分方程综合了连续和离散系统的特征，能够很好地描述系统的运动状态在固定和不固定时刻发生突变或者跳跃的规律，充分体现了瞬时现象对系统运动状态的影响，成为研究脉冲现象的主要工具，具有重要的实用价值.

## 2.1　一阶脉冲微分方程初值问题

### 2.1.1　最大最小解的存在性

考察一阶脉冲微分方程的初值问题(IVP):

$$\begin{cases} x' = f(t,x), \ \ \forall\, t \in J,\ t \neq t_k\ (k=1,2,\cdots,m), \\ \Delta x|_{t=t_k} = I_k(u(t_k)),\ k=1,2,\cdots,m, \\ x(0)=x_0, \end{cases} \tag{2.1.1}$$

其中 $f \in C[J \times \mathbb{R}^n, \mathbb{R}^n]$, $J=[0,a](a>0)$, $I_k \in C[\mathbb{R}^n,\mathbb{R}^n]$ $(k=1,2,\cdots,m)$, $x_0 \in \mathbb{R}^n$, $0<t_1<\cdots<t_k<\cdots<t_m<a$, $\Delta x|_{t=t_k} = x(t_k^+)-x(t_k^-)$, $x(t_k^+)$ 与$x(t_k^-)$ 分别表示 $x(t)$ 在 $t=t_k$ 的右极限与左极限. 令 $PC[J,\mathbb{R}^n]=\{x: J\to\mathbb{R}^n \mid x(t)$ 在$t\neq t_k$ 处连续, $x(t_k^+)$ 与 $x(t_k^-)$ 存在且 $x(t_k^-)=x(t_k)$, $k=1,2,\cdots,m\}$. 显然, 在范数 $||x||_{PC}=\sup\limits_{t\in J}|x(t)|$ 下, $PC[J,\mathbb{R}^n]$ 是一个Banach空间, 令 $J_0=[0,t_1], J_1=(t_1,t_2],\cdots,J_{m-1}=(t_{m-1},t_m], J_m=(t_m,a]$, $J'=J\backslash\{t_1,\cdots,t_m\}$. 如果 $x\in PC[J,\mathbb{R}^n]\cap C^1[J',\mathbb{R}^n]$ 满足(2.1.1)中各等式, 那么 $x$ 是IVP(2.1.1)的一个解.

**引理2.1.1**　$H\subset PC[J,\mathbb{R}^n]$ 是相对紧集的充分必要条件是 $H$ 中诸函数在 $J$ 上一致有界且在每个$J_k(k=1,2,\cdots,m)$ 上都等度连续.

**证明:** 由 Ascoli-Arzela 定理即得. □

对固定的 $h \in PC[J, \mathbb{R}^n]$ 及实数 $M$, 考察脉冲方程的初值问题:

$$\begin{cases} x' = f(t, h(t)) - M(x - h(t)),\ t \neq t_k\ (k = 1, 2, \cdots, m), \\ \Delta x|_{t=t_k} = I_k(h(t_k)),\ k = 1, 2, \cdots, m, \\ x(0) = x_0. \end{cases} \tag{2.1.2}$$

**引理2.1.2** IVP (2.1.2) 在 $PC[J, \mathbb{R}^n] \cap C^1[J', \mathbb{R}^n]$ 中具有唯一解且此解由下式表达:

$$\begin{aligned} x(t) = x_0 \mathrm{e}^{-Mt} &+ \int_0^t \mathrm{e}^{-M(t-s)}[f(t, h(t)) + Mh(t)]\mathrm{d}s \\ &+ \sum_{0<t_k<t} \mathrm{e}^{-M(t-t_k)} I_k(h(t_k)). \end{aligned} \tag{2.1.3}$$

**证明:** 对(2.1.3)式求导数可知, $x(t) \in PC[J, \mathbb{R}^n] \cap C^1[J', \mathbb{R}^n]$ 且满足IVP (2.1.2) 中诸等式, 即 $x(t)$ 是IVP (2.1.2) 的解. 下证解的唯一性. 设 $x_1, x_2 \in PC[J, \mathbb{R}^n] \cap C^1[J', \mathbb{R}^n]$ 均满足IVP (2.1.2). 令 $y = x_1 - x_2$, 则 $y \in C[J, \mathbb{R}^n]$, 且当 $t \neq t_k$ 时, $y' + My = 0$, 从而$(y\mathrm{e}^{Mt})' = (y' + My)\mathrm{e}^{Mt} = 0$. 由此可知 $y(t)\mathrm{e}^{Mt} = y(0)$, $t \in J$, 并且 $y(0) = x_1(0) - x_2(0) = x_0 - x_0 = 0$, 故得 $y(t) \equiv 0$, 即 $x_1 = x_2$. □

考察算子

$$\begin{aligned} (Ax)(t) = x_0 \mathrm{e}^{-Mt} &+ \int_0^t \mathrm{e}^{-M(t-s)}[f(s, x(s)) + Mx(s)]\mathrm{d}s \\ &+ \sum_{0<t_k<t} \mathrm{e}^{-M(t-t_k)} I_k(x(t_k)). \end{aligned} \tag{2.1.4}$$

**引理2.1.3** 由 (2.1.4) 式定义的算子 $A : PC[J, \mathbb{R}^n] \to PC[J, \mathbb{R}^n]$ 的全连续算子.

**证明:** 由(2.1.4)知算子 $A : PC[J, \mathbb{R}^n] \to PC[J, \mathbb{R}^n]$ 是连续的, 设 $S \subset PC[J, \mathbb{R}^n]$ 有界, 由(2.1.4)易知$A(S)$中诸函数在 $J$ 上一致有界且在每个 $J_k(k =$

$0, 1, \cdots, m)$ 上都等度连续, 于是, 根据引理 2.1.1 知 $A(S)$ 是 $PC[J, R^n]$ 中的相对紧集, 故 $A$ 全连续. □

**引理2.1.4** $x \in PC[J, \mathbb{R}^n] \cap C^1[J', \mathbb{R}^n]$ 是 IVP (2.1.1) 的解当且仅当 $x \in PC[J, \mathbb{R}^n]$是算子$A$的不动点.

**证明:** 由引理 2.1.2 即可得到. □

下面给出空间 $PC[J, \mathbb{R}^n]$ 中的区间 $[u, v]$ $(u, v \in PC[J, \mathbb{R}^n]$ 且$u \le v$, 即 $u(t) \le v(t), \forall t \in J)$, 定义 $[u, v] = \{x \in PC[J, \mathbb{R}^n] \mid u \le x \le v,$ 即 $u(t) \le x(t) \le v(t), \forall t \in J\}$, 注意, $\mathbb{R}^n$ 中的不等式都理解为按坐标的不等式, 例如, 设 $u(t) = (u_1(t), u_2(t), \cdots, u_n(t))$, $v(t) = (v_1(t), v_2(t), \cdots, v_n(t))$, 则 $u(t) \le v(t)$ 理解为 $u_i(t) \le v_i(t) (i = 0, 1, 2, \cdots, n)$.

**定义2.1.1** $u \in PC[J, \mathbb{R}^n] \cap C^1[J', \mathbb{R}^n]$ 叫作IVP(2.1.1)的一个下解,如果

$$\begin{cases} u' \le f(t, u), \quad \forall\, t \in J,\ t \ne t_k\ (k = 1,\ 2, \cdots,\ m), \\ \Delta u|_{t=t_k} \le I_k(u(t_k)),\ k = 1,\ 2, \cdots,\ m, \\ u(0) \le x_0. \end{cases} \tag{2.1.5}$$

同样, $v \in PC[J, \mathbb{R}^n] \cap C^1[J', \mathbb{R}^n]$ 叫作IVP(2.1.1) 的一个上解, 如果

$$\begin{cases} v' \ge f(t, u), \quad \forall\, t \in J,\ t \ne t_k\ (k = 1,\ 2, \cdots,\ m), \\ \Delta v|_{t=t_k} \ge I_k(v(t_k)),\ k = 1,\ 2, \cdots,\ m, \\ v(0) \ge x_0. \end{cases} \tag{2.1.6}$$

**定理2.1.1** 设 $u_0$ 和 $v_0$ 分别是 IVP(2.1.1) 的一个下解和上解, 并且 $u_0(t) \le v_0(t) (t \in J)$, 假定存在实数 $M$, 使

$$f(t, x) - f(t, y) \ge -M(x - y), \quad \forall t \in J,\ u_0(t) \le y \le x \le v_0(t). \tag{2.1.7}$$

又假定

$$I_k(x) \ge I_k(y), \quad \forall u_0(t_k) \le y \le x \le v_0(t_k),\ k = 1,\ 2, \cdots,\ m. \tag{2.1.8}$$

则 IVP(2.1.1) 在 $[u_0,v_0]\cap C^1[J',R^n]$ 中具有最小解 $x_*(t)$ 和最大解 $x^*(t)$, 且当 $t\in J$ , $n\to\infty$ 时, $u_n(t)$, $v_n(t)$ 一致收敛到 $x_*(t)$, $x^*(t)$, 即

$$u_n(t)\to x_*(t),\ v_n(t)\to x^*(t),$$

其中

$$\begin{aligned}u_n(t)=&x_0\mathrm{e}^{-Mt}+\int_0^t \mathrm{e}^{-M(t-s)}[f(s,u_{n-1}(s))+Mu_{n-1}(s)]\,\mathrm{d}s\\&+\sum_{0<t_k<t}\mathrm{e}^{-M(t-t_k)}I_k(u_{n-1}(t_k)),\\v_n(t)=&x_0\mathrm{e}^{-Mt}+\int_0^t \mathrm{e}^{-M(t-s)}[f(s,v_{n-1}(s))+Mv_{n-1}(s)]\,\mathrm{d}s\\&+\sum_{0<t_k<t}\mathrm{e}^{-M(t-t_k)}I_k(v_{n-1}(t_k)),(n=1,2,\cdots),\end{aligned}$$

它们满足

$$\begin{aligned}u_0(t)\ &\le u_1(t)\le\cdots\le u_n(t)\cdots\le x_*(t)\le x^*(t)\le\cdots\\&\le v_n(t)\le\cdots\le v_1(t)\le v_0(t),\ t\in J.\end{aligned}\tag{2.1.9}$$

**证明:** 根据引理 2.1.4, 只需证明算子 $A$ 在 $[u_0,v_0]$ 中有最小不动点和最大不动点. 当 $u_0\le x_1\le x_2\le v_0$ 时(即 $u_0(t)\le x_1(t)\le x_2(t)\le v_0(t)$, $\forall t\in J$), 由 (2.1.7) 式和 (2.1.8) 式, 有

$$f(t,x_1(t))+Mx_1(t)\le f(t,x_2(t))+Mx_2(t),$$

$$I_k(x_1(t_k))\le I_k(x_2(t_k)),\ k=1,2,\cdots,m,$$

故由 (2.1.4) 式知 $(Ax_1)(t)\le(Ax_2)(t)$, $\forall t\in J$, 即 $Ax_1\le Ax_2$. 因此, $A$ 是增算子, 令 $u_1=Au_0$, $w=u_1-u_0$. 由引理 2.1.2, 有

$$\begin{cases}u_1'=f(t,u_0)-M(u_1-u_0),\ t\ne t_k\ (k=1,2,\cdots,m),\\\Delta u_1|_{t=t_k}=I_k(u_0(t_k)),\ k=1,2,\cdots,m,\\u_1(0)=x_0.\end{cases}$$

再注意到 $u_0$ 是下解, 由 (2.1.5) 式知

$$w' = u_1' - u_0' \geq f(t,u_0) - M(u_1 - u_0) - f(t,u_0) = -Mw,$$

$$t \neq t_k \ (k = 1,2,\cdots,m),$$

$$\Delta w|_{t=t_k} = \Delta u_1|_{t=t_k} - \Delta u_0|_{t=t_k} \geq 0,\ k = 1,2,\cdots,m,$$

$$w(0) = u_1(0) - u_0(0) \geq x_0 - x_0 = 0.$$

从而

$$(w\mathrm{e}^{Mt})' = (w' + Mw)\mathrm{e}^{Mt} \geq 0,\ t \neq t_k \ (k = 1,2,\cdots,m), \tag{2.1.10}$$

故

$$w(t) \geq w(0)\mathrm{e}^{-Mt} \geq 0,\ \forall t \in J_0.$$

特别地, $w(t_1) \geq 0$. 由上式知, $\Delta w|_{t=t_1} \geq 0$, 故

$$w(t_1^+) = w(t_1) + \Delta w|_{t=t_1} \geq 0,$$

再根据 (2.1.10) 式得

$$w(t) \geq w(t_1^+)\mathrm{e}^{-M(t-t_1)} \geq 0,\ \forall t \in J_1.$$

类似地, 可证对任意的$t \in J_2, \cdots$, $t \in J_m$ 都有$w(t) \geq 0$, 故对任意的$t \in J$, 有 $w(t) \geq 0$, 即 $u_0 \leq Au_0$.

同理可证, $Av_0 \leq v_0$. 由引理 2.1.3, 算子$A$ 是全连续算子. □

### 2.1.2 解的存在性

**定理2.1.2** 设存在函数 $\beta \in L[J,\mathbb{R}^+]$ 及非负常数 $\beta_k$ $(k = 1,2,\cdots,m)$, 使得

$$\|f(t,x)\| \leq \beta(t)\|x\|,\ \forall t \in J,\ x,\ y \in \mathbb{R}^n,$$

$$\|I_k(x)\| \le \beta_k \|x\|, \ \forall x \in \mathbb{R}^n, \ k = 1, 2, \cdots, m,$$

并且

$$\int_0^a \beta(t)\mathrm{d}t + \sum_{k=1}^{m} \beta_k < 1.$$

则 IVP(2.1.1) 在 $PC[J, \mathbb{R}^n] \cap C^1[J', \mathbb{R}^n]$ 中至少有一解.

**证明:** 在 (2.1.4) 式中令 $M = 0$, 得

$$(Ax)(t) = x_0 + \int_0^t f(s, u(s))\mathrm{d}s + \sum_{0<t_k<t} I_k(x(t_k)). \tag{2.1.11}$$

结合定理的条件, 有

$$\begin{aligned} |(Ax)(t)| &\le \|x_0\| + \textstyle\int_0^t \beta(s)|x(s)|\mathrm{d}s + \sum\limits_{0<t_k<t} \beta_k |x(t_k)| \\ &\le \|x_0\| + \gamma' \|x\|_{PC}, \ \forall x \in PC[J, \mathbb{R}^n], \ t \in J, \end{aligned}$$

其中

$$\gamma' = \int_0^a \beta(s)\mathrm{d}s + \sum_{k=1}^{m} \beta_k < 1. \tag{2.1.12}$$

于是

$$\|Ax\|_{PC} \le \|x_0\| + \gamma' \|x\|_{PC}, \ \forall x \in PC[J, \mathbb{R}^n]. \tag{2.1.13}$$

由 (2.1.12) 式和 (2.1.13) 式知, 存在 $r > 0$ 使 $A(B_r) \subset B_r$, 这里 $B_r = \{x \in PC[J, \mathbb{R}^n] \mid \|x\|_{PC} \le r\}$. 于是, 根据 Schauder 不动点定理知, $A$ 在 $B_r$ 中有不动点. □

### 2.1.3 解的存在唯一性

**定理2.1.3** 设存在函数 $\alpha \in L[J, \mathbb{R}^+]$ 及非负常数 $\alpha_k$ $(k = 1, 2, \cdots, m)$, 使得

$$\|f(t,x)-f(t,y)\| \le \alpha(t)\|x-y\|,\ \forall t\in J,\ x,\ y\in\mathbb{R}^n,$$

$$\|I_k(x)-I_k(y)\| \le \alpha_k\|x-y\|,\ \forall x,\ y\in\mathbb{R}^n,\ k=1,2,\cdots,m,$$

并且

$$\int_0^a \alpha(t)\mathrm{d}t+\sum_{k=1}^m \alpha_k<1.$$

则 IVP(2.1.1) 在 $PC[J,\mathbb{R}^n]\cap C^1[J',\mathbb{R}^n]$ 中具有唯一解.

**证明:** 根据引理 2.1.4, 只需证明算子 $A$ (在其中令 $M=0$ ) 在 $PC[J,\mathbb{R}^n]$ 中具有唯一不动点.

根据 (2.1.11) 式及定理假设条件, 得

$$\begin{aligned}
&|(Ax)(t)-(Ay)(t)|\\
\le\ &\int_0^t |f(s,u(s))-f(s,y(s))|\mathrm{d}s+\sum_{0<t_k<t}|I_k(x(t_k)-I_k(y(t_k))|\\
\le\ &\int_0^t \alpha(s)|x(s)-y(s)|\mathrm{d}s+\sum_{0<t_k<t}\alpha_k|x(t_k)-y(t_k)|\\
\le\ &\nu\|x-y\|_{PC},
\end{aligned}$$

其中

$$\nu=\int_0^a \alpha(s)\mathrm{d}s+\sum_{k=1}^m \alpha_k<1,$$

从而 $\|Ax-Ay\|_{PC}\le\gamma\|x-y\|_{PC}$.

于是,由压缩映射原理知算子 $A$ 在空间 $PC[J,\mathbb{R}^n]$ 中 具有唯一不动点. □

### 2.1.4 例子

**例2.1.1** 考察下面的脉冲微分方程组的初值问题:

$$\begin{cases} x_i' = \frac{1}{2}(t-x_i)^3 + (\frac{t}{i+1})^4 x_{i+1}^2, \ 0 \le t \le 1, \ t \ne \frac{1}{2}, \\ \Delta x_i|_{t=\frac{1}{2}} = 2x_i(\frac{1}{2}), \\ x_i(0) = 0, \end{cases} \tag{2.1.14}$$

其中$i = 1, 2, \cdots, n$, 约定 $x_{n+1} = x_1$, 显然, $x_i(t) \equiv 0$ $(i = 1, 2, \cdots, n)$ 不是 IVP (2.1.14) 的解.

**结论:** IVP (2.1.14) 在 $[0, \frac{1}{2}] \cup (\frac{1}{2}, 1]$ 上具有连续可微且满足如下式子

$$0 \le x_i(t) \le \begin{cases} \frac{t}{i}, & 0 \le t \le \frac{1}{2}, \\ \frac{t+1}{i}, & \frac{1}{2} < t \le 1, \end{cases} \quad i = 1, 2, \cdots, n,$$

的最大解与最小解.

**证明:** 方程(2.1.14) 可视为 (2.1.1) 的一个具体情况, 其中$x = (x_1, \cdots, x_n)$, $f = (f_1, \cdots, f_n)$,

$$f_i(t, x) = \frac{1}{2i}(t - x_i)^3 + (\frac{t}{i+1})^4 x_{i+1}^2, \ i = 1, 2, \cdots, n, \tag{2.1.15}$$

$m = 1, I_1 = (I_{1_1}, \cdots, I_{1_n})$,

$$I_{1_i}(x) = 2x_i, \ i = 1, 2, \cdots, n, \tag{2.1.16}$$

$x_0 = (0, \cdots, 0)$, $J = [0, 1]$. 令$u_0(t) = (u_{0_1}(t), \cdots, u_{0_n}(t))$, $v_0(t) = (v_{0_1}(t), \cdots, v_{0_n}(t))$. 其中对所有的$i = 1, 2, \cdots, n$, $u_{0_i}(t) \equiv 0$,

$$v_{0_i}(t) = \begin{cases} \frac{t}{i}, & 0 \le t \le \frac{1}{2}, \\ \frac{t+1}{i}, & \frac{1}{2} < t \le 1. \end{cases} \tag{2.1.17}$$

显然, $u_0(t)$ 是 IVP(2.1.14) 的一个下解. 下证 $v_0(t)$ 是 (2.1.14) 的一个上解.

事实上, $v_0 \in PC[J, \mathbb{R}^n] \cap C^1[J', \mathbb{R}^n]$, $v_0(0) = (0, \cdots, 0) = x_0$, $\Delta v_{0_i}|_{t=\frac{1}{2}} = \frac{1}{i} = 2v_{0_i}(\frac{1}{2})$, 即 $\Delta v_0|_{t=\frac{1}{2}} = 2v_0(\frac{1}{2})$. 又 $v_0'(t) = (v_{0_1}'(t), \cdots, v_{0_n}'(t))$, 其中, 由 (2.1.17) 式, $v_{0_i}'(t) = \frac{1}{i}\ (t \neq \frac{1}{2})$.

当$0 \leq t \leq \frac{1}{2}$ 时, 由 (2.1.15) 式, 有

$$\begin{aligned} f_i(t, v_0(t)) &= \frac{1}{2i}\left(t - \frac{t}{i}\right)^3 + \left(\frac{t}{i+1}\right)^4 \left(\frac{t}{i+1}\right)^2 \\ &< \frac{1}{2i} + \frac{1}{2^4} \cdot \frac{1}{2i} < \frac{1}{i} \\ &= v_{0_i}'(t), \end{aligned}$$

$$f_n(t, v_0(t)) = \frac{1}{2n}\left(t - \frac{t}{n}\right)^3 + \left(\frac{t}{n+1}\right)^4 t^2 < \frac{1}{2n} + \frac{1}{8n} < \frac{1}{n} = v_{0_n}'(t).$$

当 $\frac{1}{2} < t \leq 1$ 时, 有

$$\begin{aligned} f_i(t, v_0(t)) &= \frac{1}{2i}\left(t - \frac{t+1}{i}\right)^3 + \left(\frac{t}{i+1}\right)^4 \left(\frac{t+1}{i+1}\right)^2 \\ &< \frac{1}{2i} + \frac{1}{2^4} \cdot \frac{4}{2i} < \frac{1}{i} = v_{0_i}'(t), \end{aligned}$$

$$\begin{aligned} f_n(t, v_0(t)) &= \frac{1}{2n}\left(t - \frac{t+1}{n}\right)^3 + \left(\frac{t}{n+1}\right)^4 (t+1)^2 \\ &< \frac{1}{2n} + \frac{1}{8n} \cdot 4 = \frac{1}{n} = v_{0_n}'(t). \end{aligned}$$

总之, $f(t, v_0(t)) < v_0'(t)$, $\forall 0 \leq t \leq 1$, $t \neq \frac{1}{2}$. 故 $v_0(t)$ 是 IVP(2.1.14) 的一个上解.

另外, 由 (2.1.16) 式知 (2.1.8) 式满足, 下证 (2.1.7) 式也满足.

事实上, 当 $x = (x_1, \cdots, x_n)$, $y = (y_1, \cdots, y_n)$ 满足 $u_0(t) \leq y \leq x \leq v_0(t)$, $t \in J$ 时, 有

$$
\begin{aligned}
& f_i(t,x)-f_i(t,y)\\
= & \frac{1}{2i}[(t-x_i)^3-(t-y_i)^3]+\left(\frac{t}{i+1}\right)^4(x_{i+1}^2-y_{i+1}^2)\\
\geq & \frac{1}{2i}[(t-x_i)^3-(t-y_i)^3]\\
\geq & -\frac{3}{2i}(x_i-y_i)\geq-\frac{3}{2}(x_i-y_i),
\end{aligned}
$$

(这是因为 $\frac{\partial}{\partial s}(t-s)^3=-3(t-s)^2\geq-3,\ \forall 0\leq t\leq 1,\ 0\leq s\leq t+1$).故 $f(t,x)-f(t,y)\geq-\frac{3}{2}(x-y)$, 即 (2.1.7) 式满足, 其中 $M=\frac{3}{2}$.

最后, 结论由定理 2.1.1 推出. □

图2.1为方程 (2.1.14) 解的模拟结果.

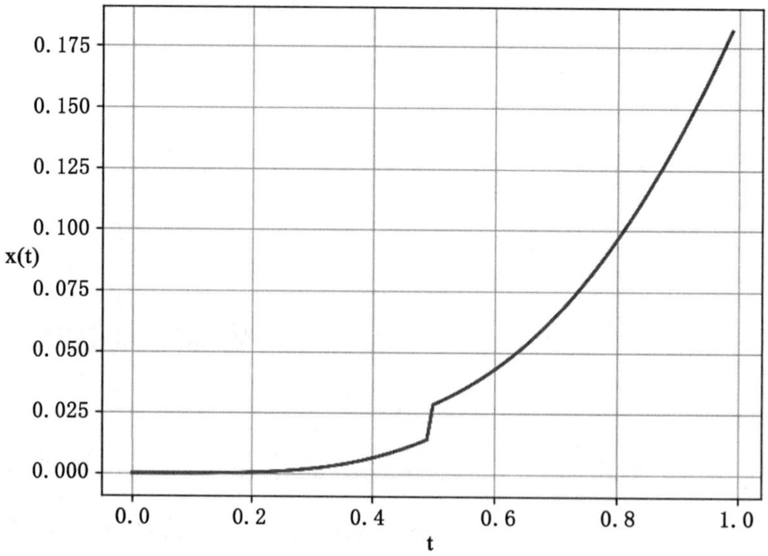


图 2.1 方程 (2.1.14) 解的模拟结果

## 2.2　一阶脉冲微分方程周期边值问题

### 2.2.1　最大最小解的存在性

考察一阶脉冲微分方程的周期边值问题 (PBVP)：

$$\begin{cases} x' = f(t,x),\ t \neq t_k\ (k=1,2,\cdots,m), \\ \Delta x|_{t=t_k} = I_k(x(t_k)),\ k=1,2,\cdots,m, \\ x(0)=x(1), \end{cases} \tag{2.2.1}$$

其中 $f \in C[J\times\mathbb{R}^n,\mathbb{R}^n]$, $J=[0,1]$, $I_k \in C[\mathbb{R}^n,\mathbb{R}^n]$ $(k=1,2,\cdots,m)$, $0<t_1 <\cdots<t_k<\cdots<t_m<1$.

对固定的 $h\in PC[J,\mathbb{R}^n]$ 及实数 $M$, 考察一阶线性脉冲方程的 PBVP:

$$\begin{cases} x' = f(t,h(t)) - M(x-h(t)),\ \ t \neq t_k\ (k=1,2,\cdots,m), \\ \Delta x|_{t=t_k} = I_k(h(t_k)),\ k=1,2,\cdots,m, \\ x(0)=x(1), \end{cases} \tag{2.2.2}$$

**引理2.2.1**　设 $M\neq 0$, 则线性脉冲方程的 PBVP(2.2.2) 在 $PC[J,\mathbb{R}^n]\cap C^1[J',\mathbb{R}^n]$ 中具有唯一解且此解由下式表达:

$$\begin{aligned} x(t) = &\ y_h\mathrm{e}^{-Mt} + \int_0^t \mathrm{e}^{-M(t-s)}[f(s,h(s))+Mh(s)]\mathrm{d}s \\ &+ \sum_{0<t_k<t} \mathrm{e}^{-M(t-t_k)} I_k(h(t_k)), \end{aligned} \tag{2.2.3}$$

其中

$$y_h = \frac{1}{\mathrm{e}^M-1}\{\int_0^1 \mathrm{e}^{Mt}[f(s,h(s))+Mh(s)]\mathrm{d}s + \sum_{k=1}^m \mathrm{e}^{Mt_k} I_k(h(t_k))\}.$$

**证明:** 由 (2.2.1)－(2.2.3) 式确定的函数 $x(t)\in PC[J,\mathbb{R}^n]\cap C^1[J',\mathbb{R}^n]$ 且满足 (2.2.2) 中诸等式. 即 $x(t)$ 是 PBVP(2.2.2) 的解. 下证解的唯一性. 设 $x_1,x_2\in PC[J,\mathbb{R}^n]\cap C^1[J',\mathbb{R}^n]$ 均是 PBVP(2.2.2) 的解. 令 $y=x_1-x_2$, 则 $y\in C[J',\mathbb{R}^n]$, 当 $t\neq t_k$ 时, $y'+My=0$, 从而 $(y\mathrm{e}^{Mt})'=(y'+My)\mathrm{e}^{Mt}=0$.

由此可知, $y(t)\mathrm{e}^{Mt}=y(0)$, $\forall t\in J$, 特别 $y(1)\mathrm{e}^{M}=y(0)$, 由于 $y(1)=y(0)$, 而 $M\neq 0$, 故得 $y(0)\equiv 0$, 从而 $y(t)\equiv 0$, $\forall t\in J$, 即 $x_1=x_2$. □

考察算子

$$\begin{aligned}(A_1x)(t)=&\int_0^t \mathrm{e}^{-M(t-s)}[f(s,x(s))+Mx(s)]\mathrm{d}s\\&+\sum_{0<t_k<t}\mathrm{e}^{-M(t-t_k)}I_k(x(t_k))\\&+\frac{1}{\mathrm{e}^M-1}\{\int_0^1 \mathrm{e}^{-M(t-s)}[f(s,x(s))+Mx(s)]\mathrm{d}s\\&+\sum_{k=1}^{m}\mathrm{e}^{-M(t-t_k)}I_k(x(t_k))\}.\end{aligned}\tag{2.2.4}$$

**引理2.2.2** 由(2.2.4)式定义的算子$A_1:PC[J,\mathbb{R}^n]\to PC[J,\mathbb{R}^n]$ 是全连续算子.

**证明:** 由(2.2.4) 知算子 $A_1:PC[J,\mathbb{R}^n]\to PC[J,\mathbb{R}^n]$ 是连续的, 设 $S\subset PC[J,\mathbb{R}^n]$ 有界, 由 (2.2.4) 又易知 $A_1(S)$ 中诸函数在 $J$ 一致有界且在每个 $J_k(k=0,1,2,\cdots,m)$ 上都等度连续, 于是, 根据引理 2.1.1 知 $A_1(S)$ 是 $PC[J,R^n]$ 中的相对紧集, 故 $A_1$ 是全连续算子. □

**引理2.2.3** $x\in PC[J,\mathbb{R}^n]\cap C^1[J',\mathbb{R}^n]$ 是 PBVP (2.2.1) 的解当且仅当 $x\in PC[J,\mathbb{R}^n]$ 是算子 $A_1$ 的不动点.

**证明:** 算子 $A_1$ 的不动点即 $(A_1x)(t)=x(t)$, 代入算子 $A_1$ 定义式即得. □

**定义2.2.1** $u\in PC[J,\mathbb{R}^n]\cap C^1[J',\mathbb{R}^n]$ 叫作 PBVP(2.2.1) 的一个下解, 如果

$$\begin{cases}u'\leq f(t,u),\ t\neq t_k\ (k=1,2,\cdots,m),\\ \Delta u|_{t=t_k}\leq I_k(u(t_k)),\ k=1,2,\cdots,m,\\ u(0)\leq u(1).\end{cases}\tag{2.2.5}$$

同理, $v\in PC[J,\mathbb{R}^n]\cap C^1[J',\mathbb{R}^n]$ 叫作 PBVP (2.2.1) 的一个上解, 如果

$$\begin{cases} v'\geq f(t,v),\ t\neq t_k\ (k=1,2,\cdots,m), \\ \Delta v|_{t=t_k}\geq I_k(v(t_k)),\ k=1,2,\cdots,m, \\ v(0)\geq v(1). \end{cases} \tag{2.2.6}$$

**定理2.2.1** 设 $u_0$ 和 $v_0$ 分别是 PBVP(2.2.1) 的一个下解和上解, 并且 $u_0(t)\leq v_0(t)(\forall t\in J)$, 假定存在常数 $M>0$ 使 (2.1.7) 式成立, 又 (2.1.8) 式也满足, 那么, PBVP(2.2.1) 在 $[u_0,v_0]\cap C^1[J',\mathbb{R}^n]$ 中具有最小解 $x_*(t)$ 和最大解 $x^*(t)$, 且当 $t\in J$, $n\to\infty$ 时, $u_n(t)$, $v_n(t)$ 一致收敛到 $x_*(t)$, $x^*(t)$, 即 $u_n(t)\to x_*(t)$, $v_n(t)\to x^*(t)$, 其中

$$\begin{aligned} u_n(t)=&\int_0^t \mathrm{e}^{-M(t-s)}[f(s,u_{n-1}(s))+Mu_{n-1}(s)]\mathrm{d}s \\ &+\sum_{0<t_k<t}\mathrm{e}^{-M(t-t_k)}I_k(u_{n-1}(t_k)) \\ &+\frac{1}{\mathrm{e}^M-1}\{\int_0^1 \mathrm{e}^{-M(t-s)}[f(s,u_{n-1}(s))+Mu_{n-1}(s)]\mathrm{d}s \\ &+\sum_{k=1}^m\mathrm{e}^{-M(t-t_k)}I_k(u_{n-1}(t_k))\}, \\ v_n(t)=&\int_0^t \mathrm{e}^{-M(t-s)}[f(s,v_{n-1}(s))+Mv_{n-1}(s)]\mathrm{d}s \\ &+\sum_{0<t_k<t}\mathrm{e}^{-M(t-t_k)}I_k(v_{n-1}(t_k)) \\ &+\frac{1}{\mathrm{e}^M-1}\{\int_0^1 \mathrm{e}^{-M(t-s)}[f(s,v_{n-1}(s))+Mv_{n-1}(s)]\mathrm{d}s \\ &+\sum_{k=1}^m\mathrm{e}^{-M(t-t_k)}I_k(v_{n-1}(t_k))\}, \end{aligned}$$

它们满足 (2.1.9) 式.

**证明:** 根据引理 2.2.3, 只需证明算子 $A_1$ 在 $[u_0,v_0]$ 中有最小不动点和最大不动点. 当 $u_0\leq x_1\leq x_2\leq v_0$ 时(即 $u_0(t)\leq x_1(t)\leq x_2(t)\leq v_0(t)$, $\forall t\in J$),

由 (2.1.7) 式和 (2.1.8) 式, 有

$$f(t,x_1(t))+Mx_1(t)\le f(t,x_2(t)+Mx_2(t),\ \forall t\in J,$$

$$I_k(x_1(t_k))\le I_k(x_2(t_k)),\ k=1,2,\cdots,m,$$

故由 (2.2.4) 式知 $(A_1x_1)(t)\le(A_1x_2)(t)$, $\forall t\in J$, 即 $A_1x_1\le A_1x_2$. 可知 $A_1$ 在 $[u_0,\ v_0]$ 上是增算子. 令 $u_1=A_1u_0$, $\omega=u_1-u_0$,

$$\begin{cases}u_1'=f(t,u_0)-M(u_1-u_0),\ t\ne t_k(k=1,2,\cdots,m),\\ \Delta u_1|_{t=t_k}=I_k(u_0(t_k)),\ k=1,2,\cdots,m,\\ u_1(0)=u_1(1).\end{cases}$$

再注意到 $u_0$ 是下解, 由 (2.2.5) 式知

$$w'=u_1'-u_0'\ge f(t,u_0)-M(u_1-u_0)-f(t,u_0)=-Mw,$$

$$t\ne t_k(k=1,2,\cdots,m),$$

从而

$$(we^{Mt})'=(w'+Mw)e^{Mt}\ge 0,\ t\ne t_k\ (k=1,2,\cdots,m), \tag{2.2.7}$$

并且

$$\Delta w|_{t=t_k}=\Delta u_1|_{t=t_k}-\Delta u_0|_{t=t_k}\ge 0,\ k=1,2,\cdots,m,$$

$$\omega(0)=u_1(0)-u_0(0)\ge u_1(1)-u_0(1)=\omega(1). \tag{2.2.8}$$

于是$\omega(t)e^{Mt}\ge\omega(0)$, $\forall t\in J_0$. 特别地, $\omega(t_1)e^{Mt_1}\ge\omega(0)$. 又由 (2.2.10) 式及 $\Delta\omega|_{t=t_k}\ge 0$ 知

$$\omega(t)e^{Mt}\ge\omega(t_1^+)e^{Mt_1}\ge\omega(t_1)e^{Mt_1}\ge\omega(0),\ \forall t\in J_1.$$

同理可证, 当 $t\in J_2,\cdots,t\in J_m$ 时也有 $\omega(t)e^{Mt}\ge\omega(0)$, 即

$$\omega(t)e^{Mt}\ge\omega(0),\ \forall t\in J, \tag{2.2.9}$$

特别地, 令 $t=1$ 得

$$\omega(1)\mathrm{e}^{M} \geq \omega(0). \tag{2.2.10}$$

由 (2.2.8) 式和 (2.2.10) 式, 并注意到 $M>0$, 即知 $\omega(0)\geq 0$, 从而根据 (2.2.9) 式, 得 $\omega(t)\geq 0$, $\forall t\in J$, 即 $A_1u_0\geq u_0$, 同理可证 $A_1v_0\leq v_0$. 又由引理 2.2.2 知算子 $A_1$ 是全连续算子, 于是, 根据定理 2.1.2 即证该定理. □

### 2.2.2 解的存在性及唯一性

考虑一阶脉冲微分方程周期边值问题:

$$\begin{cases} x'=f\left(t,x\right),\ t\in J', \\ \Delta x|_{t=t_k}=I_k\left(x(t_k)\right),\ k=1,2,\cdots,m, \\ x(0)=x(1), \end{cases} \tag{2.2.11}$$

其中, $f\in C[J\times\mathbb{R},\mathbb{R}]$, $J=[0,1]$, $I_k\in C[\mathbb{R},\mathbb{R}]$, $k=1,2,\cdots,m$, $0<t_1<\cdots<t_k<\cdots<t_m<1$. $J'=J\setminus\{t_1,t_2,\cdots,t_m\}$. $PC[J,\mathbb{R}]=\{x:J\to\mathbb{R}\mid x(t)$ 在$t\neq t_k$ 时连续, $x(t_k^+)$, $x(t_k^-)$ 存在, 且 $x(t_k^-)=x(t_k)$, $k=1,2,\cdots,m\}$, $PC^1[J,\mathbb{R}]=\{x:J\to\mathbb{R}\mid x\in PC[J,\mathbb{R}],\ x'(t_k^{\pm})$ 存在, $k=1,2,\cdots,m\}$, 又当 $u,v\in PC^1[J,\mathbb{R}]$, $u(t)\leq v(t)$, $t\in J$, 记作$u\leq v$, 且记 $[u,v]=\{x\in PC^1[J,\mathbb{R}]: u\leq x\leq v\}$.

若 $x\in PC^1[J,\mathbb{R}]$ 满足方程 (2.2.11), 则称 $x(t)$ 为边值问题 (2.2.11) 的解.

若 $v\in PC^1[J,\mathbb{R}]$, 使不等式

$$\begin{cases} v'\geq f\left(t,v(t)\right), \quad t\in J', \\ \Delta v\ |_{t=t_k}\geq I_k(v(t_k)), \quad 1\leq k\leq m, \\ v(0)\geq v(1), \end{cases} \tag{2.2.12}$$

成立, 则称 $v$ 为边值问题 (2.2.11) 的上解.

若 $u \in PC^1[J,\mathbb{R}]$, 使不等式 (2.2.12) 反向成立, 则称 $u$ 为边值问题 (2.2.11) 的下解.

**定理2.2.2** 设 $f(t,y)$ 关于 $y$ 严格单调递增, $I_k(v(t_k))$ 关于 $v(t_k)$ 单调递增 $(1 \le k \le m)$, 又 $v$ 和 $u$ 分别为脉冲微分方程周期边值问题 (2.2.11) 的上解和下解, 则 $u(t) \le v(t)$, $t \in J$.

**证明:** 作 $h(t) = u(t) - v(t)$, $t \in J$, 要证 $h(t) \le 0, t \in J$. 若不然, 存在 $\tilde{t} \in J$, 使 $h'(t) > 0$, 由于 $h \in PC^1[J,\mathbb{R}]$, 不失一般性, 可假定存在 $k_0 (1 \le k_0 \le m)$, 使 $\tilde{t} \in (t_{k_0}, t_{k_0+1})$, 下面分三种情况讨论.

(1) 若 $h(1) \le 0$, 记 $t^* = \sup\{t \mid s \in [\tilde{t}, t],\ h(s) > 0\}$, 由于 $h(1) \le 0$, 故 $t^* \in (\tilde{t}, 1]$, 且 $\forall t \in [\tilde{t}, t^*), h(t) > 0, h(t^*) \ge 0$.

(i) 若有某个 $j$ $(k_0 < j \le m+1)$, 使 $t^* = t_j$, 则必有 $h(t^*) = 0$. 因为: ① 当 $t^* = 1$时, 由 $h(1) \le 0$, 又 $h(1) \ge 0$, 故 $h(t^*) = 0$. ② 当 $t^* \le 1$, 若 $h(t^*) > 0$, 由 $I_j$ 单调递增性, 有 $\Delta h|_{t=t_j} = \Delta u|_{t=t_j} - \Delta v|_{t=t_j} \ge I_j(u(t_j) - v(t_j)) \ge 0$, 故$h(t_j^+) \ge h(t_j) > 0$, 故 $\exists \delta > 0$, 使 $\forall t \in [t_j,\ t_j + \delta], h(t) > 0$, 与 $t^*$ 定义矛盾$(t_j = t^*)$, 因此不论是 ① 还是 ②, 均有 $h(t^*) = 0$. 由$f, I_i (1 \le i \le m)$ 单调递增性, $\forall t \in [\tilde{t}, t^*) \cap J'$,有$h'(t) = u'(t) - v'(t) \ge f(t, u(t)) - f(t, v(t)) \ge 0$, $\Delta h|_{t=t_i} \ge I_i(u(t_i)) - I_i(v(t_i)) \ge 0 (k_0 < i < j)$, 故 $h$ 在 $[t', t^*]$ 上单调递增, 因此 $h(t^*) \ge h(t') > 0$ 与 $h(t^*) = 0$ 矛盾.

(ii)若存在 $j$ $(k_0 < j < m+1)$, 使 $t^* \in (t_j, t_{j+1})$. 由于 $h \in PC^1[J,\mathbb{R}]$, 必有 $h(t^* = 0)$, 按上面 (i) 的证法, 存在矛盾.

(2)若 $h(0) \le 0$, 由于 $h(0) = u(0) - v(0) \ge u(1) - v(1) = h(1)$, 故 $h(1) \le 0$. 因此, 这种情况已转化为情况 (1) .

(3)若 $h(0)>0,h(1)>0,$

(i) 若对任意的 $t\in J$, 有$h(t)>0$, 由 $f(t,y)$ 关于 $y$ 严格单调递增, 有$h'(t)\geq f(t,u(t))-f(t,v(t))>0,t\in J'$, 又由于 $I_i$ 单调递增, 有 $\Delta h|_{t=t_i}\geq I_i(u(t_i))-I_i(v(t_i))\geq 0$, 故 $h(0)>h(1)$, 与$h(0)\leq h(1)$ 矛盾.

(ii) 若存在 $\sigma\in(0,1)$, 使 $h(\sigma)\leq 0$, 用类似于 (1) 中证明 (只需将 $\sigma,0$ 分别看作 (1) 中 1 和 $\tilde{t}$ ), 可得矛盾.

综合 (1), (2), (3) 可知 $h(t)\leq 0,t\in J.$ □

**定理2.2.3** 设 $v$ 和 $u$ 分别是脉冲周期边值问题 (2.2.11) 的上解和下解, 且 $u\leq v$, 则边值问题 (2.2.11) 有解 $x\in[u,v]$.

**证明:** 记 $p\left(t,y\right)=\max\left\{u\left(t\right),\min\left\{y,v\left(y\right)\right\}\right\},t\in J,y\in\mathbb{R}.\ \forall x\in PC[J,\mathbb{R}]$, $\bar{x}=p\left(t,x\left(t\right)\right),t\in J$, 又记$F(t,x(t))=f(t,\bar{x}(t)),t\in J,\ x\in PC[J,\mathbb{R}]$.

考虑脉冲方程边值问题:

$$\begin{cases}x'(t)=F(t,x(t))+x(t)-\bar{x}(t), \quad t\in J',\\ \Delta x'|_{t=t_k}=I_k(\bar{x}(t_k)),\\ x(0)=x(1),\end{cases}\tag{2.2.13}$$

记 $J_1=[0,t_1]$, $J_2=[t_1,1]$, $E=C[J_1,\mathbb{R}]\times C[J_2,\mathbb{R}]$, $E^1=C^1[J_1,\mathbb{R}]\times C^1[J_2,\mathbb{R}]$, $E_0^1=\{(x,v)\in E^1:x(0)=v(T)\}$. 分别定义 $M:E_0^1\to E\times\mathbb{R}$为$M(x,v)=(x'(\cdot)-x(\cdot),v'(\cdot)-v(\cdot),v(t_1)-x(t_1))$, $N:E\to E\times\mathbb{R}$ 为$N(x,v)=(F(\cdot,x(\cdot))-\bar{x}(\cdot),F(\cdot,v(\cdot))-\bar{v}(\cdot),I_1(\bar{x}(t_1))$, 边值问题 (2.2.13) 在 $PC^1[J,\mathbb{R}]$ 中的解等价于方程

$$M(x,v)=Ni(x,v),\tag{2.2.14}$$

在 $E_0^1$ 中的解, 其中 $i:E_0^1\to E$ 为嵌入, 显然 $i$ 为连续映射, 由Ascoli-Arzela定理知 $i$ 为紧嵌入.

现证 $M^{-1}$ 存在且连续.

$\forall(h_1,h_2)\in E,\ A\in\mathbb{R}$, 考虑方程

$$\begin{cases}x'(t)-x(t)=h_1(t),\ t\in J_1,\\ v'(t)-v(t)=h_2(t),\ t\in J_2,\\ v(t_1)-x(t_1)=A,\\ x(0)=v(1),\end{cases}\tag{2.2.15}$$

记 $h(t)=\begin{cases}h_1(t),\ t\in J_1,\\ h_2(t),\ t\in J_2\setminus\{t_1\},\end{cases}$ 则方程 (2.2.15) 在 $E_0^1$ 中的解等价于脉冲方程

$$\begin{cases}x'(t)-x(t)=h(t),\ t\in J\setminus\{t_1\},\\ \Delta x|_{t=t_1}=A,\\ x(0)=x(1),\end{cases}\tag{2.2.16}$$

在 $PC^1[J,\mathbb{R}]$ 中的解, 容易求出方程 (2.2.16) 解的表达式, 因此方程 (2.2.16) 存在唯一解. 根据开映射定理, $M^{-1}$ 连续, 记 $H=M^{-1}Ni$, 则 $H:E^1\to E_0^1$ 全连续, 记 $D=\{x\in E_0^1:x=\lambda H_x,\ \lambda\in(0,1)\}$, $D$ 有界, 根据 Leray-Schauder 不动点定理, $H$ 在 $E_0^1$ 中存在不动点, 即方程 (2.2.13) 有解 $x\in PC^1[J,\mathbb{R}]$. 下证 $u(t)\le x(t)\le v(t),\ t\in J$.

先证 $u(t)\le x(t),\ t\in J$. 令 $h(t)=x(t)-u(t),\ t\in J$, 证 $h(t)\ge 0,\ t\in J$, 若不然, 则 $\inf\limits_{t\in J}h(t)<0$.

(1) 若 $h(t_1^+)=\inf\limits_{t\in J}h(t)$.

由于 $h(t_1^+)<0$, 故 $\exists\,\delta>0$, 使$h(t)<0,\ t\in(t_1,t_1+\delta)$, 故 $\exists t^*\in(t_1,t_1+\delta)$,

使 $h'(t^*)\geq 0$, 由于 $h(t^*)<0$, 故 $\bar{x}(t^*)=u(t^*)$, 从而

$$\begin{aligned}h'(t^*)&\leq f(t^*,\bar{x}(t^*))+x(t^*)-\bar{x}(t^*)-f(t^*,u(t^*))\\&=f(t^*,u(t^*))+x(t^*)-u(t^*)-f(t^*,u(t^*))\\&<0.\end{aligned}$$

与 $h'(t^*)\geq 0$ 矛盾.

(2) 若 $\exists t^*\in J$, 使 $h(t^*)=\inf\limits_{t\in J}h(t)$,

(i) 当 $t^*\in[0,1]\backslash\{t_1\}$, 由 $h\in PC^1[J,\mathbb{R}]$, 易知 $h'(t^*)\geq 0$. 由 $u(t^*)>x(t^*)$, 可知 $\bar{x}(t^*)=u(t^*)$, 从而

$$\begin{aligned}h'(t^*)&\leq f(t^*,\bar{x}(t^*))+x(t^*)-\bar{x}(t^*)-f(t^*,u(t^*))\\&=x(t^*)-u(t^*)<0,\end{aligned}$$

与$h'(t^*)\geq 0$矛盾.

(ii) 当 $t^*=1$, 由$h(0)\leq h(1)$, $\inf\limits_{t\in J}h(t)=h(0)$ 转化为上面(i)的情况.

(iii) 当 $t^*=t_1$, 由$x(t_1)\leq u(t_1)$, 有 $\bar{x}(t_1)=u(t_1)$, 因此$\Delta h|_{t=t_1}\leq I_1(\bar{x}(t_1))-I_1(u(t_1))=0$, 从而 $h(t_1^+)\leq h(t_1)$, 转化为情况(1), 由(1)知矛盾.

综合结论 (1), (2) 知, $h(t)\geq 0$, $t\in J$, 记 $u(t)\leq x(t)$, $t\in J$. 同理可证 $x(t)\leq v(t)$, $t\in J$, 由方程 (2.2.13) 可知, $x$ 是边值问题 (2.2.11) 在 $[u,v]$ 中的解. □

**定理2.2.4** 设 $v$ 和 $u$ 分别为脉冲微分方程周期边值问题 (2.2.11) 的上、下解, 且 $u\leq v$, 又 $f(t,y)$ 关于 $y$ 严格单调递增, $I_j(v(t_j))$ 关于 $v(t_j)$ 单调递增 $(1\leq j\leq m)$, 则边值问题 (2.2.11) 有唯一解 $x$, 且$x\in[u,v]$.

**证明:** 由定理 2.2.3 知, 边值问题 (2.2.11) 有解 $x\in[u,v]$, 若另有一解 $\bar{x}\in PC^1[J,\mathbb{R}]$, 将 $x$, $\bar{x}$ 分别看作边值问题 (2.2.11) 的下解和上解, 有 $\bar{x}\leq x$, 再将 $\bar{x}$, $x$ 分别看作边值问题 (2.2.11) 的下解和上解, 有 $x\leq\bar{x}$, 故 $x=\bar{x}$. □

考虑另一类周期边值问题:

$$\begin{cases} x' = f\left(t, x(t), (\varphi x)(t)\right), & t \in J', \\ \Delta x|_{t=t_k} = I\left(t_k, x(t_k), (\varphi x)(t_k)\right), & k = 1, 2, \cdots, m, \\ x(0) = x(1), \end{cases} \tag{2.2.17}$$

其中, $f, I \in C[J \times \mathbb{R} \times \mathbb{R}, \mathbb{R}]$, $J = [0,1]$, $0 < t_1 < \cdots < t_k < \cdots < t_m < 1$. $J' = J \setminus \{t_1, t_2, \cdots, t_m\}$. $\varphi : PC(J) \to PC(J)$ 是连续的.

为了方便, 列出下列条件:

$(\mathrm{F}_1)$ $u$, $v \in PC^1[J, \mathbb{R}]$ 分别是方程 (2.2.17) 的下解和上解, 且 $u(t) \le v(t)$, $t \in J$.

$(\mathrm{F}_2)$ 存在常数 $M > 0$, $N > 0$ 使得

$$f(t, x, (\varphi x)) - f(t, \bar{x}, (\varphi \bar{x})) \ge -M(x - \bar{x}) - N[(\varphi x) - (\varphi \bar{x})].$$

$(\mathrm{F}_3)$ 存在函数$L : J \to [0, 1)$ 使得

$$I(t_k, x(t_k),\ (\varphi x)(t_k)) - I(t_k,\ \bar{x}(t_k),\ (\varphi \bar{x})(t_k)) \ge -L(t_k)(x - \bar{x}),$$

其中, $u(t_k) \le \bar{x}(t_k) \le x(t_k) \le v(t_k)$, $k = 1, 2, \cdots, m$.

$(\mathrm{F}_4)$ 函数 $\varphi$ 满足

$$\|\varphi x - \varphi \bar{x}\| \le Q\|x - \bar{x}\|,$$

$$\varphi x - \varphi \bar{x} \ge \varphi(x - \bar{x}),$$

$$(\varphi x)(t) \ge L \inf_{t \in J} x(t),$$

其中 $u(t) \le \bar{x}(t) \le x(t) \le v(t)$, $t \in J$, 且 $L > 0$, $Q > 0$ 是常数.

$(\mathrm{F}_5)$

$$LN(\mathrm{e}^{MT}+1)\mathrm{e}^{MT}\leq\frac{\prod\limits_{k=1}^{m}(1-L_k)^2}{\int_0^T\prod\limits_{s<t_k<T}(1-L_k)\mathrm{d}s},$$

其中 $M>0,\ N>0,\ L>0,\ 0\leq L_k<1,\ k=1,\cdots,m.$

$(\mathrm{F}_6)$

$$\frac{NQ}{M}+\frac{1}{\mathrm{e}^{MT}-1}\sum_{k=1}^{m}L_k\mathrm{e}^{Mt_k}<1.$$

**引理2.2.4**[8] 假设 $(\mathrm{F}_1)$–$(\mathrm{F}_6)$ 成立, 那么方程(2.2.17)存在单调序列 $\{u_n\},\{v_n\}$, 使得:

$$\lim_{n\to\infty}u_n(t)=\rho(t),\quad \lim_{n\to\infty}v_n(t)=\gamma(t),$$

在 $J$ 上一致成立，这里的 $\rho$, $\gamma$ 分别是方程 (2.2.17) 在区间 $[u,v]$ 上的最小解和最大解, 也就是说, 如果 $x$ 是方程 (2.2.17) 的任一解, 且$u(t)\leq x(t)\leq v(t)$, $t\in J$, 那么

$$u_0\leq u_1\leq\cdots\leq u_n\leq\rho\leq x\leq\gamma\leq v_n\leq\cdots\leq v_1\leq v_0.$$

### 2.2.3 例子

**例2.2.1** 考虑方程:

$$\begin{cases}x'=-\frac{1}{10}(-|\sin t|+x-2)^5-\frac{\mathrm{e}^{-3\pi}}{16(\mathrm{e}^{\pi}+1)}(x^2-1)^2+\frac{9\mathrm{e}^{-3\pi}}{16(\mathrm{e}^{\pi}+1)},\ t\in[0,2\pi],\quad t\neq\pi,\\ \Delta x=-\frac{2}{3}(x-2)+(x^2-1)^{\frac{1}{5}}+\cos t,\ t=\pi,\\ x(0)=x(2\pi).\end{cases}\tag{2.2.18}$$

**结论:** 该方程在 $[0,2\pi]$ 上具有最大最小解.

**证明:** 设$\varphi(x)=x^2-1$, $f(t,x,y)=-\frac{1}{10}(-|\sin t|+x-2)^5-\frac{\mathrm{e}^{-3\pi}}{16(\mathrm{e}^{\pi}+1)}y^2+\frac{9\mathrm{e}^{-3\pi}}{16(\mathrm{e}^{\pi}+1)}$, $I(t,x,y)=-\frac{2}{3}(x-2)+y^{\frac{1}{5}}+\cos t$, 容易验证 $u(t)\equiv 2, v(t)\equiv 3$ 分别是下解和上解. 当 $2\le \bar{x}\le x\le 3$ 时, $3\le y=x^2-1\le 8$, $\varphi(x)=x^2-1\ge x$, $\varphi(x)-\varphi(\bar{x})\ge \varphi(x-\bar{x})$, $|\varphi(x)-\varphi(\bar{x})|=|x^2-\bar{x}^2|=|x+\bar{x}||x-\bar{x}|\le 6|x-\bar{x}|$, $f_x=-\frac{1}{2}(-|\sin t|+x-2)^4\ge -\frac{1}{2}$, $f_y=-\frac{\mathrm{e}^{-3\pi}}{8(\mathrm{e}^{\pi}+1)}y\ge -\frac{\mathrm{e}^{-3\pi}}{\mathrm{e}^{\pi}+1}$, $I_x=-\frac{2}{3}$, $I_y=\frac{1}{5}y^{-\frac{4}{5}}>0$, 取 $M=\frac{1}{2}$, $N=\frac{\mathrm{e}^{-3\pi}}{\mathrm{e}^{\pi}+1}$, $L=1$, $Q=6$, $L_k=\frac{2}{3}$, 这样就满足条件 $(\mathrm{F}_1)$—$(\mathrm{F}_4)$, 且

$$\int_0^{2\pi}\prod_{s<t_k<2\pi}(1-L_k)\mathrm{d}s=\int_0^{\pi}(1-\frac{2}{3})\ \mathrm{d}s+\int_{\pi}^{2\pi}\mathrm{d}t=\frac{4\pi}{3},$$

$$\prod_{k=1}^{p}(1-L_k)^2=\frac{1}{9},$$

$$\frac{\prod_{k=1}^{p}(1-L_k)^2}{\int_0^{2\pi}\prod_{s<t_k<2\pi}(1-L_k)\mathrm{d}s}=\frac{1}{9}/\frac{4\pi}{3}=\frac{1}{12\pi},$$

$$LN(\mathrm{e}^{MT}+1)\mathrm{e}^{MT}=\mathrm{e}^{-2\pi}\le\frac{1}{12\pi},$$

$$\frac{NQ}{M}+\frac{1}{\mathrm{e}^{MT}-1}\prod_{k=1}^{p}L_k\mathrm{e}^{Mt_k}=\frac{12\mathrm{e}^{-3\pi}}{\mathrm{e}^{\pi}+1}+\frac{1}{\mathrm{e}^{\pi}-1}\times\frac{2}{3}\mathrm{e}^{\frac{\pi}{2}}<\frac{1}{3}+\frac{2}{3}=1.$$

以上说明满足条件 $(\mathrm{F}_5)$,$(\mathrm{F}_6)$, 所以根据引理2.2.4, 方程 (2.2.18) 存在最大解 $\gamma(t)$ 和最小解 $\rho(t)$, 且 $2\le\rho(t)\le\gamma(t)\le 3$. □

## 2.3 小结

本章深入探讨了一阶脉冲微分方程的初值问题以及周期边值问题.

在 2.1 节中, 针对一阶脉冲微分方程的初值问题进行了系统研究. 运用不动点定理, 证明了最大最小解的存在性, 解的存在性以及解的唯一性, 内容选自Erbe和刘新芝论文中的结果[9].

在 2.2 节中, 针对一阶脉冲微分方程周期边值问题进行了详细讨论. 通过分析, 得到了周期边值问题解的存在性以及解的存在唯一性的充分条件, 内容选自柴国庆和陈宙的论文[10].

# 第 3 章 一阶脉冲积微分方程

一阶脉冲积微分方程在众多学科领域中发挥着重要作用, 在物理学中可以描述电磁脉冲的传播、材料的热传导等过程; 在工程学中有助于分析控制系统的动态响应、信号处理中的滤波技术等; 在生物学中可以模拟神经脉冲的传递、生态系统中种群的动态变化等. 本章主要考虑一阶脉冲积微分方程初值问题、非线性边值问题和积分边值问题, 研究方程解的存在性、多重性与存在唯一性问题.

## 3.1 一阶脉冲积微分方程初值问题

### 3.1.1 解的存在性

考察 $E$ 中 Volterra 型一阶脉冲积微分方程的初值问题:

$$\begin{cases} u' = f(t,u,Tu),\ t \in J,\ t \neq t_i, \\ \Delta u|_{t=t_i} = I_i(u(t_i)),\ i = 1,2,\cdots,m, \\ u(0) = u_0, \end{cases} \tag{3.1.1}$$

其中 $J=[0,a]\ (a>0)$, $u_0 \in E$, $f \in C[J\times E\times E, E]$, $(Tu)(t)=\displaystyle\int_0^t k(t,s)u(s)\mathrm{d}s$, $\forall\ t \in J$, $k \in C[D,\mathbb{R}^+]$, $D=\{(t,s)\in J\times J\ |t \geq s\}$, $k_0=\max\{k(t,s)|(t,s)\in D\}$, $I_i \in C[E,E]\ (i=1,2,\cdots,m)$, $0<t_1<\cdots<t_i<\cdots<t_m<a$. $\Delta u|_{t=t_i}=u(t_i^+)-u(t_i^-)$, 这里 $u(t_i^+)$与$u(t_i^-)$ 分别表示$u(t)$在$t=t_i$的右极限与左极限.

令$PC[J,E]=\{u \mid u$是$J$映入$E$的映像, 在$t \neq t_i$ 处连续, 在$t=t_i$处左连续, 且$u(t_i^+)$存在, $i=1,2,\cdots,m\}$.

易知, 在范数

$$\|u\|_{PC}=\sup_{t\in J}|u(t)|$$

下, $PC[J,E]$ 是一个 Banach 空间, 令 $J'=J\setminus\{t_1,\cdots,t_m\}$. $u\in PC[J,E]\cap C^1[J',E]$ 叫作初值问题 (3.1.1) 的解, 如果它满足 (3.1.1) 式.

令 $J_0=[0,t_1]$, $J_1=(t_1,t_2],\cdots$, $J_{m-1}=(t_{m-1},t_m]$, $J_m=(t_m,a],\tau=\max\{t_1-t_{i-1}\mid i=1,2,\cdots,m+1\}$ (这里 $t_0=0,t_{m+1}=a$).

**引理3.1.1**(比较定理)　设 $p\in PC[J,E]\cap C^1[J',E]$ 满足

$$\begin{cases}p'\le -Mp-NTp,\ \forall\, t\in J,\ t\neq t_i,\\ \Delta p|_{t=t_i}\le -L_ip(t_i),\ i=1,2,\cdots,m,\\ p(0)\le\theta,\end{cases}\tag{3.1.2}$$

其中 $M\ge 0$, $N\ge 0$, $0\le L_i\le 1$ $(i=1,2,\cdots,m)$ 是常数. 假定

$$Nk_0M_0\tau\le\frac{\prod\limits_{i=1}^{m}(1-L_i)}{1+\sum\limits_{j=1}^{m}\prod\limits_{i=j}^{m}(1-L_i)},\tag{3.1.3}$$

其中

$$M_0=\begin{cases}M^{-1}(\mathrm{e}^{Ma}-1), & \text{当 } M>0 \text{ 时},\\ a, & \text{当 } M=0 \text{ 时},\end{cases}\tag{3.1.4}$$

则 $p(t)\le\theta$, $\forall\, t\in J$.

**证明:** 任给 $g\in P^*$. 令 $v(t)=g(p(t))$, 则 $v\in PC[J,\mathbb{R}]\cap C^1[J',\mathbb{R}]$, 且 $v'(t)=g(p'(t))$, $g(Tp)(t)=(Tv)(t)$. 由 (3.1.2) 式, 有

$$\begin{cases}v'\le -Mv-NTv,\ \forall\, t\in J,\ t\neq t_i,\\ \Delta v|_{t=t_i}\le -L_iv(t_i),\ i=1,2,\cdots,m,\\ v(0)\le\theta.\end{cases}\tag{3.1.5}$$

令$w(t)=v(t)\mathrm{e}^{Mt}$, $t\in J$, 则 $w\in PC[J,\mathbb{R}]\cap C^1[J',\mathbb{R}]$, 且由 (3.1.5) 式知

$$\begin{cases} w'(t)\le -N\int_0^t k^*(t,s)w(s)\mathrm{d}s,\ \forall t\in J,\ t\ne t_i, \\ \Delta w|_{t=t_i}\le -L_i w(t_i),\ i=1,2,\cdots,m, \\ w(0)\le 0, \end{cases} \tag{3.1.6}$$

其中$k^*(t,s)=k(t,s)\mathrm{e}^{M(t-s)}$. 下证

$$w(t)\le 0,\ \forall\, t\in J. \tag{3.1.7}$$

假设 (3.1.7) 式不成立, 则存在 $t^*\in(0,a]$, 使 $w(t^*)>0$. 令 $\inf\limits_{0\le t\le t^*} w(t)=-b$, 有 $b\ge 0$.

先设 $b=0$. 这时, $w(t)\ge 0$, $\forall\, 0\le t\le t^*$. 于是, 由 (3.1.6) 式知

$$w'(t)\le 0,\ \forall\, 0\le t\le t^*,\ t\ne t_i,$$

$$w(t_i^+)=w(t_i)+\Delta w|_{t=t_i}\le (1-L_i)w(t_i)\le w(t_i),\ \forall\, t_i\le t^*.$$

故 $w(t)$ 是 $[0,t^*]$ 上的减函数,则$w(t^*)\le w(0)\le 0$, 这与 $w(t^*)>0$ 矛盾.

设 $b>0$. 假定 $t^*\in J_k=(t_k,t_{k+1}]$. 存在 $J_j$ $(j\le k)$, 使 $w(t_*)=-b$ 对某个 $t_*\in J_j$ 成立或 $w(t_j^+)=-b$. 不妨设 $w(t_*)=-b$ (对 $w(t_j^+)=-b$ 的情形, 证明类似).

根据中值定理, 有

$$\begin{cases} w(t^*)-w(t_k^+)=w'(\xi_k)(t^*-t_k),\ t_k<\xi_k<t^*, \\ w(t_k)-w(t_{k-1}^+)=w'(\xi_{k-1})(t_k-t_{k-1}),\ t_{k-1}<\xi_{k-1}<t_k, \\ \cdots \\ w(t_{j+2})-w(t_{j+1}^+)=w'(\xi_{j+1})(t_{j+2}-t_{j+1}),\ t_{j+1}<\xi_{j+1}<t_{j+2}, \\ w(t_{k+1})-w(t_*)=w'(\xi_j)(t_{j+1}-t_*),\ t_*<\xi_j<t_{j+1}. \end{cases} \tag{3.1.8}$$

另一方面, 由 (3.1.6) 式知: 当 $0 \le t \le t^*$, $t \ne t_i$ 时, 有

$$w'(t) \le Nbk_0 \int_0^t \mathrm{e}^{M(t-s)}\mathrm{d}s$$
$$= \begin{cases} Nbk_0M^{-1}(\mathrm{e}^{Mt}-1) \le Nbk_0M^{-1}(\mathrm{e}^{Ma}-1), & \text{当 } M>0 \text{ 时}, \\ Nbk_0t \le Nbk_0a, & \text{当 } M=0 \text{ 时}. \end{cases}$$

故

$$w'(t) \le Nbk_0M_0,\ \forall\ 0 \le t \le t^*,\ t \ne t_i. \tag{3.1.9}$$

其中 $M_0$ 由 (3.1.4) 式定义. 从 (3.1.6) 式推出

$$w(t_i^+) \le (1-L_i)w(t_i),\ i=1,2,\cdots,m. \tag{3.1.10}$$

于是, 由 (3.1.8)式-(3.1.10) 式, 得

$$\begin{cases} w(t^*)-(1-L_k)w(t_k) \le Nbk_0M_0\tau, \\ w(t_k)-(1-L_{k-1})w(t_{k-1}) \le Nbk_0M_0\tau, \\ \cdots \\ w(t_{j+2})-(1-L_{j+1})w(t_{j+1}) \le Nbk_0M_0\tau, \\ w(t_{j+1})+b \le Nbk_0M_0\tau. \end{cases}$$

故

$$0 < w(t^*) \le -b\prod_{i=j+1}^{k}(1-L_i) + Nbk_0M_0\tau\Big\{1+\sum_{n=j+1}^{k}\prod_{i=n}^{k}(1-L_i)\Big\}.$$

由此可知

$$Nbk_0M_0\tau > \frac{\prod\limits_{i=j+1}^{k}(1-L_i)}{1+\sum\limits_{n=j+1}^{k}\prod\limits_{i=n}^{k}(1-L_i)}$$

$$= \frac{\prod\limits_{i=j+1}^{m}(1-L_i)}{\{\prod\limits_{i=k+1}^{m}(1-L_i)\}\{1+\sum\limits_{n=j+1}^{k}\prod\limits_{i=n}^{k}(1-L_i)\}}$$

$$\geq \frac{\prod\limits_{i=j+1}^{m}(1-L_i)}{1+\sum\limits_{n=j+1}^{k}\prod\limits_{i=n}^{m}(1-L_i)} \geq \frac{\prod\limits_{i=1}^{m}(1-L_i)}{1+\sum\limits_{n=1}^{m}\prod\limits_{i=n}^{m}(1-L_i)}.$$

此与 (3.1.3) 式矛盾.

于是证明了 (3.1.7) 式成立, 从而对任意的$t \in J$ 有 $v(t) \leq 0$, 再根据 $g \in P^*$ 的任意性即得 $p(t) \leq \theta$. □

**引理3.1.2** 若 $u \in PC[J, E] \cap C^1[J', E]$, 则

$$u(t) = u(0) + \int_0^t u'(s)\mathrm{d}s + \sum_{0<t_i<t}[u(t_i^+) - u(t_i)], \ \forall\, t \in J. \tag{3.1.11}$$

**证明:** 设 $t_i < t \leq t_{i+1}$, 有

$$u(t_1) - u(0) = \int_0^{t_1} u'(s)\mathrm{d}s,$$

$$u(t_2) - u(t_1^+) = \int_{t_1}^{t_2} u'(s)\mathrm{d}s,$$

$$\cdots$$

$$u(t_i) - u(t_{i-1}^+) = \int_{t_{i-1}}^{t_i} u'(s)\mathrm{d}s,$$

$$u(t) - u(t_i^+) = \int_{t_i}^{t} u'(s)\mathrm{d}s.$$

将上面诸式相加, 得

$$u(t) - u(0) - \sum_{j=1}^{i}[u(t_j^+) - u(t_j)] = \int_0^t u'(s)\mathrm{d}s.$$

即 (3.1.11) 式成立. □

**引理3.1.3**　设 $\sigma, \eta \in PC[J,E]$, $M$, $N$, $L_i$ $(i=1,2,\cdots,m)$ 是常数. 则 $u \in PC[J,E] \cap C^1[J',E]$ 是脉冲积微分方程初值问题

$$\begin{cases} u' + Mu + NTu = \sigma(t),\ \forall\, t \in J,\ t \neq t_i, \\ \Delta u|_{t=t_i} = I_i(\eta(t_i)) - L_i[u(t_i) - \eta(t_i)],\ i = 1,2,\cdots,m, \\ u(0) = u_0, \end{cases} \tag{3.1.12}$$

的解当且仅当 $u \in PC[J,E]$ 是如下脉冲积分方程的解:

$$\begin{aligned} u(t) =& u(0)\mathrm{e}^{-Mt} + \int_0^t \mathrm{e}^{-M(t-s)}[\sigma(s) - N(Tu)(s)]\mathrm{d}s \\ &+ \sum_{0<t_i<t} \mathrm{e}^{-M(t-t_i)}\{I_i(\eta(t_i)) - L_i[u(t_i) - \eta(t_i)]\},\ \forall\, t \in J. \end{aligned} \tag{3.1.13}$$

**证明:** 设 $u \in PC[J,E] \cap C^1[J',E]$ 是初值问题 (3.1.12) 的解. 令 $v(t) = u(t)\mathrm{e}^{Mt}$, 则 $v \in PC[J,E] \cap C^1[J',E]$, 且由 (3.1.12) 式得

$$v'(t) = [\sigma(t) - N(Tu)(t)]\mathrm{e}^{Mt},\ \forall\, t \in J,\ t \neq t_i. \tag{3.1.14}$$

根据引理 3.1.2, 有

$$v(t) = v(0) + \int_0^t v'(s)\,\mathrm{d}s + \sum_{0<t_i<t} [v(t_i^+) - v(t_i)],\ \forall\, t \in J. \tag{3.1.15}$$

由 (3.1.12) 式知

$$\begin{aligned} v(t_i^+) - v(t_i) &= [u(t_i^+) - u(t_i)]\mathrm{e}^{Mt_i} \\ &= \{I_i(\eta(t_i)) - L_i[u(t_i) - \eta(t_i)]\}\mathrm{e}^{Mt_i}. \end{aligned} \tag{3.1.16}$$

将 (3.1.14) 式和 (3.1.16) 式代入 (3.1.15) 式, 即得

$$\begin{aligned} u(t)\mathrm{e}^{Mt} =& u_0 + \int_0^t [\sigma(s) - N(Tu)(s)]\mathrm{e}^{Ms}\mathrm{d}s \\ &+ \sum_{0<t_i<t} \{I_i(\eta(t_i)) - L_i[u(t_i) - \eta(t_i)]\}\mathrm{e}^{Mt_i},\forall\, t \in J. \end{aligned}$$

故 $u(t)$ 满足积分方程 (3.1.13) .

反之, 若 $u \in PC[J,E]$ 是积分方程 (3.1.13) 的解, 则对 (3.1.13) 式直接求导, 可知 $u \in C^1[J',E]$, 且满足 (3.1.12) 式. □

**引理3.1.4** 设 $\sigma,\eta \in PC[J,E]$, $M \geq 0$, $N \geq 0$, $0 \leq L_i < 1$ ($i = 1,2,\cdots,m$) 是常数.

假定

$$Nk_0M_0a\mathrm{e}^{-Ma} + \sum_{i=1}^{m} L_i < 1. \tag{3.1.17}$$

其中 $M_0$ 由 (3.1.4) 式给出, 则脉冲积分方程 (3.1.13) 在 $PC[J,E]$ 中有唯一解.

**证明:** 令

$$\begin{aligned}(Au)(t) =& u_0\mathrm{e}^{-Mt} + \int_0^t \mathrm{e}^{-M(t-s)}[\sigma(s) - N(Tu)(s)]\mathrm{d}s \\ &+ \sum_{0<t_i<t} \mathrm{e}^{-M(t-t_i)}\{I_i(\eta(t_i)) - L_i[u(t_i) - \eta(t_i)]\}.\end{aligned}$$

则算子 $A : PC[J,E] \to PC[J,E]$. 对 $u, v \in PC[J,E]$, 有

$$\begin{aligned}(Au)(t) - (Av)(t) =& -N\int_0^t \mathrm{e}^{-M(t-s)}(Tu - Tv)(s)\mathrm{d}s \\ &- \sum_{0<t_i<t} L_i\mathrm{e}^{-M(t-t_i)}[u(t_i) - v(t_i)].\end{aligned} \tag{3.1.18}$$

易知

$$\begin{aligned}&\left|\int_0^t \mathrm{e}^{-M(t-s)}(Tu - Tv)(s)\,\mathrm{d}s\right| \\ \leq& \begin{cases} k_0tM^{-1}(1-\mathrm{e}^{-Mt})\|u-v\|_{PC}, & \text{当 } M>0 \text{ 时}, \\ k_0t^2\|u-v\|_{PC}, & \text{当 } M=0 \text{ 时}. \end{cases}\end{aligned} \tag{3.1.19}$$

于是, 由 (3.1.18) 式和 (3.1.19) 式, 得

$$\|Au - Av\|_{PC} \leq (Nk_0M_0a\mathrm{e}^{-Ma} + \sum_{i=1}^{m} L_i)\|u-v\|_{PC}, \tag{3.1.20}$$

注意到 (3.1.17) 式和 (3.1.20) 式, 利用压缩映射原理, 即知 $A$ 在 $PC[J,E]$ 中有唯一不动点. □

**引理3.1.5**(脉冲微分不等式) 设 $r\in PC[J,\mathbb{R}]\cap C^1[J',\mathbb{R}]$, $p,q\in PC[J,\mathbb{R}]$, $a_i\geq 0$, $b_i$ $(i=1,2,\cdots,m)$ 是常数. 假定

$$r'(t)\leq p(t)r(t)+q(t),\ \forall\ t\in J,\ t\neq t_i, \tag{3.1.21}$$

且

$$r(t_i^+)\leq a_i r(t_i)+b_i,\ i=1,2,\cdots,m, \tag{3.1.22}$$

则

$$\begin{aligned} r(t)\leq & r(0)\Big(\prod_{0<t_i<t}a_i\Big)\mathrm{e}^{\int_0^t p(s)\mathrm{d}s}+\sum_{0<t_i<t}\Big(\prod_{t_i<t_j<t}a_j\Big)b_i\mathrm{e}^{\int_{t_i}^t p(s)\mathrm{d}s}\\ &+\int_0^t\Big(\prod_{s<t_i<t}a_i\Big)\mathrm{e}^{\int_s^t p(z)\mathrm{d}z}\mathrm{d}s,\ \forall\ t\in J. \end{aligned} \tag{3.1.23}$$

**证明:** 由 (3.1.21) 式, 有

$$\frac{\mathrm{d}}{\mathrm{d}t}\Big(r(t)\mathrm{e}^{-\int_0^t p(s)\mathrm{d}s}\Big)\leq q(t)\mathrm{e}^{-\int_0^t p(s)\mathrm{d}s},\ \forall\ t\in J'. \tag{3.1.24}$$

从 0 到 $t$ 积分 $(t\leq t_1)$, 得

$$r(t)\leq r(0)\mathrm{e}^{\int_0^t p(s)\mathrm{d}s}+\int_0^t \mathrm{e}^{\int_s^t p(z)\mathrm{d}z}q(s)\mathrm{d}s,\ \forall\ 0\leq t\leq t_1. \tag{3.1.25}$$

此式说明, 当 $0\leq t\leq t_1$ 时, (3.1.23) 式成立.

现假定当 $0\leq t\leq t_n$ 时, (3.1.23) 式成立. 将 (3.1.24) 式从 $t_n$ 到 $t$ $(t_n<t\leq t_{n+1})$ 积分, 得

$$r(t)\leq r(t_n^+)\mathrm{e}^{\int_{t_n}^t p(s)\mathrm{d}s}+\int_{t_n}^t \mathrm{e}^{\int_s^t p(z)\mathrm{d}s}q(s)\mathrm{d}s. \tag{3.1.26}$$

将 (3.1.22) 式代入 (3.1.26) 式, 得

$$r(t)\leq [a_n r(t_n)+b_n]\mathrm{e}^{\int_{t_n}^t p(s)\mathrm{d}s}+\int_{t_n}^t \mathrm{e}^{\int_s^t p(z)\mathrm{d}z}q(s)\mathrm{d}s. \tag{3.1.27}$$

根据假定, 当 $t=t_n$ 时 (3.1.23) 式成立, 代入 (3.1.27) 式, 得

$$
\begin{aligned}
r(t) \leq & a_n \mathrm{e}^{\int_{t_n}^{t} p(s)\,\mathrm{d}s}\Big[r(0)\Big(\prod_{0<t_i<t_n} a_i\Big)\mathrm{e}^{\int_0^{t_n} p(s)\,\mathrm{d}s} \\
& + \int_0^{t_n}\Big(\prod_{s<t_i<t_n} a_i\Big)\mathrm{e}^{\int_s^{t_n} p(z)\mathrm{d}z} q(s)\mathrm{d}s \\
& + \sum_{s<t_i<t_n}\Big(\prod_{t_i<t_j<t_n} a_j\Big) b_i \mathrm{e}^{\int_{t_i}^{t_n} p(s)\mathrm{d}s}\Big] + \int_{t_n}^{t} \mathrm{e}^{\int_s^t p(z)\mathrm{d}z} q(s)\mathrm{d}s \\
& + b_n \mathrm{e}^{\int_{t_n}^{t} p(s)\mathrm{d}s}.
\end{aligned} \tag{3.1.28}
$$

易知对任意的 $t_n < t \leq t_{n+1}$,

$$
a_n \mathrm{e}^{\int_{t_n}^{t} p(s)\mathrm{d}s}\Big(\prod_{0<t_i<t_n} a_i\Big)\mathrm{e}^{\int_0^{t_n} p(s)\,\mathrm{d}s} = \Big(\prod_{0<t_i<t} a_i\Big)\mathrm{e}^{\int_0^{t} p(s)\,\mathrm{d}s}, \tag{3.1.29}
$$

$$
\begin{aligned}
& a_n \mathrm{e}^{\int_{t_n}^{t} p(s)\mathrm{d}s} \sum_{0<t_i<t_n}\Big(\prod_{t_i<t_j<t_n} a_j\Big) b_i \mathrm{e}^{\int_{t_i}^{t_n} p(s)\mathrm{d}s} + b_n \mathrm{e}^{\int_{t_n}^{t} p(s)\mathrm{d}s} \\
& = \sum_{0<t_i<t}\Big(\prod_{t_i<t_j<t} a_j\Big) b_i \mathrm{e}^{\int_{t_i}^{t} p(s)\mathrm{d}s},
\end{aligned} \tag{3.1.30}
$$

$$
\begin{aligned}
& a_n \mathrm{e}^{\int_{t_n}^{t} p(s)\mathrm{d}s} \int_0^{t_n}\Big(\prod_{s<t_i<t_n} a_i\Big)\mathrm{e}^{\int_s^t p(z)\mathrm{d}z} q(s)\mathrm{d}s + \int_{t_n}^{t} \mathrm{e}^{\int_s^t p(z)\mathrm{d}z} q(s)\mathrm{d}s \\
& = \int_0^{t}\Big(\prod_{s<t_i<t} a_i\Big)\mathrm{e}^{\int_s^t p(z)\mathrm{d}z} q(s)\mathrm{d}s.
\end{aligned} \tag{3.1.31}
$$

由 (3.1.28)-(3.1.31) 式可知, (3.1.23) 式成立. 于是, 根据归纳法, (3.1.23) 式对任何 $t \in J$ 成立. □

**引理3.1.6**(脉冲积分不等式) 设 $r \in PC[J,\mathbb{R}^+]$, $h \in PC[J,\mathbb{R}]$, $K \in C[D,\mathbb{R}^+]$ $(D=\{(t,s)\in J\times J: t \geq s\})$, $\beta_i \geq 0$ $(i=1,2,\cdots,m)$ 是常

数. 又设偏导数 $K_t(t,s)$ 在 $D$ 上存在, 且 $K_t(t,s)\in C[D,\mathbb{R}^+]$. 假定

$$r(t)\le h(t)+\int_0^t K(t,s)r(s)\,\mathrm{d}s+\sum_{0<t_i<t}\beta_i r(t_i),\ \forall\ t\in J. \tag{3.1.32}$$

则

$$\begin{aligned} r(t)\le\ & h(t)+\sum_{0<t_i<t}\Big[\prod_{t_i<t_j<t}(1+\beta_j)\Big]\beta_i h(t_i)\mathrm{e}^{\int_{t_i}^t v(s)\mathrm{d}s}\\ &+\int_0^t\Big[\prod_{s<t_i<t}(1+\beta_i)\Big]\mathrm{e}^{\int_s^t v(s)\mathrm{d}s}w(s)\mathrm{d}s,\ \forall\ t\in J, \end{aligned} \tag{3.1.33}$$

其中

$$v(t)=K(t,t)+\int_0^t K_t(t,s)\mathrm{d}s, \tag{3.1.34}$$

$$w(t)=K(t,t)h(t)+\int_0^t K_t(t,s)h(s)\mathrm{d}s. \tag{3.1.35}$$

**证明:** 由 (3.1.34) 式和 (3.1.35) 式知, $v\in C[J,\mathbb{R}^+],w\in PC[J,\mathbb{R}]$.令

$$u(t)=\int_0^t K(t,s)r(s)\,\mathrm{d}s+\sum_{0<t_i<t}\beta_i r(t_i),\ \forall\ t\in J. \tag{3.1.36}$$

则 $u\in PC[J,\mathbb{R}^+]\cap C^1[J',\mathbb{R}]$, 且

$$u'(t)=K(t,t)r(t)+\int_0^t K_t(t,s)r(s)\mathrm{d}s,\ \forall\ t\in J', \tag{3.1.37}$$

$$\Delta u\mid_{t=t_i}=\beta_i r(t_i),\ i=1,2,\cdots,m, \tag{3.1.38}$$

$$u(0)=0, \tag{3.1.39}$$

由 (3.1.32) 式, 有

$$r(t)\le h(t)+u(t),\ \forall\ t\in J. \tag{3.1.40}$$

又由 (3.1.36) 式知, $u(t)$ 是 $J$ 上的增函数, 于是从 (3.1.37), (3.1.38), (3.1.40) 式推出对任意的$t\in J'$

$$\begin{aligned} u'(t) \leq\ & K(t,t)[h(t)+u(t)]+\int_0^t K_t(t,s)[h(s)+u(s)]\mathrm{d}s \\ \leq\ & [K(t,t)+\int_0^t K_t(t,s)\mathrm{d}s]u(t)+K(t,t)h(t) \\ & +\int_0^t K_t(t,s)h(s)\mathrm{d}s \\ =\ & v(t)u(t)+w(t), \end{aligned} \tag{3.1.41}$$

$$u(t_i^+)=u(t_i)+\Delta u\mid_{t=t_i}\leq(1+\beta_i)u(t_i)+\beta_i h(t_i),\ i=1,2,\cdots,m. \tag{3.1.42}$$

注意到 (3.1.39), (3.1.41), (3.1.42) 式, 利用引理 3.1.5, 得对任意的$t\in J$

$$\begin{aligned} u(t)\leq & \sum_{0<t_i<t}[\prod_{t_i<t_j<t}(1+\beta_j)]\beta_i h(t_i)\mathrm{e}^{\int_{t_i}^t v(s)\mathrm{d}s} \\ & +\int_0^t[\prod_{s<t_i<t}(1+\beta_i)]\mathrm{e}^{\int_s^t v(z)\,\mathrm{d}z}w(s)\mathrm{d}s. \end{aligned} \tag{3.1.43}$$

最后, 由 (3.1.40) 式和 (3.1.43) 式即得 (3.1.33) 式. □

现提出下列条件,

($G_1$) 存在 $v_0,w_0\in PC[J,E]\cap C^1[J',E]$ 满足 $v_0(t)\leq w_0(t)(t\in J)$ 且

$$\begin{cases} v_0'\leq f(t,v_0,Tv_0),\ \forall\, t\in J,\ t\neq t_i, \\ \Delta v_0\mid_{t=t_i}\leq I_i(v_0(t_i)),\ i=1,2,\cdots,m, \\ v_0(0)\leq u_0, \end{cases}$$

$$\begin{cases} w_0'\geq f(t,w_0,Tw_0),\ \forall\, t\in J,\ t\neq t_i, \\ \Delta w_0\mid_{t=t_i}\geq I_i(w_0(t_i)),\ i=1,2,\cdots,m, \\ w_0(0)\geq u_0. \end{cases}$$

$(G_2)$ 存在常数 $M \geq 0$ 和 $N \geq 0$, 使

$$f(t,u,v)-f(t,\bar{u},\bar{v}) \geq -M(u-\bar{u})-N(v-\bar{v}),\ \forall\ t \in J,$$
$$v_0(t) \leq \bar{u} \leq u \leq w_0(t),\ (Tv_0)(t) \leq \bar{v} \leq v \leq (Tw_0)(t).$$

$(G_3)$ 存在常数 $0 \leq L_i \leq 1\ (i=1,2,\cdots,m)$, 使

$$I_i(u)-I_i(\bar{u}) \geq -L_i(u-\bar{u}),$$
$$\forall\ v_0(t_i) \leq \bar{u} \leq u \leq w_0(t_i),\ i=1,2,\cdots,m.$$

$(G_4)$ 对任何 $r>0$, 存在常数 $c_r \geq 0,\ c_r^* \geq 0$ 及 $c_r^{(i)} \geq 0\ (i=1,2,\cdots,m)$, 使

$$\alpha(f(J,B,B^*)) \leq c_r\alpha(B)+c_r^*\alpha(B^*),\ \forall\ B,B^* \subset B_r.$$
$$\alpha(I_i(B)) \leq c_r^{(i)}\alpha(B),\ \forall\ B \subset B_r,\ i=1,2,\cdots,m.$$

其中 $B_r=\{u \in E \mid \|u\| \leq r\}$, $\alpha$ 是 $E$ 中的 Kuratowski 非紧性测度.

记 $[v_0,w_0]=\{u \in PC[J,E] \mid v_0(t) \leq u(t) \leq w_0(t),\ \forall\ t \in J\}$.

**定理3.1.1** 设$P$是正规的, 且满足条件 $(G_1)$—$(G_4)$. 假定不等式 (3.1.3), (3.1.17) 成立, 则存在序列 $\{v_n\},\{w_n\} \subset PC[J,E] \cap C^1[J',E]$, 它们分别在 $J$ 上一致收敛于初值问题 (3.1.1) 在 $[v_0,w_0]$ 中的最小解和最大解 $\bar{u},u^* \in PC[J,E] \cap C^1[J',E]$. 于是, 对于初值问题 (3.1.1) 在 $[v_0,w_0]$ 中的任何解 $u \in PC[J,E] \cap C^1[J',E]$, 必有

$$\begin{aligned} v_0(t) &\leq v_1(t) \leq \cdots \leq v_n(t) \leq \cdots \leq \bar{u}(t) \leq u(t) \leq u^*(t) \\ &\leq \cdots \leq w_n(t) \leq \cdots \leq w_1(t) \leq w_0(t),\ \forall\ t \in J. \end{aligned} \tag{3.1.44}$$

**证明:** 任给 $\eta \in [v_0,w_0]$. 令

$$\sigma(t)=f(t,\eta(t),(T\eta)(t))+M\eta(t)+N(T\eta)(t). \tag{3.1.45}$$

则 $\eta,\sigma \in PC[J,E]$. 根据引理 3.1.3 和引理 3.1.4, 初值问题 (3.1.12) 具有唯一解 $u \in PC[J,E] \cap C^1[J',E]$. 令 $u=A\eta$, 则算子 $A:[v_0,w_0] \to PC[J,E]$. 下证 (a) $v_0 \leq Av_0,\ Aw_0 \leq w_0$. (b) $A$ 是 $[v_0,w_0]$ 上的增算子.

为证 (a), 令 $v_1 = Av_0$, $p = v_0 - v_1$. 由 (3.1.12) 式和 (3.1.45) 式, 有

$$\begin{cases} v_1' + Mv_1 + NTv_1 = f(t, v_0, Tv_0) + Mv_0 + NTv_0, \ \forall\, t \in J, \ t \neq t_i, \\ \Delta v_1 \mid_{t=t_i} = I_i(v_0(t_i)) - L_i[v_1(t_i) - v_0(t_i)], \ i = 1, 2, \cdots, m, \\ v_1(0) = u_0. \end{cases}$$

从而, 由条件 $(\mathrm{G}_1)$ 得

$$\begin{cases} p' = v_0' - v_1' \leq -Mp - NTp, \ \forall\, t \in J, \ t \neq t_i, \\ \Delta p \mid_{t=t_i} = \Delta v_0 \mid_{t=t_i} - \Delta v_1 \mid_{t=t_i} \leq -L_i p(t_i), \ i = 1, 2, \cdots, m, \\ p(0) = v_0(0) - v_1(0) \leq 0. \end{cases}$$

于是, 由引理 3.1.1 推出 $p(t) \leq 0$, $\forall\, t \in J$, 即 $v_0 \leq Av_0$, 同理可证 $Aw_0 \leq w_0$.

为证 (b), 设 $\eta_1$, $\eta_2 \in [v_0, w_0]$, $\eta_1 \leq \eta_2$, 并令 $p = u_1 - u_2$, 其中 $u_1 = A\eta_1$, $u_2 = A\eta_2$. 由 (3.1.12) 式和 (3.1.45) 式以及条件 $(\mathrm{G}_2)$ 和 $(\mathrm{G}_3)$, 有

$$\begin{aligned} p' =& u_1' - u_2' = [f(t, \eta_1, T\eta_1)] + M(\eta_1 - u_1) + NT(\eta_1 - u_1)] \\ & - [f(t, \eta_2, T\eta_2)] + M(\eta_2 - u_2) + NT(\eta_2 - u_2)] \\ =& - [f(t, \eta_2, T\eta_2) - f(t, \eta_1, T\eta_2) + M(\eta_2 - \eta_1) + NT(\eta_2 - \eta_1)] \\ & - Mp - NTp \leq -Mp - NTp, \ \forall\, t \in J, \ t \neq t_i, \end{aligned}$$

$$\begin{aligned} \Delta p \mid_{t=t_i} =& \Delta u_1 \mid_{t=t_i} - \Delta u_2 \mid_{t=t_i} = \{I_i(\eta_1(t_i)) - L_i[u_1(t_i) - \eta_1(t_i)]\} \\ & - \{I_i(\eta_2(t_i)) - L_i[u_2(t_i) - \eta_2(t_i)]\} \\ =& - \{I_i(\eta_2(t_i)) - I_i(\eta_1(t_i)) + L_i[\eta_2(t_i) - \eta_1(t_i)]\} \\ & - L_i p(t_i) \leq -L_i p(t_i), \ (i = 1, 2, \cdots, m), \end{aligned}$$

$$p(0) = u_1(0) - u_2(0) = \theta.$$

于是, 根据引理 3.1.1, 得 $p(t) \leq \theta$, $\forall\, t \in J$, 即 $A\eta_1 \leq A\eta_2$. (b) 获证.

令 $v_n = Av_{n-1}, w_n = Aw_{n-1}$ $(n = 1, 2, \cdots)$, 则 $v_n, w_n \in PC[J, E]$. 根据结论 (a) 和 (b), 有

$$\begin{aligned} &v_0(t) \leq v_1(t) \leq \cdots \leq v_n(t) \leq \cdots \leq w_n(t) \\ &\leq \cdots \leq w_1(t) \leq w_0(t),\ \forall\, t \in J. \end{aligned} \tag{3.1.46}$$

于是, 由 $P$ 的正规性知, 集 $V = \{v_n \mid n = 0, 1, 2, \cdots\}$ 是 $PC[J, E]$ 中一个有界集. 根据条件 $(\mathrm{G}_4)$ 可知, 对任何 $r > 0$, 集 $f(J, B_r, B_r)$ 和 $I_i(B_r)$ $(i = 1, 2, \cdots, m)$ 有界, 故存在常数 $\gamma > 0$, 使

$$\begin{aligned} &|f(t, v_{n-1}(t), (Tv_{n-1})(t)) + Mv_{n-1}(t) - N(T(v_n - v_{n-1}))(t)| \leq \gamma, \\ &\qquad \forall\, t \in J,\ n = 1, 2, \cdots, \end{aligned} \tag{3.1.47}$$

$$|I_i(v_{n-1}(t))| \leq \gamma,\ \forall\, t \in J,\ i = 1, 2, \cdots,\ m; n = 1, 2, \cdots. \tag{3.1.48}$$

根据 $v_n$ 的定义和 (3.1.12)式, (3.1.13) 式, (3.1.45) 式, 有

$$\begin{aligned} v_n(t) =& u_0 \mathrm{e}^{-Mt} + \int_0^t \mathrm{e}^{-M(t-s)}[f(s, v_{n-1}(s), (Tv_{n-1})(s)) \\ &+ Mv_{n-1}(s) - N(T(v_n - v_{n-1}))(s)]\,\mathrm{d}s \\ &+ \sum_{0<t_i<t} \mathrm{e}^{-M(t-t_i)}\{I_i(v_{n-1}(t_i)) - L_i[v_n(t_i) - v_{n-1}(t_i)]\}. \end{aligned} \tag{3.1.49}$$

由 (3.1.47) 式-(3.1.49) 式易知, $\{v_n(t)\}$ 在每个 $J_i$ $(i = 0, 1, \cdots, m)$ 上都是等度连续的, 从而, $r(t) = \alpha(V(t))$ 属于 $PC[J, \mathbb{R}^+]$, 这里 $V(t) = \{v_n(t) \mid n = 0, 1, 2, \cdots\}$. 对 (3.1.49) 式简单计算, 得

$$\begin{aligned} r(t) \leq& 2\int_0^t \alpha\{\mathrm{e}^{-M(t-s)}[f(s, v_{n-1}(s),\ (Tv_{n-1})(s)) + Mv_{n-1}(s) \\ &- N(T(v_n - v_{n-1}))(s)]\}\mathrm{d}s \\ &+ \sum_{0<t_i<t} \alpha\{\mathrm{e}^{-M(t-t_i)}[I_i v_{n-1}(t_i) - L_i(v_n(t_i) - v_{n-1}(t_i))]\} \end{aligned} \tag{3.1.50}$$

$$\begin{aligned}&\leq 2\int_0^t[\alpha(f(s,V(s),(TV)(s))+M\alpha(V(s))+2N\alpha(TV)(s))]\mathrm{d}s\\&\quad+\sum_{0<t_i<t}[\alpha(I_i(V(t_i)))+2L_i\alpha(V(t_i))],\end{aligned}\tag{3.1.50}$$

其中

$$(TV)(t)=(TV_n)(t)=\int_0^t k(t,s)v_n(s)\mathrm{d}s,\ n=0,1,\cdots.$$

由 $\{v_n(t)\}$ 在每个 $J_i$ $(i=0,1,\cdots,m)$ 上的等度连续性, 有

$$\alpha((TV)(t))\leq\int_0^t\alpha(k(t,s)v_n(s))\,\mathrm{d}s\leq k_0\int_0^t\alpha(V(s))\,\mathrm{d}s,\ \forall\, t\in J.\tag{3.1.51}$$

另一方面, 由条件 $(\mathrm{G}_4)$ 知, 存在常数 $c\geq 0$, $c^*\geq 0$ 及 $c_i\geq 0$ $(i=1,2,\cdots,m)$, 使得

$$\alpha(f(t,V(t),(TV)(t)))\leq c\alpha(V(t))+c^*\alpha((TV)(t)),\ \forall\, t\in J,\tag{3.1.52}$$

$$\alpha(I_i(V(t_i)))\leq c_i\alpha(V(t_i)).\tag{3.1.53}$$

于是, 由 (3.1.50)-(3.1.53) 诸式, 得

$$\begin{aligned}r(t)\leq&2\int_0^t[cr(s)+c^*k_0\int_0^s r(z)\mathrm{d}z+Mr(s)\\&+2Nk_0\int_0^s r(s)\mathrm{d}s]\mathrm{d}s+\sum_{0<t_i<t}[c_ir(t_i)+2L_ir(t_i)]\\=&2(c+M)\int_0^t r(s)\mathrm{d}s+2k_0(c^*+2N)\int_0^t(t-z)r(z)\mathrm{d}z\\&+\sum_{0<t_i<t}(c_i+2L_i)r(t_i)\\\leq&[2(c+M)+2k_0\alpha(c^*+2N)]\int_0^t r(s)\mathrm{d}s\\&+\sum_{0<t_i<t}(c_i+2L_i)r(t_i).\end{aligned}$$

从而, 利用引理 3.1.6 (在其中令 $h(t)\equiv 0$, $K(t,s)\equiv 2(c+M)+2k_0\alpha(c^*+2N)$, $\beta_i=c_i+2L_i$), 得 $r(t)\equiv 0$ $(\forall t\in J)$. 由于 $V$ 在每个 $J_i$ $(i=0,1,\cdots,m)$

上是等度连续的, 故 $V$ 是 $PC[J,E]$ 中一个相对紧集. 再注意到 $P$ 的正规性及 $\{v_n(t)\}$ 是增序列(见 (3.1.46) 式), 即知序列 $\{v_n(t)\}$ 在 $J$ 上一致收敛于某 $\bar{u}(t)\in PC[J,E]$, 有

$$\begin{aligned}&f(t,\ v_{n-1}(t),\ (Tv_{n-1})(t))+Mv_{n-1}(t)-N(T(v_n-v_{n-1}))(t)\\&\qquad\to f(t,\ \bar{u}(t),\ (T\bar{u})(t))+M\bar{u}(t),\ n\to\infty,\ \forall t\in J.\end{aligned}\tag{3.1.54}$$

又由 (3.1.47)式, 有

$$\begin{aligned}&|f(t,v_{n-1}(t),(Tv_{n-1})(t))+Mv_{n-1}(t)-N(T(v_n-v_{n-1}))(t)\\&\quad-f(t,\bar{u}(t),(T\bar{u})(t))-M\bar{u}(t)|\le 2\gamma,\ \forall t\in J,\ n=1,2,\cdots.\end{aligned}\tag{3.1.55}$$

注意到 (3.1.54)式 和 (3.1.55) 式,在(3.1.49) 式两端令 $n\to\infty$ 取极限, 得

$$\begin{aligned}\bar{u}(t)=&u_0\mathrm{e}^{-Mt}+\int_0^t\mathrm{e}^{-M(t-s)}[f(s,\ \bar{u}(s),\ (T\bar{u})(s))+M\bar{u}(s)]\mathrm{d}s\\&+\sum_{0<t_i<t}\mathrm{e}^{-M(t-t_i)}I_i(\bar{u}(t_i)).\end{aligned}$$

由此, 利用引理 3.1.3 即知 $\bar{u}\in PC[J,E]\cap C^1[J',E]$ 且 $\bar{u}(t)$ 是初值问题 (3.1.1) 的解.

同理可证, 序列 $\{w(t)\}$ 在 $J$ 上一致收敛于某个 $u^*(t)\in PC[J,E]\cap C^1[J',E]$, 且 $u^*(t)$ 是初值问题 (3.1.1) 的解.

设 $u\in PC[J,E]\cap C^1[J',E]$ 是初值问题 (3.1.1) 在 $[v_0,w_0]$ 中的任一解. 于是, 有 $v_0(t)\le u(t)\le w_0(t)$. 假定 $v_{n-1}(t)\le u(t)\le w_{n-1}(t)$. 令 $p(t)=v_n(t)-u(t)$. 则由 $v_n$ 的定义条件 $(\mathrm{G}_2)$ 和 $(\mathrm{G}_3)$, 有对任意的$t\in J,\ t\ne t_i$,

$$\begin{aligned}p'=&v_n'-u'=f(t,\ v_{n-1},\ Tv_{n-1})-M(v_n-v_{n-1})\\&-NT(v_n-v_{n-1})-f(t,\ u,\ Tu)\\=&-Mp-NTp-[f(t,\ u,\ Tu)-f(t,\ v_{n-1},\ Tv_{n-1})\\&+M(u-v_{n-1})+NT(u-v_{n-1})]\\\le&-Mp-NTp,\end{aligned}$$

$$
\begin{aligned}
\Delta p|_{t=t_i} =&\Delta v_n|_{t=t_i} - \Delta u|_{t=t_i}\\
=&I_i(v_{n-1}(t_i)) - L_i[v_n(t_i) - v_{n-1}(t_i)] - I_i(u(t_i))\\
=&-L_ip(t_i) - \{I_i(u(t_i)) - I_i(v_{n-1}(t_i)) + L_i[u(t_i) - v_{n-1}(t_i)]\}\\
\leq&-L_ip(t_i),\ i=1,2,\cdots,m,
\end{aligned}
$$

$$p(0) = v_n(0) - u(0) = \theta.$$

由此, 利用引理 3.1.1 推知

$$p(t) \leq \theta,\ \forall\ t \in J,$$

即

$$v_n(t) \leq u(t).$$

同理可证, $u(t) \leq w_n(t),\ \forall\ t \in J$.

于是, 根据归纳法, 有

$$v_n(t) \leq u(t) \leq w_n(t),\ n = 1, 2, \cdots. \tag{3.1.56}$$

在 (3.1.56) 式中, 令 $n \to \infty$ 取极限, 得

$$\bar{u}(t) \leq u(t) \leq u^*(t). \tag{3.1.57}$$

最后, 由 (3.1.46) 式和 (3.1.57) 式, 即得 (3.1.44) 式. □

**定理3.1.2** 设 $P$ 是正则的, 且满足条件 ($G_1$) – ($G_3$). 假定不等式 (3.1.3) 和 (3.1.17) 成立, 并且对任何 $r > 0$, $f(J, B_r, B_r)$ 和 $I_i(B_r)$ $(i = 1, 2, \cdots, m)$ 是有界的, 则定理 3.1.1 的结论成立.

**证明:** 证明和定理 3.1.1 相同, 区别在于: 代替使用条件 ($G_4$) 和引理 3.1.6, 结论 $r(t) = \alpha(V(t)) = 0$ $(t \in J)$ 直接从 (3.1.46) 式和$P$ 的正则性推出. □

### 3.1.2 解的多重性

考察一阶脉冲积微分方程初值问题:

$$\begin{cases} x' = f(t,x,Tx,Sx),\ t \neq t_k,\ k=1,2,\cdots,m, \\ \Delta x|_{t=t_k} = I_k(x(t_k)),\ k=1,2,\cdots,m, \\ x(0)=x_0, \end{cases} \tag{3.1.58}$$

其中 $f \in C[J\times\mathbb{R}^n\times\mathbb{R}^n\times\mathbb{R}^n,\mathbb{R}^n]$, $J=[0,a]\ (a>0)$. $I_k \in C[\mathbb{R}^n,\mathbb{R}^n]$, $x_0 \in \mathbb{R}^n$, $0<t_1<\cdots<t_k<\cdots<t_m<a$,

$$(Tx)(t)=\int_0^t K(t,s)x(s)\,\mathrm{d}s,\ (Sx)(t)=\int_0^a H(t,s)x(s)\,\mathrm{d}s.$$

$K\in C[D,\mathbb{R}^+]$, $H\in C[D_0,\mathbb{R}^+]$, $D=\{(t,s)\in\mathbb{R}^2 \mid 0\le s\le t\le a\}$, $D_0=\{(t,s)\in\mathbb{R}^2 \mid 0\le s,t\le a\}$.

**定义3.1.1** $u\in PC[J,\mathbb{R}^n]\cap C^1[J',\mathbb{R}^n]$ 叫作 IVP(3.1.58) 的下解, 如果

$$\begin{cases} u' \le f(t,u,Tu,Su),\ t\neq t_k,\ k=1,2,\cdots,m, \\ \Delta u|_{t=t_k} \le I_k(u(t_k)),\ k=1,2,\cdots,m, \\ u(0)\le x_0. \end{cases}$$

上解的定义只需将上述不等式反向.

**推论3.1.1** 设 $u_0$ 和 $v_0$ 分别是 IVP (3.1.58) 的一个下解和一个上解, 并且 $u_0(t)\le v_0(t)$, $\forall\, t\in J$, 假定存在常数 $M$ 使

$$f(t,x,y,z)-f(t,\bar{x},\bar{y},\bar{z})\ge -M(x-\bar{x}), \tag{3.1.59}$$

其中$u_0(t)\le\bar{x}\le x\le v_0(t)$, $Tu_0(t)\le\bar{y}\le y\le Tv_0(t)$, $Su_0(t)\le\bar{z}\le z\le Sv_0(t)$. 又假定

$$I_k(x)\ge I_k(\bar{x}),\ \forall\ u_0(t_k)\le\bar{x}\le x\le v_0(t_k),\ k=1,2,\cdots,m. \tag{3.1.60}$$

则 IVP (3.1.58) 在 $[u_0,v_0]\cap C^1[J',\mathbb{R}^n]$ 中具有最小解 $x_*(t)$ 和最大解 $x^*(t)$, 且

$u_n(t) \to x_*(t),\ v_n(t) \to x^*(t)\ (n \to \infty)$ 关于 $\forall\, t \in J$ 一致, 其中

$$\begin{aligned}
u_n(t) =& x_0 \mathrm{e}^{-Mt} + \int_0^t \mathrm{e}^{-M(t-s)} [f(s, u_{n-1}(s), Tu_{n-1}(s), Su_{n-1}(s)) \\
&+ Mu_{n-1}(s)]\,\mathrm{d}s + \sum_{0<t_k<t} \mathrm{e}^{-M(t-t_k)} I_k(u_{n-1}(t_k)), \\
v_n(t) =& x_0 \mathrm{e}^{-Mt} + \int_0^t \mathrm{e}^{-M(t-s)} [f(s, v_{n-1}(s), Tv_{n-1}(s), Sv_{n-1}(s)) \\
&+ Mv_{n-1}(s)]\,\mathrm{d}s + \sum_{0<t_k<t} \mathrm{e}^{-M(t-t_k)} I_k(v_{n-1}(t_k)),\ n = 1, 2, \cdots,
\end{aligned}$$

满足

$$\begin{aligned}
u_0(t) \le u_1(t) \le \cdots \le u_n(t) \le \cdots \le x_*(t) \le x^*(t) \le \cdots \\
\le v_n(t) \le \cdots \le v_1(t) \le v_0(t).
\end{aligned}$$

### 3.1.3 例子

**例3.1.1** 考察下面脉冲积微分方程组的初值问题:

$$\begin{cases}
u_n' = \dfrac{1}{3n}[(t-u_n)^3 + u_{n+1}^4] - \dfrac{1}{2}\displaystyle\int_0^t \mathrm{e}^{-ts} u_n(s)\mathrm{d}s \\
\qquad + \dfrac{1}{\sqrt{n}}\Big(\displaystyle\int_0^t \mathrm{e}^{-ts} u_{2n}(s)\mathrm{d}s\Big)^2,\ \forall\, 0 \le t \le 1,\ t \ne \dfrac{1}{2}, \\
\Delta u_n|_{t=\frac{1}{2}} = -\dfrac{1}{6} u_n(\dfrac{1}{2}), \\
u_n(0) = 0,\ n = 1, 2, \cdots.
\end{cases} \tag{3.1.61}$$

可知, $u_n(t) \equiv 0\ (n = 1, 2, \cdots)$ 不是初值问题 (3.1.61) 的解.

**结论:** 如果 $u_n(t)$ 满足

$$0 \le u_n(t) \le \begin{cases} \dfrac{t}{n}, & 0 \le t \le \dfrac{1}{2}, \\ \dfrac{t}{n} - \dfrac{1}{12n}, & \dfrac{1}{2} < t \le 1, \end{cases} \qquad n = 1, 2, \cdots, \tag{3.1.62}$$

初值问题 (3.1.61) 在 $[0, \frac{1}{2}) \cup (\frac{1}{2}, 1]$ 上具有最小和最大的连续可微的解.

**证明:** 令 $a = 1$, $E = c_0 = \{u = (u_1, u_2, \cdots, u_n, \cdots) \mid u_n \to 0\}$ (范数为 $\|u\| = \sup\limits_n |u_n|$), $P = \{u = (u_1, u_2, \cdots, u_n, \cdots) \in c_0 \mid u_0 \ge 0,\ n = 1, 2, \cdots\}$, 则 $P$ 是 $E$ 中一个正规锥, 并且 (3.1.58) 可看作 $E$ 中形如 (3.1.1) 中的一个初值问题, 这里 $u_0 = (0, \cdots, 0, \cdots)$, $J = [0, 1]$, $k(t, s) = \mathrm{e}^{-ts}$, $u = (u_1, u_2, \cdots, u_n, \cdots)$, $v = (v_1, v_2, \cdots, v_n, \cdots)$, $f = (f_1, f_2, \cdots, f_n, \cdots)$, 其中

$$f_n(t, u, v) = \frac{1}{3n}[(t - u_n)^3 + u_{n+1}^4] - \frac{1}{2}v_n + \frac{1}{\sqrt{n}}v_{2n}^2, \tag{3.1.63}$$

$m = 1$, $t_1 = \dfrac{1}{2}$,

$$I_1(u) = -\frac{1}{6}u. \tag{3.1.64}$$

已知, $f \in C[J \times E \times E, E]$, $I_1 \in C[E, E]$. 令

$$v_0(t) = (0, \cdots, 0, \cdots),\ \forall\, t \in J,$$

$$w_0(t) = \begin{cases} (t, \cdots, \dfrac{t}{n}, \cdots), & 0 \le t \le \dfrac{1}{2}, \\ (t - \dfrac{1}{12}, \cdots, \dfrac{t}{n} - \dfrac{1}{12n}, \cdots), & \dfrac{1}{2} < t \le 1. \end{cases}$$

则 $v_0$, $w_0 \in PC[J, E] \cap C^1[J', E]$ ($J' = J \backslash \{\frac{1}{2}\} = [0, \frac{1}{2}) \cup (\frac{1}{2}, 1]$), 且 $v_0(t) \le w_0(t)$, $t \in J$, 有

$$v_0(0) = w_0(0) = (0, \cdots, 0, \cdots),$$

$$\Delta v_0|_{t=\frac{1}{2}} = (0, \cdots, 0, \cdots) = -\frac{1}{6}v_0(\frac{1}{2}),$$

$$
\begin{aligned}
&\Delta w_0|_{t=\frac{1}{2}} = (-\frac{1}{12},\ \cdots,\ -\frac{1}{12n},\cdots) = -\frac{1}{6}w_0(\frac{1}{2}),\\
&v_0'(t) = (0,\ \cdots,\ 0,\cdots),\ \forall\ t\in J,\\
&w_0'(t) = (1,\ \cdots,\ \frac{1}{n},\cdots),\ \forall\ t\in J,\ t\neq\frac{1}{2},\\
&f_n(t,v_0(t),(Tv_0)(t)) = \frac{t^3}{3n}\geq 0,\quad n=1,2,\cdots
\end{aligned}
$$

又当 $0\leq t\leq\dfrac{1}{2}$ 时, 有

$$
\begin{aligned}
&f_n(t,w_0(t),(Tw_0)(t))\\
=&\frac{1}{3n}\big[\big(t-\frac{t}{n}\big)^3+\big(\frac{t}{n+1}\big)^4\big]-\frac{1}{2n}\int_0^t se^{-ls}ds+\frac{1}{4n^2\sqrt{n}}\big(\int_0^t se^{-ts}ds\big)^2\\
<&\frac{2}{3n}+\frac{1}{4n^2\sqrt{n}}\big(\int_0^t sds\big)^2=\frac{2}{3n}+\frac{t^4}{16n^2\sqrt{n}}\\
\leq&\frac{2}{3n}+\frac{1}{256n}<\frac{1}{n},
\end{aligned}
$$

当 $\dfrac{1}{2}\leq t\leq 1$ 时, 有

$$
\begin{aligned}
&f_n(t,w_0(t),(Tw_0)(t))\\
=&\frac{1}{3n}\big[\big(t-\frac{t}{n}+\frac{1}{12n}\big)^3+\big(\frac{t}{n+1}-\frac{1}{12n+12}\big)^4\big]\\
&-\frac{1}{2}\Big[\int_0^{\frac{1}{2}}e^{-ts}\big(\frac{s}{n}\big)ds+\int_{\frac{1}{2}}^t e^{-ts}\big(\frac{s}{n}-\frac{1}{12n}\big)ds\Big]\\
&+\frac{1}{\sqrt{n}}\Big[\int_0^{\frac{1}{2}}e^{-ts}\big(\frac{s}{2n}\big)ds+\int_{\frac{1}{2}}^t e^{-ts}\big(\frac{s}{2n}-\frac{1}{24n}\big)ds\Big]^2\\
<&\frac{2}{3n}+\frac{1}{\sqrt{n}}\Big[\int_0^t e^{-ts}\big(\frac{s}{2n}\big)ds\Big]^2\\
\leq&\frac{2}{3n}+\frac{1}{4n^2\sqrt{n}}\big(\int_0^t sds\big)^2\\
=&\frac{2}{3n}+\frac{t^4}{16n^2\sqrt{n}}\leq\frac{2}{3n}+\frac{1}{16n}<\frac{1}{n}.
\end{aligned}
$$

故 $v_0$, $w_0$ 满足条件 $(\mathrm{G}_1)$.

另一方面, 当 $t\in J$, $v_0(t)\le\bar u\le u\le w_0(t)$, $(Tv_0)(t)\le\bar v\le v\le(Tw_0)(t)$ 时, 有

$$0\le\bar u_n\le u_n\le\frac{t}{n},$$
$$0\le\bar v_n\le v_n\le\frac{1}{n}\int_0^t s\mathrm{e}^{-ts}\mathrm{d}s\le\frac{t^2}{2n},\ \forall\, t\in J,$$

从而, 由 (3.1.63) 式可得

$$\begin{aligned}f_n(t,u,v)-f_n(t,\bar u,\bar v)=&\frac{1}{3n}[(t-u_n)^3+u_{n+1}^4]-\frac{1}{2}v_n\\&+\frac{1}{\sqrt{n}}v_{2n}^2-\frac{1}{3n}[(t-\bar u_n)^3+\bar u_{n+1}^4]+\frac{1}{2}\bar v_n-\frac{1}{\sqrt{n}}\bar v_{2n}^2\\\ge&\frac{1}{3n}[(t-u_n)^3-(t-\bar u_n)^3]-\frac{1}{2}(v_n-\bar v_n)\\\ge&-\frac{1}{n}(u_n-\bar u_n)-\frac{1}{2}(v_n-\bar v_n)\\\ge&-(u_n-\bar u_n)-\frac{1}{2}(v_n-\bar v_n).\end{aligned}$$

(上面用到了 $\frac{\partial}{\partial s}(t-s)^3=-3(t-s)^2\ge-3,\ \forall\ 0\le s\le t\le1$). 故条件 $(\mathrm{G}_2)$ 满足, 其中 $M=1$, $N=\frac{1}{2}$. 由 (3.1.63) 式可知条件 $(\mathrm{G}_3)$ 满足, 其中 $L_1=\frac{1}{6}$. 又 $k_0=1$, $\tau=\frac{1}{2}$,

$$M_0=M^{-1}(\mathrm{e}^{Ma}-1)=\mathrm{e}-1<1.8,$$
$$M_0\mathrm{e}^{-Ma}=M^{-1}(1-\mathrm{e}^{-Ma})=1-\mathrm{e}^{-1}<0.7,$$

故

$$Nk_0M_0\tau<0.45<\frac{5}{11}=\frac{1-L_1}{1+1-L_1},$$
$$Nk_0M_0a\mathrm{e}^{-Ma}+L_1<\frac{7}{20}+\frac{1}{6}<1.$$

因此, 不等式(3.1.3)和(3.1.17)均满足. 由$f=g+h$, 其中$g=(g_1,g_2,\cdots,g_n,\cdots)$,

$h=(h_1,h_2,\cdots,h_n,\cdots)$,

$$g_n(t,u,v)=\frac{1}{3n}[(t-u_n)^3+u_{n+1}^4]+\frac{1}{\sqrt{n}}v_{2n}^2,$$

$$h_n(t,u,v)=-\frac{1}{2}v_n.$$

可证

$$\alpha(g(J,B,B^*))=0,\ \alpha(h(J,B,B^*))=\frac{1}{2}\alpha(B^*),\ 对任意的有界集B,\ B^*\subset E,$$

从而

$$\alpha(f(J,B,B^*))\leq\frac{1}{2}\alpha(B^*),\ 对任意的有界集\ B,\ B^*\subset E.$$

另一方面, 由 (3.1.64) 式易知

$$\alpha(I_1(B))=\frac{1}{6}\alpha(B),\ 对任意的有界集\ B\subset E.$$

故条件 $(G_4)$ 满足. 于是, 结论由定理 3.1.7 推出.

方程 (3.1.61) 的解的数值模拟结果如图3.1所示. □

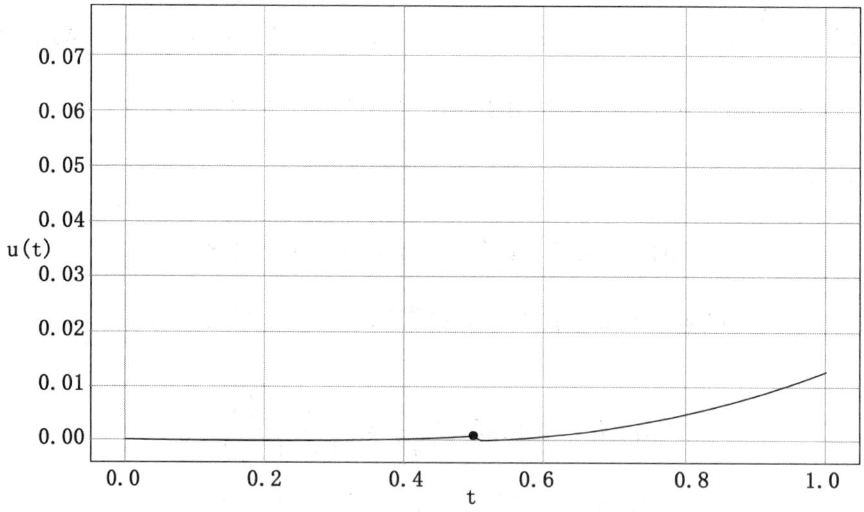


图 3.1　方程(3.1.61)解的数值模拟结果

**例3.1.2**　考察IVP(3.1.58), 设$u_0$和$v_0$分别是 (3.1.58) 的一个下解和上解, 并且 $u_0(t)\leq v_0(t)$ $(\forall\ t\in J)$. 令$f=(f_1,\cdots,f_n)$, 这里$f_i=f_i(t,x,y,z)$, $x=$

$(x_1,\cdots,x_n)$, $y=(y_1,\cdots,y_n)$, $z=(z_1,\cdots,z_n)$, 又令$I_k=(I_{k1},\cdots,I_{kn})$, 这里$I_{ki}=I_{ki}(t)$. 记 $\Omega=\{(t,x,y,z)\mid t\in J,\ u_0(t)\le x\le v_0(t),\ Tu_0(t)\le y\le Tv_0(t),\ Su_0(t)\le z\le Sv_0(t)\}\subset\mathbb{R}^{3n+1}$, $\Omega_k=\{x\mid u_0(t_k)\le x\le v_0(t_k)\}\subset\mathbb{R}^n\ (k=1,2,\cdots,m)$.

**结论:** 如果存在实数 $M$ 使得在 $\Omega$ 内,

$$\text{在 }\Omega\text{ 内},\frac{\partial f_i}{\partial x_j}\ge\begin{cases}0, & i\ne j,\\ -M, & i=j,\end{cases}\quad \frac{\partial f_i}{\partial y_j}\ge 0,\quad \frac{\partial f_i}{\partial z_j}\ge 0,$$

$$\text{在 }\Omega_k\text{ 内},\frac{\partial I_{ki}}{\partial x_j}\ge 0,\ i,j=1,2,\cdots,n;\ k=1,2,\cdots,m.$$

则 IVP(3.1.58) 在 $[u_0,v_0]\cap C^1[J',\mathbb{R}^n]$ 中有最大解与最小解.

**证明:** 对 $(t,x,y,z)$, $(t,\bar{x},\bar{y},\bar{z})\in\Omega$, 且 $\bar{x}\le x$, $\bar{y}\le y$, $\bar{z}\le z$, 由假设条件, 利用中值定理, 有

$$f_i(t,x,y,z)-f_i(t,\bar{x},\bar{y},\bar{z})=\sum_{j=1}^{m}[(x_j-\bar{x}_j)\frac{\partial}{\partial x_j}+(y_j-\bar{y}_j)\frac{\partial}{\partial y_j}+(z_j-\bar{z}_j)\frac{\partial}{\partial z_j}],$$
$$f_i(t,\bar{x}+\theta(x-\bar{x}),\bar{y}+\theta(y-\bar{y}),\bar{z}+\theta(z-\bar{z}))\ge -M(x_i-\bar{x}_i).$$

故 (3.1.59) 式满足. 另外, 由假设条件, 类似地知 (3.1.60) 式也满足. 于是, 所述结论从推论 3.1.1 推出. □

**例3.1.3** 考察下面的脉冲积微分方程组的初值问题:

$$\begin{cases}x_i'=\dfrac{1}{2i}(t-x_i)^3+(\dfrac{t}{i+1})^4x_{i+1}^2+\{\displaystyle\int_0^t\sin^2(t-3s)\cdot x_{i+2}(s)\,\mathrm{ds}\}^2\\ \qquad -2\{\displaystyle\int_0^t \mathrm{e}^{ts}x_{2i}(s)\,\mathrm{ds}\}^3,\ 0\le t\le 1,\ t\ne\dfrac{1}{2},\\ \Delta x_i|_{t=\frac{1}{2}}=2x_i(\dfrac{1}{2}),\\ x_i(0)=0,\ i=1,2,\cdots,n,\end{cases}\tag{3.1.64}$$

其中规定 $x_{n+i}=x_i\ (i=1,2,\cdots,n)$.

**结论:** 此初值问题具有在 $[0,\frac{1}{2})\cup(\frac{1}{2},1]$上连续可微, 且满足

$$0 \le x_i(t) \le \begin{cases} \dfrac{t}{i},\ 0 \le t \le \dfrac{1}{2},\ i=1,2,\cdots,n, \\ \dfrac{t+1}{i},\ \dfrac{1}{2} < t \le 1,\ i=1,2,\cdots,n, \end{cases}$$

的最大解与最小解.

**证明:** 这时 $f=(f_1,\cdots,f_n)$,

$$f_i(t,x,y,z)=\frac{1}{2i}(t-x_i)^3+\frac{t+1^4}{i}x_{i+1}^2+y_{i+1}^2+2z_{2i}^2,$$

$$K(t,s)=\sin^2(t-3s),\ H(t,s)=\mathrm{e}^{ts}.$$

根据(3.1.59), (3.1.60)和推论 3.1.1可证(3.1.64)有最大最小解. □

## 3.2 一阶脉冲积微分方程非线性边值问题

### 3.2.1 解的存在性

考察一阶脉冲积微分方程的非线性边值问题:

$$\begin{cases} u'(t)=f(t,u(t),u(\alpha(t)),Wu(t),Su(t)),\ t\in J', \\ \Delta u(t_k)=I_k(u(t_k)),\ k=1,2,\cdots,m, \\ g(u(0))=u(T), \end{cases} \tag{3.2.1}$$

其中 $t\in J=[0,T](T>0)$, $f\in C[J\times\mathbb{R}^4,\mathbb{R}]$, $I_k,g\in C[\mathbb{R},\mathbb{R}]$, $\alpha\in C[J,J]$, $0=t_0<t_1<\cdots<t_k<\cdots<t_m<t_{m+1}=T$, $J'=J\backslash\{t_1,t_2,\cdots,t_m\}$,

$$Wu(t)=\int_0^{\beta(t)}k(t,s)u(\gamma(s))\,\mathrm{d}s,\quad Su(t)=\int_0^T h(t,s)u(\delta(s))\,\mathrm{d}s,$$

其中 $\beta,\gamma,\delta\in C[J,J]$, $k(t,s)\in C[D,\mathbb{R}^+]$, $h(t,s)\in C[J\times J,\mathbb{R}^+]$, $D=\{(t,s)\in\mathbb{R}^2\mid 0\le s\le\beta(t),t\in J\}$.设$PC^1[J,\mathbb{R}]=\{u\in PC[J,E]\mid u(t)$在$t\ne t_k$处连续可微, $u'(t_k^+),u'(t_k^-)$ 存在$,k=1,2,\cdots,m\}$,$PC^1[J,\mathbb{R}]$ 在 Banach 空间中的范数定义为 $\|u\|_{PC^1}=\max\{\|u\|_{PC},\|u'\|_{PC}\}$.

**定义3.2.1** 如果 $u \in PC^1[J,\mathbb{R}]$ 满足方程 (3.2.1), 那么称它是方程(3.2.1)的一个解.

**定义3.2.2** 如果 $u \in PC^1[J,\mathbb{R}]$ 满足

$$\begin{cases} u'(t) \le f(t,u(t),u(\alpha(t)),Wu(t),Su(t)),\ t \in J', \\ \Delta u(t_k) \le I_k(u(t_k)),\ k=1,2,\cdots,m, \\ g(u(0)) \le u(T), \end{cases} \tag{3.2.2}$$

那么称 $u$ 是 (3.2.1) 的一个下解.

同理, 如果 $v \in PC^1[J,\mathbb{R}]$ 满足

$$\begin{cases} v'(t) \ge f(t,v(t),v(\alpha(t)),Wv(t),Sv(t)),\ t \in J', \\ \Delta v(t_k) \ge I_k(v(t_k)),\ k=1,2,\cdots,m, \\ g(v(0)) \ge v(T), \end{cases} \tag{3.2.3}$$

那么称$v$是(3.2.1)的一个上解.

**定理3.2.1**(比较原理) 假设 $u \in PC^1[J,\mathbb{R}]$ 满足

$$\begin{cases} u'(t) \ge M(t)u(t)+K(t)u(\alpha(t))+N(t)(Wu)(t)+L(t)(Su)(t),\ t \in J', \\ \Delta u(t_k) \ge L_k(u(t_k)),\ k=1,2,\cdots,m, \\ g(u(0)) \ge u(T), \end{cases} \tag{3.2.4}$$

其中 $M,\ K,\ N,\ L \in C[J^1,[0,+\infty)]$, $\int_0^T M(t)\,\mathrm{d}t > 0$, $L_k \ge 0$, $g \in C^1[\mathbb{R},\mathbb{R}]$, $g(0) \le 0$. 此外, 假设存在一个 $r>0$ 使得

(i) $r \le g'(t) < \left[1+\int_0^T q(t)\mathrm{d}t + \sum\limits_{0<t_k<T} L_k\right]\mathrm{e}^{\int_0^T M(\tau)\mathrm{d}\tau}$,

(ii) $H \le \frac{r}{r+1}$,

其中

$$q(t)=\Big[K(t)e^{\int_0^{\alpha(t)}M(\tau)d\tau}+N(t)\int_0^{\beta(t)}k(t,s)e^{\int_0^{\gamma(s)}M(\tau)d\tau}ds$$
$$+L(t)\int_0^T h(t,s)e^{\int_0^{\delta(s)}M(\tau)d\tau}ds\Big]e^{-\int_0^t M(\tau)d\tau},$$
$$H\equiv\int_0^T\Big[M(t)+K(t)+N(t)\int_0^{\beta(t)}k(t,s)ds$$
$$+L(t)\int_0^T h(t,s)ds\Big]dt+\sum_{0<t_k<T}L_k.$$

那么 $u\le 0,\ t\in J$.

**证明:** 反证法. 假设存在 $t\in J$ 使得 $u(t)>0$, 考虑下面两种情况:

(a) 对任意的$t\in J$, $u(t)\ge 0$;

(b) 存在 $t^*$, $t_*\in J$ 使得 $u(t^*)>0$ 和 $u(t_*)<0$.

对于情况 (a) , 设 $v(t)=u(t)e^{-\int_0^t M(\tau)d\tau}$, 有

$$\begin{cases}v'(t)\ge\Big[K(t)v(\alpha(t))e^{\int_0^{\alpha(t)}M(\tau)d\tau}+N(t)\int_0^{\beta(t)}k(t,s)v(\gamma(s))e^{\int_0^{\gamma(s)}M(\tau)d\tau}ds\\ \qquad +L(t)\int_0^T h(t,s)v(\delta(s))\,e^{\int_0^{\delta(s)}M(\tau)d\tau}ds\Big]e^{-\int_0^t M(\tau)d\tau},\ t\in J',\\ \Delta v(t_k)\ge L_k v(t_k),\ k=1,2,\cdots,m,\\ g(v(0))\ge v(T)e^{\int_0^T M(\tau)d\tau},\end{cases}\tag{3.2.5}$$

上式表明, 当 $t\ne t_k$ 时, $v'(t)\ge 0$, $\Delta v(t_k)\ge 0$ $(k=1,2,\cdots,m)$, 因此 $v(t)$ 在 $J$ 上非减, 根据 (3.2.5), 可以得到

$$v'(t)\ge\Big[K(t)e^{\int_0^{\alpha(t)}M(\tau)d\tau}+N(t)\int_0^{\beta(t)}k(t,s)e^{\int_0^{\gamma(s)}M(\tau)d\tau}ds$$
$$+L(t)\int_0^T h(t,s)e^{\int_0^{\delta(s)}M(\tau)d\tau}ds\Big]e^{-\int_0^t M(\tau)d\tau}v(0).$$

上式从 0 到 $t$ 求积分, 有

$$
\begin{aligned}
v(t) =& v(0) + \int_0^t v'(r)\mathrm{d}r + \sum_{0<t_k<t} [v(t_k^+) - v(t_k)] \\
\geq& v(0) + \int_0^t \Big[K(r)\mathrm{e}^{\int_0^{\alpha(r)} M(\tau)\mathrm{d}\tau} + N(r)\int_0^{\beta(r)} k(r,s)\mathrm{e}^{\int_0^{\gamma(s)} M(\tau)\mathrm{d}\tau}\mathrm{d}s \\
& + L(r)\int_0^T h(r,s)\mathrm{e}^{\int_0^{\delta(s)} M(\tau)\mathrm{d}\tau}\mathrm{d}s\Big]\mathrm{e}^{-\int_0^r M(\tau)\mathrm{d}\tau} v(0)\mathrm{d}r + \sum_{0<t_k<t} L_k v(t_k) \\
\geq& \Big\{1 + \int_0^t \Big[K(r)\mathrm{e}^{\int_0^{\alpha(r)} M(\tau)\mathrm{d}\tau} + N(r)\int_0^{\beta(r)} k(r,s)\mathrm{e}^{\int_0^{\gamma(s)} M(\tau)\mathrm{d}\tau}\mathrm{d}s \\
& + L(r)\int_0^T h(r,s)\mathrm{e}^{\int_0^{\delta(s)} M(\tau)\mathrm{d}\tau}\mathrm{d}s\Big]\mathrm{e}^{-\int_0^r M(\tau)\mathrm{d}\tau}\mathrm{d}r + \sum_{0<t_k<t} L_k\Big\} v(0) \\
=& \Big\{1 + \int_0^t q(r)\mathrm{d}r + \sum_{0<t_k<t} L_k\Big\} v(0).
\end{aligned}
$$

因此,

$$
\begin{aligned}
&\Big[1 + \int_0^T q(t)\mathrm{d}t + \sum_{0<t_k<T} L_k\Big] v(0)\mathrm{e}^{\int_0^T M(\tau)\mathrm{d}\tau} \\
\leq& g(v(0)) = g'(\xi)v(0) + g(0) \leq g'(\xi)v(0),
\end{aligned}
$$

其中$\xi$ 介于0和$v(0)$之间. 条件(i)表明, $v(0) = 0$. 因为$0 \leq v(T) \leq g(v(0)) \leq 0$和 $v(t)$在$J$上非减, 则$v(t) \equiv 0$, $\forall\, t \in J$, 所以有$u(t) \equiv 0$, $\forall\, t \in J$.

对于情况 (b), 假设 $G$ 是 $g$ 的逆映射, 设 $\inf\limits_{t\in J} u(t) = -\lambda$, 那么 $\lambda > 0$, 并且对于某些 $i \in \{1, 2, \cdots, m\}$, 存在某个 $t_* \in (t_i, t_{i+1}]$, 使得 $u(t_*) = -\lambda$ 或 $u(t_i^+) = -\lambda$. 这里仅考虑 $u(t_*) = -\lambda$. 对于$u(t_i^+) = -\lambda$, 证明是类似的.

根据 (3.2.4), 有

$$
\begin{aligned}
u'(t) \geq& -\lambda\Big[M(t) + K(t) + N(t)\int_0^{\beta(t)} k(t,s)\mathrm{d}s \\
& + L(t)\int_0^T h(t,s)\,\mathrm{d}s\Big],\ t \in J'.
\end{aligned}
\tag{3.2.6}
$$

根据 (3.2.4) 和 (3.2.6), 有

$$\begin{aligned}u(t) =&u(0) + \int_0^t u'(s)\mathrm{d}s + \sum_{0<t_k<t}[u(t_k^+) - u(t_k)]\\ \geq&u(0) - \lambda\Big\{\int_0^t \big[M(s) + K(s) + N(s)\int_0^{\beta(s)} k(s,r)\mathrm{d}r\\ &+ L(s)\int_0^T h(s,r)\mathrm{d}r\big]\mathrm{d}s + \sum_{0<t_k<t} L_k\Big\}.\end{aligned} \tag{3.2.7}$$

令上式中 $t = t_*$, 有

$$\begin{aligned}-\lambda \geq&u(0) - \lambda\Big\{\int_0^{t_*} \big[M(s) + K(s) + N(s)\int_0^{\beta(s)} k(s,r)\mathrm{d}r\\ &+ L(s)\int_0^T h(s,r)\mathrm{d}r\big]\mathrm{d}s + \sum_{0<t_k<t_*} L_k\Big\}.\end{aligned}$$

所以

$$\begin{aligned}u(0) \leq&-\lambda + \lambda\Big\{\int_0^T \big[M(s) + K(s) + N(s)\int_0^{\beta(s)} k(s,r)\mathrm{d}r\\ &+ L(s)\int_0^T h(s,r)\mathrm{d}r\big]\mathrm{d}s + \sum_{0<t_k<T} L_k\Big\}\\ =&-\lambda + \lambda H.\end{aligned} \tag{3.2.8}$$

另一方面,

$$u(t) = u(0) + \int_0^t u'(s)\mathrm{d}s + \sum_{0<t_k<t}[u(t_k^+) - u(t_k)], \tag{3.2.9}$$

令上式中 $t = T$, 那么

$$u(0) = u(T) - \int_0^T u'(s)\mathrm{d}s - \sum_{0<t_k<T}[u(t_k^+) - u(t_k)],$$

所以

$$u(t) = u(T) - \int_t^T u'(s)\mathrm{d}s - \sum_{t\leq t_k<T}[u(t_k^+) - u(t_k)]. \tag{3.2.10}$$

令上式中 $t = t^*$, 那么

$$0 < u(t^*) = u(T) - \int_{t^*}^T u'(s)\mathrm{d}s - \sum_{t^*\leq t_k<t}[u(t_k^+) - u(t_k)],$$

即

$$u(T) > \int_{t^*}^{T} u'(s)\mathrm{d}s + \sum_{t^* \le t_k < T} [u(t_k^+) - u(t_k)]. \tag{3.2.11}$$

根据 (3.2.4), (3.2.6) 和 (3.2.11), 有

$$\begin{aligned} u(T) >& -\lambda \int_0^T \Big[M(s) + K(s) + N(s) \int_0^{\beta(s)} k(s,r)\mathrm{d}r \\ &+ L(s) \int_0^T h(s,r)\mathrm{d}r\Big]\mathrm{d}s - \lambda \sum_{0<t_k<T} L_k \\ =& -\lambda H. \end{aligned} \tag{3.2.12}$$

因此, 根据 (3.2.8), (3.2.12) 和 $g(u(0)) \ge u(T)$, 得到

$$-\lambda + \lambda H > G(-\lambda H) = G(0) - G'(\varsigma)\lambda H,$$

其中 $\varsigma \in [-\lambda H, 0]$. 注意到 $G(0) \ge 0$ 和 $0 < G' \le r^{-1}$, 有

$$r(-\lambda + \lambda H) > -\lambda H.$$

所以 $H > \frac{r}{r+1}$, 与条件 (ii) 矛盾, 因此, 在 $J$ 中 $u(t) \le 0$. □

下面考虑问题:

$$\begin{cases} u'(t) = \sigma(t) + M(t)u(t) + K(t)u(\alpha(t)) + N(t)(Wu)(t) \\ \qquad +L(t)(Su)(t),\ t \in J', \\ \Delta u(t_k) = \beta_k + L_k u(t_k),\ k = 1, 2, \cdots, m, \\ g(u(0)) = u(T), \end{cases} \tag{3.2.13}$$

其中 $\delta \in PC[J, \mathbb{R}]$, $\beta_k \in \mathbb{R}$.

**定义3.2.3** 如果 $u \in PC^1[J, \mathbb{R}]$ 满足方程 (3.2.13), 则称 $u$ 是 (3.2.13) 的一个解.

**定理3.2.2** 设定理 3.2.1 的所有条件成立, 此外, 假设 $u_0, v_0 \in PC^1[J, \mathbb{R}]$ 分别是方程 (3.2.13) 的下解和上解, 并且对任意的$t \in J$, 有$u_0(t) \le v_0(t)$. 那么问题 (3.2.13) 在 $J$ 上有唯一解 $w \in PC^1[J, \mathbb{R}]$, 且 $u_0 \le w \le v_0$.

**证明:** 首先证明, 如果 $w$ 是方程 (3.2.13) 的解, 那么 $u_0 \le w \le v_0$.

设 $p = w - v_0$, 可以得到

$$\begin{cases} p'(t) \ge M(t)p(t) + K(t)p(\alpha(t)) + N(t)(Wp)(t) + L(t)(Sp)(t),\ t \in J', \\ \Delta p(t_k) \ge L_k p(t_k),\ k = 1, 2, \cdots, m, \\ p(T) \le g(w(0)) - g(v_0(0)) = g'(\xi_1)p(0). \end{cases}$$

其中 $\xi_1$ 介于 $w(0)$ 与 $v_0(0)$ 之间. 注意到 $g'(\xi_1) \ge r$, 可得 $p \le 0$, 即 $w \le v_0$. 同样可以证出 $u_0 \le w$, 因此, $u_0 \le w \le v_0$. 下面证明 (3.2.13) 有一个解.

第一步, 考虑方程

$$\begin{cases} u'(t) = \sigma(t) + M(t)u(t) + K(t)u(\alpha(t)) + N(t)(Wu)(t) \\ \qquad +L(t)(Su)(t),\ t \in J', \\ \Delta u(t_k) = \beta_k + L_k u(t_k),\ k = 1, 2, \cdots, m, \\ u(T) = \lambda, \qquad \lambda \in \mathbb{R}. \end{cases} \tag{3.2.14}$$

证明上式方程有唯一解 $u(t,\lambda)$, 且 $u(t,\lambda)$ 关于 $\lambda$ 连续.

方程 (3.2.14) 等价于以下积分方程:

$$\begin{aligned} u(t) =& u(0) + \int_0^t u'(s)\mathrm{d}s + \sum_{0<t_k<t} [u(t_k^+) - u(t_k)] \\ =& u(0) + \int_0^t [\sigma(s) + M(s)u(s) + K(s)u(\alpha(s)) + N(s)(Wu)(s) \\ &+ L(s)(Su)(s)]\mathrm{d}s + \sum_{0<t_k<t} [\beta_k + L_k u(t_k)]. \end{aligned} \tag{3.2.15}$$

所以

$$\begin{aligned} \lambda =& u(0) + \int_0^T [\sigma(s) + M(s)u(s) + K(s)u(\alpha(s)) + N(s)(Wu)(s) \\ &+ L(s)(Su)(s)]\mathrm{d}s + \sum_{0<t_k<T} [\beta_k + L_k u(t_k)]. \end{aligned} \tag{3.2.16}$$

根据 (3.2.16), 可以得到

$$u(0)=\lambda-\int_0^T[\sigma(s)+M(s)u(s)+K(s)u(\alpha(s))+N(s)(Wu)(s)+L(s)(Su)(s)]\mathrm{d}s-\sum_{0<t_k<T}[\beta_k+L_ku(t_k)]. \tag{3.2.17}$$

根据 (3.2.15) 和 (3.2.17), 得到

$$\begin{aligned}u(t)=&\lambda-\int_t^T[\sigma(s)+M(s)u(s)+K(s)u(\alpha(s))+N(s)(Wu)(s)\\&+L(s)(Su)(s)]\mathrm{d}s-\sum_{t\le t_k<T}[\beta_k+L_ku(t_k)].\end{aligned}$$

设

$$\begin{aligned}Au(t)=&\lambda-\int_t^T[\sigma(s)+M(s)u(s)+K(s)u(\alpha(s))+N(s)(Wu)(s)\\&+L(s)(Su)(s)]\mathrm{d}s-\sum_{t\le t_k<T}[\beta_k+L_ku(t_k)].\end{aligned}$$

那么 $A:PC[J,\mathbb{R}]\to PC[J,\mathbb{R}]$.

对于任意的$u,v\in PC^1[J,\mathbb{R}]$, 有

$$\begin{aligned}(Au)(t)-(Av)(t)=&-\int_t^T[M(s)(u-v)(s)+K(s)(u-v)(\alpha(s))+N(s)(Wu\\&-Wv)(s)+L(s)(Su-Sv)(s)]\mathrm{d}s-\sum_{t\le t_k<T}L_k(u-v)(t_k).\end{aligned}$$

直接计算, 可以得到

$$\begin{aligned}\|Au-Av\|_{PC}\le&\Big[\int_0^T\Big[M(t)+K(t)+N(t)\int_0^{\beta(t)}k(t,s)\mathrm{d}s\\&+L(t)\int_0^T h(t,s)\mathrm{d}s\Big]\mathrm{d}t+\sum_{0<t_k<T}L_k\Big]\|(u-v)\|_{PC}\\\equiv&H\|(u-v)\|_{PC}.\end{aligned} \tag{3.2.18}$$

注意到条件(ii)和(3.2.18), 根据Banach不动点定理, 存在一个函数$u\in PC[J,\mathbb{R}]$, 使得 $Au=u$. 即 (3.2.14) 有唯一解.

设 $u(t,\lambda_1)$, $u(t,\lambda_2)$ 是下面问题的解

$$\begin{cases} u'(t)=\sigma(t)+M(t)u(t)+K(t)u(\alpha(t))+N(t)(Wu)(t)+L(t)(Su)(t),\ t\in J', \\ \Delta u(t_k)=\beta_k+L_ku(t_k),\ k=1,2,\cdots,m, \\ u(T)=\lambda_i,\ i=1,2. \end{cases}$$

那么

$$\begin{aligned} u(t,\lambda_i)=&\lambda_i-\int_t^T[\sigma(s)+M(s)u(s,\lambda_i)+K(s)u(\alpha(s),\lambda_i)+N(s)(Wu)(s,\lambda_i) \\ &+L(s)(Su)(s,\lambda_i)]\mathrm{d}s-\sum_{t\le t_k<T}[\beta_k+L_ku(t_k,\lambda_i)], \end{aligned}$$

$$\max|u(t,\lambda_1)-u(t,\lambda_2)|\le\frac{1}{1-H}|\lambda_1-\lambda_2|.$$

第二步, 证明

$$u_0(0)\le u(0,\lambda)\le v_0(0), \tag{3.2.19}$$

其中 $\lambda\in[g(u_0(0)),g(v_0(0))]$, $u(t,\lambda)$ 是问题 (3.2.14) 的唯一解.

令$p(t)=u_0(t)-u(t,\lambda)$. 假设 $u(0,\lambda)<u_0(0)$, 那么 $p(0)>0$, $p(T)=u_0(T)-u(T,\lambda)\le g(u_0(0))-u(T,\lambda)\le 0$, $\Delta p(t_k)\ge L_kp(t_k)$, $k=1,2,\cdots,m$, 并且

$$p'(t)\ge M(t)p(t)+K(t)p(\alpha(t))+N(t)(Wp)(t)+L(t)(Sp)(t),\ t\in J'.$$

可以得到$p(t)\le 0$, $\forall\ t\in J$, 与$p(0)>0$矛盾. 所以, $u_0(0)\le u(0,\lambda)$. 设 $q(t)=u(t,\lambda)-v_0(t)$, 同时可得$u(0,\lambda)\le v_0(0)$.

第三步, 令 $F(\lambda)=g(u(0,\lambda))-\lambda$, 其中 $u(t,\lambda)$ 是问题 (3.2.14) 的唯一解. 根据 (3.2.19), 有

$$F(g(v_0(0)))\cdot F(g(u_0(0)))\le 0.$$

由于$F$关于$\lambda$ 是连续的, 那么存在$\lambda_0\in[g(u_0(0)),g(v_0(0))]$使得$g(u(0,\lambda_0))=\lambda_0$,

则$u(t,\lambda_0)$ 是问题(3.2.13)的解.

最后, 证明 $w\in PC^1[J,\mathbb{R}]$ 是唯一的. 设 $u,v\in PC^1[J,\mathbb{R}]$ 是问题 (3.2.13) 两个不同的解, 设 $p=u-v$, 那么 $p$ 满足下列方程:

$$\begin{cases}p'(t)=M(t)p(t)+K(t)p(\alpha(t))+N(t)(Wp)(t)+L(t)(Sp)(t),\ t\in J',\\ \Delta p(t_k)=L_kp(t_k),\ k=1,2,\cdots,m,\\ p(T)=g(u(0))-g(v(0))=g'(\xi_2)p(0),\end{cases}$$

其中 $\xi_2$ 介于 $u(0)$ 和 $v(0)$ 之间. 注意到, $g'(\xi_2)\geq r$, 同时可得 $p(t)\leq 0$, 所以 $u(t)\leq v(t)$, $\forall\ t\in J$. 如果设 $p=v-u$, 容易得到 $u(t)\geq v(t)$, $\forall\ t\in J$. 因此, 有 $u(t)=v(t)$, $\forall\ t\in J$. □

**定理3.2.3** 设定理 3.2.1 的所有假设成立. 此外, 假设

$(\mathrm{G}_5)$ $u_0,v_0\in PC^1[J,\mathbb{R}]$ 分别是 (3.2.1) 的下解和上解, 且 $u_0(t)\leq v_0(t)$, $\forall\ t\in J$.

$(\mathrm{G}_6)$ $f\in C[J\times\mathbb{R}^4,\mathbb{R}]$ 满足

$$\begin{aligned}&f(t,u,v,w,z)-f(t,\bar u,\bar v,\bar w,\bar z)\\ \leq&M(t)(u-\bar u)+K(t)(v-\bar v)+N(t)(w-\bar w)+L(t)(z-\bar z),\end{aligned}$$

$$u_0(t)\leq\bar u\leq u\leq v_0(t),$$

$$u_0(\alpha(t))\leq\bar v\leq v\leq v_0(\alpha(t)),$$

$$Wu_0(t)\leq\bar w\leq w\leq Wv_0(t),$$

$$Su_0(t)\leq\bar z\leq z\leq Sv_0(t),\ \forall\ t\in J.$$

$(G_7)$ $I_k \in C[\mathbb{R},\mathbb{R}]$ 满足

$$I_k(u) - I_k(\bar{u}) \le L_k(u - \bar{u}),$$

$$u_0(t_k) \le \bar{u} \le u \le v_0(t_k),\ k = 1, 2, \cdots, m.$$

则存在单调迭代序列$\{u_n\}$, $\{v_n\} \subset [u_0, v_0]$在$J$ 上一致收敛于(3.2.1)的极值解.

**证明:** 对任意的 $\eta \in [u_0, v_0]$, 考虑以下问题:

$$\begin{cases} u'(t) = \sigma_\eta + M(t)u(t) + K(t)u(\alpha(t)) + N(t)(Wu)(t) \\ \qquad\qquad +L(t)(Su)(t),\ t \in J', \\ \Delta u(t_k) = \beta_k + L_k u(t_k),\ k = 1, 2, \cdots, m, \\ g(u(0)) = u(T), \end{cases} \tag{3.2.20}$$

其中

$$\begin{aligned} \sigma_\eta(t) =& f(t, \eta(t), \eta(\alpha(t)), W\eta(t), S\eta(t)) - M(t)\eta(t) - K(t)\eta(\alpha(t)) \\ & - N(t)(W\eta)(t) - L(t)(S\eta)(t), \\ \beta_k =& I_k(\eta(t_k)) - L_k\eta(t_k). \end{aligned}$$

因此 $u_0$, $v_0$ 是 (3.2.1) 的下解和上解, 根据 $(G_6)$ 和 $(G_7)$, 当 $t \ne t_k$ 时, 可得

$$\begin{aligned} v_0'(t) \le& f(t, v_0(t), v_0(\alpha(t)), Wv_0(t), Sv_0(t)) \\ \le& f(t, \eta(t), \eta(\alpha(t)), W\eta(t), S\eta(t)) - M(t)\eta(t) - K(t)\eta(\alpha(t)) \\ & - N(t)(W\eta)(t) - L(t)(S\eta)(t) + M(t)v_0(t) + K(t)v_0(\alpha(t)) \\ & + N(t)(Wv_0)(t) + L(t)(Sv_0)(t) \\ =& \sigma_\eta(t) + M(t)v_0(t) + K(t)v_0(\alpha(t)) + N(t)(Wv_0)(t) + L(t)(Sv_0)(t), \end{aligned}$$

和

$$u_0'(t) \ge \sigma_\eta(t) + M(t)u_0(t) + K(t)u_0(\alpha(t)) + N(t)(Wu_0)(t) + L(t)(Su_0)(t).$$

另外, 当 $t = t_k$ 时,

$$\Delta v_0(t_k) \le I_k(v_0(t_k)) \le I_k(\eta(t_k)) - L_k\eta(t_k) + L_k v_0(t_k) = \beta_k + L_k v_0(t_k),$$

$$\Delta u_0(t_k) \ge \beta_k + L_k u_0(t_k).$$

因此, $u_0$, $v_0$是 (3.2.20) 的下解和上解. 根据定理 3.2.2, 可知 (3.2.20) 有唯一解 $w \in [u_0, v_0]$. 记算子 $A : [u_0, v_0] \to [u_0, v_0]$, 使$u = A\eta$.

下面证明 $A$ 是非减的.

令 $\eta_1$, $\eta_2 \in [u_0, v_0]$ 使得 $\eta_1 \le \eta_2$. 设 $p = v_1 - v_2$, $u_1 = A\eta_1$, $u_2 = A\eta_2$, 根据 $(\mathrm{G}_6)$ 和 $(\mathrm{G}_7)$, 得

$$\begin{aligned}
p'(t) =& f(t, \eta_1(t), \eta_1(\alpha(t)), W\eta_1(t), S\eta_1(t)) - M(t)\eta_1(t) - K(t)\eta_1(\alpha(t)) \\
& - N(t)(W\eta_1)(t) - L(t)(S\eta_1)(t) + M(t)v_1(t) + K(t)v_1(\alpha(t)) \\
& + N(t)(Wv_1)(t) + L(t)(Sv_1)(t) \\
& - f(t, \eta_2(t), \eta_2(\alpha(t)), W\eta_2(t), S\eta_2(t)) + M(t)\eta_2(t) + K(t)\eta_2(\alpha(t)) \\
& + N(t)(W\eta_2)(t) + L(t)(S\eta_2)(t) - M(t)v_2(t) - K(t)v_2(\alpha(t)) \\
& - N(t)(Wv_2)(t) - L(t)(Sv_2)(t) \\
\ge& M(t)p(t) + K(t)p(\alpha(t)) + N(t)(Wp)(t) + L(t)(Sp)(t), \quad t \in J',
\end{aligned}$$

$$\begin{aligned}
\Delta p(t_k) &= I_k(\eta_1(t_k)) - L_k\eta_1(t_k) + L_k v_1(t_k) - I_k(\eta_2(t_k)) + L_k\eta_2(t_k) - L_k v_2(t_k) \\
&\ge L_k p(t_k),
\end{aligned}$$

$$p(T) = g(v_1(0)) - g(v_2(0)) = g'(\xi_3)(v_1(0) - v_2(0)) = g'(\xi_3)p(0),$$

其中 $\xi_3$ 介于 $v_1(0)$ 和 $v_2(0)$ 之间. 注意到 $g'(\xi_3) \ge r$, 根据定理 3.2.1, 可知 $p(t) < 0$, 即 $A$ 是非减的.

设 $u_n = Au_{n-1}, v_n = Av_{n-1}$ $(n = 1, 2, \cdots)$, 那么有

$$u_0 \le u_1 \le \cdots \le u_n \le \cdots \le v_n \le \cdots \le v_1 \le v_0.$$

可得 $u_n$, $v_n(n=1,2,\cdots)$ 满足

$$\begin{cases} u_n'(t)=F(u_{n-1}(t),u_n(t)),\ t\in J', \\ \Delta u_n(t_k)=I_k(u_{n-1}(t_k))+L_k(u_n-u_{n-1})(t_k),\ k=1,2,\cdots,m, \\ g(u_n(0))=u_n(T), \end{cases}$$

和

$$\begin{cases} v_n'(t)=F(v_{n-1}(t),v_n(t)),\ t\in J', \\ \Delta v_n(t_k)=I_k(v_{n-1}(t_k))+L_k(v_n-v_{n-1})(t_k),\ k=1,2,\cdots,m, \\ g(v_n(0))=v_n(T), \end{cases}$$

其中$F$定义为:

$$\begin{aligned} F(x(t),y(t))=&f(t,x(t),x(\alpha(t)),Wx(t),Sx(t)) \\ &+M(t)(y(t)-x(t))+K(t)(y(\alpha(t))-x(\alpha(t))) \\ &+N(t)((Wy)(t)-(Wx)(t))+L(t)((Su_0)(t)-(Sx)(t)). \end{aligned}$$

因此, 存在 $u^*$, $v^*$ 在 $J$ 上一致收敛, 满足

$$\lim_{n\to\infty}u_n(t)=u^*(t),\quad \lim_{n\to\infty}v_n(t)=v^*(t),$$

且 $u^*,v^*\in[u_0,v_0]$ 满足 (3.2.1).

最后, 证明 $u^*$, $v^*$ 是 $[u_0,v_0]$ 上的极值解.

设 $w\in[u_0,v_0]$ 是 (3.2.1) 的任意解, 那么有 $Aw=w$, 根据 $u_0\le w\le v_0$ 和算子 $A$ 的性质, 有

$$u_n\le w\le v_n,\quad n=1,2,\cdots. \tag{3.2.21}$$

因此, 令 $n\to\infty$, 取 (3.2.21) 的极限, 得 $u^*\le w\le v^*$.

即 $u^*$, $v^*$ 是 (3.2.1) 在 $[u_0,v_0]$ 上的极值解. □

### 3.2.2 例子

**例3.2.1** 考虑方程:

$$
\begin{cases}
u'(t)=\dfrac{1}{15}t^3[1+u(t)]-\dfrac{1}{300}t^2[t-u(t^2)]^3-\dfrac{1}{500}t\Big[t^3-\displaystyle\int_0^t tsu(s)\mathrm{d}s\Big]^5\\
\qquad\qquad -\dfrac{1}{700}t^2\Big[t^2-\displaystyle\int_0^1 t^2su(s)\mathrm{d}s\Big]^7,\ t\in J=[0,1],\ t\neq\dfrac{1}{2},\\
\Delta u\Big(\dfrac{1}{2}\Big)=L_1u\Big(\dfrac{1}{2}\Big),\ 0\le L_1\le\dfrac{1}{4},\\
\dfrac{1}{2}u(0)=u(1)+c,\ 0<c\le\dfrac{1}{2},
\end{cases}
\tag{3.2.22}
$$

其中 $m=1,\ t_1=\dfrac{1}{2},\ \alpha(t)=t^2,\ \beta(t)=\gamma(t)=\delta(t)=t,\ \forall\ t\in J.$

显然 $u_0=-1,\ v_0=0$ 是 (3.2.22) 的下解和上解, 且 $u_0\le v_0$. 令

$$
f(t,u,v,w,z)=\frac{1}{15}t^3(1+u)-\frac{1}{300}t^2(t-v)^3-\frac{1}{500}t(t^3-w)^5-\frac{1}{700}t^2(t^2-z)^7,
$$

可以得到

$$
\begin{aligned}
&f(t,u,v,w,z)-f(t,\bar u,\bar v,\bar w,\bar z)\\
\le&\frac{1}{15}t^3(u-\bar u)+\frac{1}{25}t^2(v-\bar v)+\frac{4}{25}t(w-\bar w)+\frac{16}{25}t^{14}(z-\bar z),
\end{aligned}
$$

$0\le L_1\le\dfrac{1}{4},\ M(t)=\dfrac{1}{15}t^3,\ K(t)=\dfrac{1}{25}t^2,\ N(t)=\dfrac{4}{25}t,\ L(t)=\dfrac{16}{25}t^{14},\ r=\dfrac{1}{2},$

满足

$$
\begin{aligned}
H\equiv&\int_0^1\Big[M(t)+K(t)+N(t)\int_0^{\beta(t)}k(t,s)\mathrm{d}s+L(t)\int_0^1 h(t,s)\mathrm{d}s\Big]\mathrm{d}t+\sum_{0<t_k<T}L_k\\
\le&\int_0^1\Big[\frac{1}{15}s^3+\frac{1}{25}s^2+\frac{2}{25}s^4+\frac{8}{25}s^{16}\Big]\mathrm{d}s+L_1\\
\le&\frac{1}{12}+\frac{1}{4}=\frac{1}{3}=\frac{r}{r+1}.
\end{aligned}
$$

因此, (3.2.22) 满足定理 3.2.3 的条件, 根据定理 3.2.3, 存在单调迭代序列 $\{u_n\}$, $\{v_n\}$ 在 $J$ 上一致收敛于上述问题在 $[u_0,v_0]$ 中的极值解.

## 3.3 一阶脉冲积微分方程积分边值问题

### 3.3.1 最大最小解的存在性

考虑 Banach 空间 $E$ 中脉冲积分微分方程的积分边值问题:

$$\begin{cases} u'(t)=f(t,u(t),\lambda Tu(t),\mu Su(t)),\ t\in J,\ t\neq t_k, \\ \Delta u(t_k)=P_k(u(t_k)),\ k=1,2,\cdots,m, \\ u(0)=\int_0^T g(s)u(s)\,\mathrm{d}s, \end{cases} \tag{3.3.1}$$

其中, $t\in J=[0,T]$ $(T>0)$, $f\in C[J\times E\times E\times E,E]$, $\lambda$, $\mu\in\mathbb{R}^+$, $P_k\in C[E,E]$, $g\in C[J,\mathbb{R}^+]$, $0=t_0<t_1<\cdots<t_m<t_{m+1}=T$, $J_0=[0,t_1]$, $J_k=(t_k,t_{k+1}]$ $(k=1,2,\cdots,m)$ 且

$$(Tu)(t)=\int_0^t k(t,s)u(s)\,\mathrm{d}s,$$
$$(Su)(t)=\int_0^T h(t,s)u(s)\,\mathrm{d}s.$$

$k\in C[D,\mathbb{R}^+]$, $D=\{(t,s)\in\mathbb{R}^2|0\leq s\leq t\leq T\}$, $h\in C[J\times J,\mathbb{R}^+]$. 记$k_0=\max\{k(t,s)\mid(t,s)\in D\}$, $h_0=\max\{h(t,s)\mid(t,s)\in J\times J\}$.

**定义3.3.1** 设 $u_0,v_0\in PC^1[J,E]$, 如果

$$\begin{cases} u_0'(t)\leq f(t,u_0(t),\lambda Tu_0(t),\mu Su_0(t)),\ t\in J', \\ \Delta u_0(t_k)\leq P_k(u_0(t_k)),\ k=1,2,\cdots,m, \\ u_0(0)\leq\int_0^T g(s)u_0(s)\,\mathrm{d}s, \end{cases}$$

那么称$u_0$是方程(3.3.1)的下解, 若将该不等式反向, 则$v_0$ 被称为方程(3.3.1)的上解.

为了研究方程 (3.3.1), 考虑边值问题:

$$\begin{cases} u'(t)+M(t)u(t)=\sigma(t),\ t\in J,\ t\neq t_k, \\ \Delta u(t_k)=v_k,\ k=1,2,\cdots,m, \\ u(0)=\int_0^T g(s)u(s)\,\mathrm{d}s, \end{cases} \tag{3.3.2}$$

其中, $\sigma\in PC[J,E]$, $v_k\in E$, $M$, $g\in C[J,\mathbb{R}^+]$.

**引理3.3.1** 设 $\sigma\in PC[J,E]$, $v_k\in E$, $M,g\in C[J,\mathbb{R}^+]$, $r\in[0,1)$, $\int_0^T \mathrm{e}^{-\int_0^t M(\tau)\mathrm{d}\tau}g(t)\,\mathrm{d}t\equiv r$, 则方程 (3.3.2) 有唯一解 $u\in PC^1[J,E]$, 如下

$$\begin{aligned} u(t)=&\frac{1}{1-r}\mathrm{e}^{-\int_0^t M(\tau)\mathrm{d}\tau}\Big\{\int_0^T g(t)\Big(\int_0^t \sigma(s)\mathrm{e}^{-\int_s^t M(\tau)\,\mathrm{d}\tau}\mathrm{d}s\Big)\mathrm{d}t \\ &+\int_0^T g(t)\Big(\sum_{0<t_k<t}\mathrm{e}^{-\int_{t_k}^t M(\tau)\mathrm{d}\tau}v_k\Big)\,\mathrm{d}t\Big\} \\ &+\int_0^t \sigma(s)\mathrm{e}^{-\int_s^t M(\tau)\,\mathrm{d}\tau}\mathrm{d}s+\sum_{0<t_k<t}\mathrm{e}^{-\int_{t_k}^t M(\tau)\,\mathrm{d}\tau}v_k. \end{aligned} \tag{3.3.3}$$

**证明:** 如果 $u\in PC^1[J,E]$ 是方程 (3.3.2) 的解. 设 $z(t)=u(t)\mathrm{e}^{\int_0^t M(\tau)\mathrm{d}\tau}$, 那么 $z\in PC^1[J,E]$. 由方程 (3.3.2), 有

$$z'(t)=\sigma(t)\mathrm{e}^{\int_0^t M(\tau)\mathrm{d}\tau}, \tag{3.3.4}$$

因此

$$z(t)=z(0)+\int_0^t z'(s)\mathrm{d}s+\sum_{0<t_k<t}[z(t_k^+)-z(t_k)]. \tag{3.3.5}$$

根据方程 (3.3.2), 可知

$$z(t_k^+)-z(t_k)=\mathrm{e}^{\int_0^{t_k} M(\tau)\,\mathrm{d}\tau}v_k. \tag{3.3.6}$$

从(3.3.4)-(3.3.6)式可知

$$\begin{aligned} u(t)=&\mathrm{e}^{-\int_0^t M(\tau)\,\mathrm{d}\tau}\int_0^T g(s)u(s)\,\mathrm{d}s+\int_0^t \sigma(s)\mathrm{e}^{-\int_s^t M(\tau)\,\mathrm{d}\tau}\,\mathrm{d}s \\ &+\sum_{0<t_k<t}\mathrm{e}^{-\int_{t_k}^t M(\tau)\,\mathrm{d}\tau}v_k. \end{aligned} \tag{3.3.7}$$

从而

$$\int_0^T g(t)u(t)\,\mathrm{d}t = r\int_0^T g(s)u(s)\,\mathrm{d}s + \int_0^T g(t)\Big(\int_0^t \sigma(s)\mathrm{e}^{-\int_s^t M(\tau)\,\mathrm{d}\tau}\,\mathrm{d}s\Big)\,\mathrm{d}t$$
$$+\int_0^T g(t)\Big(\sum_{0<t_k<t} \mathrm{e}^{-\int_{t_k}^t M(\tau)\,\mathrm{d}\tau} v_k\Big)\,\mathrm{d}t.$$

因此, 由 (3.3.7) 可得

$$\begin{aligned} u(t) =& \frac{1}{1-r}\mathrm{e}^{-\int_0^t M(\tau)\,\mathrm{d}\tau}\Big\{\int_0^T g(t)\Big(\int_0^t \sigma(s)\mathrm{e}^{-\int_s^t M(\tau)\,\mathrm{d}\tau}\,\mathrm{d}s\Big)\,\mathrm{d}t \\ &+ \int_0^T g(t)\Big(\sum_{0<t_k<t} \mathrm{e}^{-\int_{t_k}^t M(\tau)\,\mathrm{d}\tau} v_k\Big)\,\mathrm{d}t\Big\} \\ &+ \int_0^t \sigma(s)\mathrm{e}^{-\int_s^t M(\tau)\,\mathrm{d}\tau}\,\mathrm{d}s + \sum_{0<t_k<t} \mathrm{e}^{-\int_{t_k}^t M(\tau)\,\mathrm{d}\tau} v_k. \end{aligned}$$

反之, 如果 $u \in PC[J,E]$ 是 (3.3.3) 的解, 则直接微分可证明 $u \in PC^1[J,E]$, 且 $u(t)$ 满足方程 (3.3.2). 此外, 不难证明由 (3.3.3) 定义的 $u(t)$ 是方程 (3.3.2) 在 $PC^1[J,E]$ 中的唯一解. □

**引理3.3.2**[13] 设 $B \subset C[J,E]$ 是等度连续的且有界, 则 $\alpha(B(t))$ 在 $J$ 上连续, 且

$$\alpha\Big(\Big\{\int_J u(t)\,\mathrm{d}t : u \in B\Big\}\Big) \le \int_J \alpha(B(t))\,\mathrm{d}t.$$

**引理3.3.3**[13] 设 $B = \{u_n\} \subset C[J,E]$ 是可数的且有界, 则 $\alpha(B(t)) \in L[J,\mathbb{R}^+]$, 且

$$\alpha\Big(\Big\{\int_J u_n(t)\,\mathrm{d}t\Big\}\Big) \le 2\int_J \alpha(B(t))\,\mathrm{d}t.$$

**引理3.3.4** 假设 $m \in C[J,\mathbb{R}^+]$ 满足

$$m(t) \le M_1\int_0^t m(s)\,\mathrm{d}s + M_2 t\int_0^t m(s)\,\mathrm{d}s + M_3 T\int_0^T m(s)\,\mathrm{d}s,\ \forall\, t \in J,$$

其中 $M_i \ge 0$ $(i = 1,2,3)$ 是常数. 只要以下两个条件之一成立, 则 $m(t) \equiv$

$0,\ \forall\, t\in J$,

(1) $M_1+TM_2>0,\ TM_3(\mathrm{e}^{T(M_1+TM_2)}-1)<M_1+TM_2$;

(2) $T(2M_1+TM_2+2TM_3)<2$.

为方便起见, 列出以下假设:

$(\mathrm{G}_1')$ $f\in C[J\times E\times E\times E,E],\ \lambda,\mu\in\mathbb{R}^+,\ P_k\in C[E,E],\ g\in C[J,\mathbb{R}^+]$ 且 $G=\sup\limits_{t\in J} g(t)$;

$(\mathrm{G}_2')$ 存在$M\in C[J,\mathbb{R}^+]$, 使得

$$f(t,u,\lambda Tu,\mu Su)-f(t,v,\lambda Tv,\mu Sv)\geq -M(t)(u-v),$$

其中 $u_0(t)\leq v\leq u\leq v_0(t),\ M=\sup\limits_{t\in J}M(t),\ \int_0^T \mathrm{e}^{-\int_0^t M(\tau)\,\mathrm{d}\tau}g(t)\,\mathrm{d}t\equiv r\in[0,1)$;

$(\mathrm{G}_3')$ $P_k(x)$ 在 $[u_0(t),v_0(t)]$ 上非减, 其中 $t\in J,\ k=1,2,\cdots,m$;

$(\mathrm{G}_4')$ 对于 $t\in J$, 单调序列$\{x_n\}\subset[u_0,v_0]$, $\{y_n\}\subset[\lambda Tu_0,\lambda Tv_0]$, $\{z_n\}\subset[\mu Su_0,\mu Sv_0]$ 满足

$$\alpha(\{f(t,x_n,y_n,z_n)\})\leq c_1\alpha(\{x_n\})+c_2\alpha(\{y_n\})+c_3\alpha(\{z_n\}).$$

其中 $c_i$ $(i=1,2,3)$ 是满足以下两个条件之一的非负常数:

(1) $c_1+M+\lambda c_2k_0T>0,\ [\dfrac{GT}{1-r}(2c_1+2M+\lambda c_2k_0T+\mu c_3h_0T)+\mu c_3h_0T]\times$

$(\mathrm{e}^{2T(c_1+M+\lambda c_2k_0T)}-1)<c_1+M+\lambda c_2k_0T$;

(2) $T[2c_1+2M+\lambda c_2k_0T+\dfrac{2GT}{1-r}(2c_1+2M+\lambda c_2k_0T+\mu c_3h_0T)+2\mu c_3h_0T]$

$<1$.

$(\mathrm{G}_5')$ 在 $J$ 上存在非负有界可积函数 $r_i(t)(i=1,2,3)$, $I_k(t)(k=1,2,\cdots,m)$, 满足

$$f(t,u,v,w)-f(t,\bar{u},\bar{v},\bar{w})\leq r_1(t)(u-\bar{u})+r_2(t)(v-\bar{v})+r_3(t)(w-\bar{w}),$$

$$P_k(u)-P_k(\bar{u})\leq I_k(t)(u-\bar{u}),$$

其中 $u_0 \le \bar{u} \le u \le v_0$, $\lambda T u_0 \le \bar{v} \le v \le \lambda T v_0$, $\mu S u_0 \le \bar{w} \le w \le \mu S v_0$.

**定理3.3.1** 假设 $P \subset E$ 是一个正规锥, 且条件 $(\mathrm{G}_1')$—$(\mathrm{G}_4')$ 成立. 设 $u_0, v_0 \in PC^1[J,E]$ 分别为方程 (3.3.1) 的下解和上解, 且 $u_0(t) \le v_0(t)$, $t \in J$. 则方程 (3.3.1) 有极值解 $u^*, v^* \in [u_0, v_0]$. 此外, 存在单调迭代序列 $\{u_n\}, \{v_n\} \subset [u_0, v_0]$, 使得当 $n \to +\infty$ 时, $u_n \to u^*, v_n \to v^*$ 在 $t \in J$ 上一致收敛, 其中

$$\begin{aligned} u_n(t) =& \frac{1}{1-r} \mathrm{e}^{-\int_0^t M(\tau)\mathrm{d}\tau} \Big\{ \int_0^T g(t) \Big( \int_0^t [f(s, u_{n-1}(s), \lambda T u_{n-1}(s), \mu S u_{n-1}(s)) \\ & + M(s) u_{n-1}(s)] \mathrm{e}^{-\int_s^t M(\tau)\mathrm{d}\tau} \mathrm{d}s \Big) \mathrm{d}t \\ & + \int_0^T g(t) \Big( \sum_{0<t_k<t} \mathrm{e}^{-\int_{t_k}^t M(\tau)\,\mathrm{d}\tau} P_k(u_{n-1}(t_k)) \Big) \mathrm{d}t \Big\} \\ & + \int_0^t [f(s, u_{n-1}(s), \lambda T u_{n-1}(s), \mu S u_{n-1}(s)) + M(s) u_{n-1}(s)] \\ & \times \mathrm{e}^{-\int_s^t M(\tau)\,\mathrm{d}\tau} \mathrm{d}s \\ & + \sum_{0<t_k<t} \mathrm{e}^{-\int_{t_k}^t M(\tau)\,\mathrm{d}\tau} P_k(u_{n-1}(t_k)), \end{aligned} \tag{3.3.8}$$

$$\begin{aligned} v_n(t) =& \frac{1}{1-r} \mathrm{e}^{-\int_0^t M(\tau)\,\mathrm{d}\tau} \Big\{ \int_0^T g(t) \Big( \int_0^t [f(s, v_{n-1}(s), \lambda T v_{n-1}(s), \mu S v_{n-1}(s)) \\ & + M(s) v_{n-1}(s)] \mathrm{e}^{-\int_s^t M(\tau)\,\mathrm{d}\tau} \mathrm{d}s \Big) \mathrm{d}t \\ & + \int_0^T g(t) \Big( \sum_{0<t_k<t} \mathrm{e}^{-\int_{t_k}^t M(\tau)\,\mathrm{d}\tau} P_k(v_{n-1}(t_k)) \Big) \mathrm{d}t \Big\} \\ & + \int_0^t [f(s, v_{n-1}(s), \lambda T v_{n-1}(s), \mu S v_{n-1}(s)) + M(s) v_{n-1}(s)] \mathrm{e}^{-\int_s^t M(\tau)\mathrm{d}\tau} \mathrm{d}s \\ & + \sum_{0<t_k<t} \mathrm{e}^{-\int_{t_k}^t M(\tau)\,\mathrm{d}\tau} P_k(v_{n-1}(t_k)), \end{aligned} \tag{3.3.9}$$

且满足

$$u_0 \le u_1 \le \cdots \le u_n \le \cdots \le u^* \le v^* \le \cdots \le v_n \le \cdots \le v_1 \le v_0. \tag{3.3.10}$$

**证明:** 首先, 根据引理 3.3.1, 可知由 (3.3.3) 定义的 $u(t)$ 是方程 (3.3.2) 的唯一解, 满足 $\sigma(t)=f(t,h(t),\ \lambda Th(t),\ \mu Sh(t))+M(t)h(t)$ 和 $v_k=P_k(h(t_k))$, $\forall\ h\in[u_0,v_0]$. 根据 $Ah=u$ 定义算子 $A:[u_0,v_0]\to PC[J,E]$, 其中 $u$ 是方程 (3.3.2) 中对应于 $h\in[u_0,v_0]$ 的唯一解.

容易证明, $u\in PC^1[J,E]$ 是方程 (3.3.1) 的解当且仅当 $u\in PC[J,E]$ 是算子 $A$ 的不动点. 显然, 由 (3.3.8) 和 (3.3.9) 可知

$$u_n=Au_{n-1},\ v_n=Av_{n-1}. \tag{3.3.11}$$

现在, 证明 (a) $u_0\le Au_0$, $\mathrm{A}v_0\le v_0$; (b) 算子 $A$ 是非减的. 根据下解的定义和 $u_0'(t)+M(t)u_0(t)\le f(t,u_0(t),\ \lambda Tu_0(t),\ \mu Su_0(t))+M(t)u_0(t)$, 得到

$$\begin{aligned}u_0(t)\le&\frac{1}{1-r}\mathrm{e}^{-\int_0^t M(\tau)\mathrm{d}\tau}\Big\{\int_0^T g(t)\Big(\int_0^t[f(s,u_0(s),\lambda Tu_0(s),\mu Su_0(s))\\&+M(s)u_0(s)]\mathrm{e}^{-\int_s^t M(\tau)\mathrm{d}\tau}\mathrm{d}s\Big)\mathrm{d}t\\&+\int_0^T g(t)\Big(\sum_{0<t_k<t}\mathrm{e}^{-\int_{t_k}^t M(\tau)\mathrm{d}\tau}P_k(u_0(t_k))\Big)\mathrm{d}t\Big\}\\&+\int_0^t[f(s,u_0(s),\lambda Tu_0(s),\mu Su_0(s))+M(s)u_0(s)]\mathrm{e}^{-\int_s^t M(\tau)\mathrm{d}\tau}\mathrm{d}s\\&+\sum_{0<t_k<t}\mathrm{e}^{-\int_{t_k}^t M(\tau)\,\mathrm{d}\tau}P_k(u_0(t_k))\\=&Au_0(t),\end{aligned}$$

即 $u_0\le Au_0$. 类似地, 有 $Av_0\le v_0$. 因此, (a) 成立. 由 $(\mathrm{G}_1')$—$(\mathrm{G}_3')$ 和 $A$ 的定义可知, $A$ 在 $[u_0,v_0]$ 上是非减的. 因此, (b)成立.

由 $A$ 的单调性及 $u_0\le v_0$ 可知

$$u_0\le u_1\le\cdots\le u_n\le\cdots\le v_n\le\cdots\le v_1\le v_0. \tag{3.3.12}$$

接下来, 证明$\{u_n\}$和$\{v_n\}$在$J$上一致收敛. 设 $U=\{u_n\mid n=1,2,\cdots\}$, $U_0=\{u_{n-1}\mid n=1,2,\cdots\}$. 显然, $U=A(U_0)$. 根据(3.3.8)和 $U_0$ 的有界性, 容易证

得 $U$ 在每个区间 $J_k$ $(k=0,1,\cdots,m)$上等度连续. 由于 $U_0=U\cup\{u_0\}$, 那么有$t\in J$, $\alpha(U(t))=\alpha(U_0(t))$.

设

$$m(t)=\alpha(U(t))=\alpha(U_0(t)),$$

那么, $m(t)\in PC[J,\mathbb{R}^+]$.

根据引理 3.3.2, 可知

$$\begin{aligned}\alpha((TU_0)(t))=&\alpha\big(\{\int_0^t k(t,s)u_{n-1}(s)\mathrm{d}s:n=1,2,\cdots\}\big)\\ \le&\sum_{i=1}^{k}\alpha\big(\{\int_{t_{i-1}}^{t_i} k(t,s)u_{n-1}(s)\mathrm{d}s:n=1,2,\ldots\}\big)\\ &+\alpha\big(\{\int_{t_k}^{t} k(t,s)u_{n-1}(s)\mathrm{d}s:n=1,2,\cdots\}\big)\\ \le&k_0\int_0^t m(s)\mathrm{d}s,\end{aligned}\tag{3.3.13}$$

$$\begin{aligned}\alpha((SU_0)(s))&=\alpha\big(\{\int_0^T h(t,s)u_{n-1}(s)\mathrm{d}s:n=1,2,\cdots\}\big)\\ &\le h_0\int_0^T m(s)\mathrm{d}s,\end{aligned}\tag{3.3.14}$$

那么, 对于 $t\in J_0$, 根据 (3.3.8), (3.3.13), (3.3.14), ($\mathrm{G}_4'$), 引理 3.3.2 和引理 3.3.3, 可知

$$\begin{aligned}m(t)=&\alpha(U(t))\\ \le&\frac{2}{1-r}\int_0^T\alpha\Big\{g(t)\int_0^t[f(s,U_0(s),\ \lambda TU_0(s),\mu SU_0(s))+M(s)U_0(s)]\\ &\times\mathrm{e}^{-\int_s^t M(\tau)\,\mathrm{d}\tau}\mathrm{d}s\Big\}\mathrm{d}t\\ &+2\int_0^t\alpha\{[f(s,U_0(s),\lambda TU_0(s),\mu SU_0(s))+M(s)U_0(s)]\mathrm{e}^{-\int_s^t M(\tau)\,\mathrm{d}\tau}\}\mathrm{d}s\\ \le&\frac{4G}{1-r}\int_0^T\int_0^t\alpha\{f(s,U_0(s),\lambda TU_0(s),\mu SU_0(s))+M(s)U_0(s)\}\mathrm{d}s\mathrm{d}t\end{aligned}$$

$$
\begin{aligned}
&+2\int_0^t \alpha\{f(s,U_0(s),\lambda TU_0(s),\mu SU_0(s))+M(s)U_0(s)\}\mathrm{d}s\\
\le&\frac{4G}{1-r}\int_0^T\Big[(c_1+M)\int_0^t m(s)\mathrm{d}s+\lambda c_2k_0t\int_0^t m(s)\mathrm{d}s\\
&+\mu c_3h_0t\int_0^T m(s)\mathrm{d}s\Big]\mathrm{d}t\\
&+2(c_1+M)\int_0^t m(s)\mathrm{d}s+2\lambda c_2k_0t\int_0^t m(s)\mathrm{d}s+2\mu c_3h_0t\int_0^T m(s)\mathrm{d}s\\
\le&\frac{4G}{1-r}\Big[(c_1+M)T\int_0^T m(s)\mathrm{d}s+\frac{1}{2}(\lambda c_2k_0+\mu c_3h_0)T^2\int_0^T m(s)\mathrm{d}s\Big]\\
&+2(c_1+M)\int_0^t m(s)\mathrm{d}s+2\lambda c_2k_0t\int_0^t m(s)\mathrm{d}s+2\mu c_3h_0t\int_0^T m(s)\mathrm{d}s\\
=&M_1\int_0^t m(s)\mathrm{d}s+M_2t\int_0^t m(s)\mathrm{d}s+M_3T\int_0^T m(s)\mathrm{d}s,
\end{aligned}
$$

其中 $M_1=2(c_1+M)$, $M_2=2\lambda c_2k_0$, $M_3=\frac{2G}{1-r}(2c_1+2M+\lambda c_2k_0T+\mu c_3h_0T)+2\mu c_3h_0$.

因此, 根据引理 3.3.4 和 $(\mathrm{G}_4')$ 中的条件 (1) 或 (2), 可知 $m(t)=0$, $\forall\, t\in J_0$. 特别地, $\alpha(U(t_1))=\alpha(U_0(t_1))=m(t_1)=0$, 故 $U(t_1)$ 和 $U_0(t_1)$ 在 $E$ 中是相对紧的. 因此, $P_1(U_0(t_1))$ 在 $E$ 中是相对紧的, 且 $\alpha(P_1(U_0(t_1)))=0$. 对于 $t\in J_1$, 同理可得

$$
\begin{aligned}
m(t)=&\alpha(U(t))\\
\le&\frac{2}{1-r}\Big\{\int_0^T\alpha\Big\{g(t)\int_0^t[f(s,U_0(s),\lambda TU_0(s),\mu SU_0(s))+M(s)U_0(s)]\\
&\times \mathrm{e}^{-\int_s^t M(\tau)\mathrm{d}\tau}\mathrm{d}s\Big\}\mathrm{d}t+2\int_0^T\alpha\{g(t)\mathrm{e}^{-\int_{t_1}^t M(\tau)\mathrm{d}\tau}P_1(U_0(t_1))\}\mathrm{d}t\Big\}\\
&+2\int_0^t\alpha\{[f(s,U_0(s),\lambda TU_0(s),\mu SU_0(s))+M(s)U_0(s)]\mathrm{e}^{-\int_s^t M(\tau)\mathrm{d}\tau}\}\mathrm{d}s\\
&+\alpha(P_1(U_0(t_1)))\\
\le&\frac{4G}{1-r}\int_0^T\int_0^t\alpha\{f(s,U_0(s),\lambda TU_0(s),\mu SU_0(s))+M(s)U_0(s)\}\mathrm{d}s\mathrm{d}t
\end{aligned}
$$

$$
\begin{aligned}
&+2\int_0^t \alpha\{f(s,U_0(s),\lambda TU_0(s),\mu SU_0(s))+M(s)U_0(s)\}\mathrm{d}s\\
\leq&\frac{4G}{1-r}[(c_1+M)T\int_0^T m(s)\mathrm{d}s+\frac{1}{2}(\lambda c_2k_0+\mu c_3h_0)T^2\int_0^T m(s)\mathrm{d}s]\\
&+2(c_1+M)\int_0^t m(\varepsilon)\mathrm{d}s+2\lambda c_2k_0t\int_0^t m(s)\mathrm{d}s+2\mu c_3h_0t\int_0^T m(s)\mathrm{d}s\\
=&M_1\int_0^t m(s)\mathrm{d}s+M_2t\int_0^t m(s)\mathrm{d}s+M_3T\int_0^T m(s)\mathrm{d}s,
\end{aligned}
$$

其中 $M_1=2(c_1+M)$, $M_2=2\lambda c_2k_0$, $M_3=\frac{2G}{1-r}(2c_1+2M+\lambda c_2k_0T+\mu c_3h_0T)+2\mu c_3h_0$.

根据引理 3.3.4 和 $(\mathrm{G}_4')$ 中的条件 (1) 或 (2), 可得 $m(t)=0$, $\forall\, t\in J_1$, 因此 $\alpha(U_0(t_2))=0$, $\alpha(P_2(U_0(t_2)))=0$. 根据上面的方法, 可以证明在每个区间 $J_k$ $(k=0,1,\cdots,m)$ 上, 都有 $m(t)\equiv 0$ 成立.

对于任意的 $t\in J_k$, $k=1,2,\cdots,m$, 根据 $u_n(t_k)=u_n(t_k^+)$ $(n=0,1,\cdots)$, 改变 $u_n$ 在 $t=t_k$ 时的值, 则 $\{u_n\}\subset C[J_k,E]$ 且等度连续. 由 $\alpha(\{u_n(t)\})\equiv 0$ 可知, $\{u_n(t)\}$ 在 $E$ 中相对紧, $\forall\, t\in J_k$. 由Arzela-Ascoli 定理, $\{u_n\}$ 在 $C[J_k,E]$ 中相对紧. 因此, $\{u_n\}$ 在 $C[J_k,E]$ 中有收敛子列. 根据 (3.3.12), 有 $\{u_n\}$ 在 $C[J_k,E]$ 中收敛. 特别地, $\{u_n(t)\}$ 在 $J_k$ 中一致收敛. 因此, $\{u_n(t)\}$ 在 $J$ 上一致收敛.

不难证明 $\{v_n(t)\}$ 也一致收敛于$J$. 因此, 有

$$
\lim_{n\to+\infty} u_n=u^*,\quad \lim_{n\to+\infty} v_n=v^*,
$$

在 $PC[J,E]$ 上一致收敛.

现在证明 $u^*,v^*$ 是方程 (3.3.1) 在 $[u_0,v_0]$ 中的极值解. 设 $z\in[u_0,v_0]$ 是方程 (3.3.1) 的任意解, 则 $Az=z$. 根据 $u_0\leq z\leq v_0$, (3.3.11), (3.3.12), 可以得到

$$
u_n\leq z\leq v_n. \tag{3.3.15}
$$

因此, 对(3.3.15)取极限, 有 $u^* \le z \le v^*$. 即 $u^*, v^*$ 是方程 (3.3.1) 在 $[u_0, v_0]$ 中的极值解. 因此, (3.3.10)式成立. □

### 3.3.2 解的存在唯一性

**定理3.3.2** 设 $P \subset E$ 为一个正规锥, 且条件 $(\mathrm{G}_1')$—$(\mathrm{G}_3')$ 和 $(\mathrm{G}_5')$ 成立. 设 $u_0, v_0 \in PC^1[J, E]$ 分别为方程 (3.3.1) 的下解和上解, 且 $u_0(t) \le v_0(t)$, $t \in J$. 则方程 (3.3.1) 在 $[u_0, v_0]$ 中存在唯一解 $\bar{u} \in PC^1[J, E]$. 此外, 存在由 (3.3.8), (3.3.9) 定义的单调迭代序列 $\{u_n(t)\}$, $\{v_n(t)\}$ 在 $t \in J$ 处一致收敛到 $\bar{u}(t)$, 并且

$$\|u_n - \bar{u}\|_{PC} \le b^n \|v_0 - u_0\|_{PC},\ n \in N, \tag{3.3.16}$$

其中 $b = \frac{GT}{2(1-r)}(\mathcal{M}T + \sum\limits_{0<t_k<t} 2I_k) + \mathcal{M}T + \sum\limits_{0<t_k<t} I_k < 1$, $\mathcal{M} = r_1 + M + \lambda r_2 k_0 T + \mu r_3 h_0 T$, $r_i = \sup\{r_i(t) \mid t \in J\}$, $I_k = \sup\{I_k(t) \mid t \in J\}$.

**证明:** 根据定理 3.3.1 的证明, 有

$$u_0 \le u_1 \le \cdots \le u_n \le \cdots \le v_n \le \cdots \le v_1 \le v_0. \tag{3.3.17}$$

根据 (3.3.8), (3.3.9) 和 $(\mathrm{G}_5')$, 有

$$\begin{aligned}
\theta \le &(v_n - u_n)(t) \\
= &\frac{1}{1-r} \mathrm{e}^{-\int_0^t M(\tau)\,\mathrm{d}\tau} \Big\{ \int_0^T g(t) \int_0^t [f(s, v_{n-1}(s), \lambda T v_{n-1}(s), \mu S v_{n-1}(s)) \\
&- f(s, u_{n-1}(s), \lambda T u_{n-1}(s), \mu S u_{n-1}(s)) + M(s)(v_{n-1} - u_{n-1})(s)] \\
&\times \mathrm{e}^{-\int_s^t M(\tau)\mathrm{d}\tau} \mathrm{d}s\mathrm{d}t \\
&+ \int_0^T g(t) \sum_{0<t_k<t} \mathrm{e}^{-\int_{t_k}^t M(\tau)\mathrm{d}\tau} [P_k(v_{n-1}(t_k)) - P_k(u_{n-1}(t_k))]\mathrm{d}t \Big\} \\
&+ \int_0^t [f(s, v_{n-1}(s), \lambda T v_{n-1}(s), \mu S v_{n-1}(s)
\end{aligned}$$

$$
\begin{aligned}
&- f(s,u_{n-1}(s),\lambda Tu_{n-1}(s),\mu Su_{n-1}(s))\\
&+ M(s)(v_{n-1}-u_{n-1})(s)]\mathrm{e}^{-\int_s^t M(\tau)\mathrm{d}\tau}\mathrm{d}s\\
&+ \sum_{0<t_k<t}\mathrm{e}^{-\int_{t_k}^t M(\tau)\mathrm{d}\tau}[P_k(v_{n-1}(t_k))-P_k(u_{n-1}(t_k))]\\
\leqslant&\frac{1}{1-r}\{G\int_0^T\int_0^t[(r_1+M)(s)(v_{n-1}-u_{n-1})(s)+\lambda r_2(s)T(v_{n-1}-u_{n-1})(s)\\
&+\mu r_3(s)S(v_{n-1}-u_{n-1})(s)]\mathrm{d}s\mathrm{d}t+G\int_0^T\sum_{0<t_k<t}I_k(v_{n-1}-u_{n-1})(t_k)\mathrm{d}t\}\\
&+\int_0^t[(r_1+M)(s)(v_{n-1}-u_{n-1})(s)+\lambda r_2(s)T(v_{n-1}-u_{n-1})(s)\\
&+\mu r_3(s)S(v_{n-1}-u_{n-1})(s)]\mathrm{d}s+\sum_{0<t_k<t}I_k(v_{n-1}-u_{n-1})(t_k)\\
\leqslant&\frac{1}{1-r}G\{\int_0^T(T-s)\big[(r_1+M)(v_{n-1}-u_{n-1})(s)\\
&+\lambda r_2k_0\int_0^s(v_{n-1}-u_{n-1})(r)\mathrm{d}r+\mu r_3h_0\int_0^T(v_{n-1}-u_{n-1})(r)\mathrm{d}r\big]\,\mathrm{d}s\\
&+\int_0^T\sum_{0<t_k<t}I_k(v_{n-1}-u_{n-1})(t_k)\mathrm{d}t\}\\
&+\int_0^t\big[(r_1+M)(v_{n-1}-u_{n-1})(s)+\lambda r_2k_0\int_0^s(v_{n-1}-u_{n-1})(r)\mathrm{d}r\\
&+\mu r_3h_0\int_0^T(v_{n-1}-u_{n-1})(r)\mathrm{d}r\big]\mathrm{d}s+\sum_{0<t_k<t}I_k(v_{n-1}-u_{n-1})(t_k).
\end{aligned}
\tag{3.3.18}
$$

根据上式, 容易证明

$$
\begin{aligned}
&|(v_n-u_n)(t)|\\
\leqslant&[\frac{GT}{2(1-r)}(\mathcal{M}T+\sum_{0<t_k<t}2I_k)+\mathcal{M}T+\sum_{0<t_k<t}I_k]\|v_{n-1}-u_{n-1}\|_{PC}\\
\equiv&b\|v_{n-1}-u_{n-1}\|_{PC},
\end{aligned}
$$

其中 $\mathcal{M}=r_1+M+\lambda r_2k_0T+\mu r_3h_0T$.

因此

$$\|v_n - u_n\|_{PC} \leq b^n \|v_0 - u_0\|_{PC}. \tag{3.3.19}$$

根据 (3.3.17), 对于任意正整数 $m, n$, 有

$$\theta \leq u_{n+m} - u_n \leq v_n - u_n,\ \theta \leq v_n - v_{n+m} \leq v_n - u_n.$$

于是, 根据锥$P$的正规性和 (3.3.19), 可知

$$\begin{aligned} &\|u_{n+m} - u_n\|_{PC} \leq \|v_n - u_n\|_{PC} \leq b^n \|v_0 - u_0\|_{PC}, \\ &\|v_n - v_{n+m}\|_{PC} \leq \|v_n - u_n\|_{PC} \leq b^n \|v_0 - u_0\|_{PC}. \end{aligned} \tag{3.3.20}$$

因此, 由 (3.3.20) 和 $b < 1$ 知, $\{u_n\}, \{v_n\}$ 是 $PC^1[J, E]$ 中的Cauchy序列. 故存在 $u^*, v^* \in PC^1[J, E]$, 使得 $u_n \to u^*$, $v_n \to v^*(n \to \infty)$. 根据 (3.3.17), 知 $u_n \leq u^* \leq v^* \leq v_n$ $(n = 1, 2, \cdots)$. 因此, 根据 (3.3.19), 容易得到

$$\|v^* - u^*\|_{PC} \leq \|v_n - u_n\|_{PC} \to 0 \quad (n \to \infty),$$

由此可得, $u^* = v^* \Delta q \bar{u}$, 即 $\lim\limits_{n\to\infty} u_n = \lim\limits_{n\to\infty} v_n = \bar{u}$.

对 (3.3.8) (或 (3.3.9)) 取极限, 有

$$\begin{aligned} \bar{u}(t) =& \frac{1}{1-r} \mathrm{e}^{-\int_0^t M(\tau)\mathrm{d}\tau} \Big\{ \int_0^T g(t) \Big( \int_0^t [f(s, \bar{u}(s), \lambda T\bar{u}(s), \mu S\bar{u}(s)) + M(s)\bar{u}(s)] \\ & \times \mathrm{e}^{-\int_s^t M(\tau)\mathrm{d}\tau} \mathrm{d}s \Big) \mathrm{d}t + \int_0^T g(t) \Big( \sum_{0<t_k<t} \mathrm{e}^{-\int_{t_k}^t M(\tau)\mathrm{d}\tau} P_k(\bar{u}(t_k)) \Big) \mathrm{d}t \Big\} \\ & + \int_0^t [f(s, \bar{u}(s), \lambda T\bar{u}(s), \mu S\bar{u}(s)) + M(s)\bar{u}(s)] \mathrm{e}^{-\int_s^t M(\tau)\mathrm{d}\tau} \mathrm{d}s \\ & + \sum_{0<t_k<t} \mathrm{e}^{-\int_{t_k}^t M(\tau)\mathrm{d}\tau} P_k(\bar{u}(t_k)). \end{aligned}$$

容易证明$\bar{u}(t)$是方程(3.3.1) 在 $[u_0, v_0]$中的解. 如果存在 $\bar{v}(t) \in [u_0, v_0]$ 且 $\bar{v}(t)$ 也是方程(3.3.1) 的解, 那么$A\bar{v} = \bar{v}$, 同时可得 $\bar{u} \leq \bar{v} \leq \bar{u}$, 即 $\bar{u} = \bar{v}$.

因此, $\bar{u}$ 是方程 (3.3.1) 在 $[u_0, v_0]$ 中的唯一解. 对 (3.3.20) 取极限, 可得 (3.3.16) 式. □

### 3.3.3 例子

**例3.3.1** 考虑以下非线性脉冲积分微分方程的积分边值问题:

$$\begin{cases} x_n' = 2t[\dfrac{1}{4n^2} - x_n] + \dfrac{1}{n}[\displaystyle\int_0^t \mathrm{e}^{-ts} x_{2n}(s)\mathrm{d}s]^2 \\ \qquad + \dfrac{1}{2n}[\displaystyle\int_0^1 \dfrac{tsx_n(s)}{1+t+s}\mathrm{d}s]^3,\ \forall\ 0 \le t \le 1,\ t \ne \dfrac{1}{2}, \\ \Delta x_n(\dfrac{1}{2}) = \dfrac{1}{5}x_n(\dfrac{1}{2}), \\ x_n(0) = \displaystyle\int_0^1 \dfrac{sx_n(s)}{2\mathrm{e}^8}\mathrm{d}s,\ (n = 1, 2, \cdots). \end{cases} \tag{3.3.21}$$

**结论:** 方程 (3.3.21) 存在极值解, 这些解在 $[0, \frac{1}{2}) \cup (\frac{1}{2}, 1]$ 上连续可微，并且满足

$$0 \le x_n(t) \le \begin{cases} \frac{1}{n^2}, & \forall\ 0 \le t \le \frac{1}{2}, \\ \frac{1}{n^2}(2-t), & \forall\ \frac{1}{2} < t \le 1, \end{cases} \quad n = 1, 2, \cdots.$$

**证明:** 设 $T = \lambda = \mu = 1,\ E = c_0 = \{x = (x_1, \cdots, x_n, \cdots) \mid x_n \to 0\}$, 范数为$\|x\| = \sup\limits_n |x_n|$, 且$P = \{x = (x_1, \cdots, x_n, \cdots) \in c_0 \mid x_n \ge 0,\ n = 1, 2, \cdots\}$. 则$P$为$E$中的正规锥, 且 (3.3.21) 可视为$E$中形如(3.3.1)的问题. 此时, $k(t,s) = \mathrm{e}^{-ts}$, $h(t,s) = ts(1+t+s)^{-1}$, $g(t) = \frac{1}{2}\mathrm{e}^{-8}t$, $x = (x_1, \cdots, x_n, \cdots)$, $y = (y_1, \cdots, y_n, \cdots)$, $z = (z_1, \cdots, z_n, \cdots)$, 且 $f = (f_1, \cdots, f_n, \cdots)$, 其中

$$f_n(t,x,y,z) = \frac{t}{2n^2} - 2tx_n + \frac{1}{n}y_{2n}^2 + \frac{1}{2n}z_n^3, \tag{3.3.22}$$

$m = 1,\ t_1 = \dfrac{1}{2}$, 且

$$P_1(x) = \frac{1}{5}x,\ \forall\ x \in E = c_0. \tag{3.3.23}$$

可知，$f \in C[J \times E \times E \times E, E]$, $g \in C[J, \mathbb{R}^+]$, 且 $P_1 \in C[E, E]$, 即 $(\mathrm{G}_1')$

成立. 设

$$u_0(t)=(0,\cdots,0,\cdots),\ \forall\ 0\le t\le 1,$$

$$v_0(t)=\begin{cases}(1,\cdots,\frac{1}{n^2},\cdots), & \forall\ 0\le t\le \frac{1}{2},\\ (2-t,\cdots,\frac{1}{n^2}(2-t),\cdots), & \forall\ \frac{1}{2}<t\le 1,\end{cases}$$

可得

$$u_0'(t)=(0,\cdots,0,\cdots),\ \forall\ 0\le t\le 1,$$

$$v_0'(t)=\begin{cases}(0,\ldots,0,\cdots), & \forall\ 0\le t<\frac{1}{2},\\ (-1,\cdots,-\frac{1}{n^2},\cdots), & \forall\ \frac{1}{2}<t\le 1.\end{cases}$$

因此, $u_0,v_0\in PC^1[J,E]$, $u_0(t)\le v_0(t)$ $(t\in J)$, 且

$$f_n(t,u_0(t),(Tu_0)(t),(Su_0)(t))=\frac{t}{2n^2}\ge 0,\ \forall\ t\in J,$$

$$f_n(t,v_0(t),(Tv_0)(t),(Sv_0)(t))\le\begin{cases}-\dfrac{3}{4n^2}+\dfrac{1}{64n^2}+\dfrac{1}{16n^2}<0,\ 0\le t\le\dfrac{1}{2},\\ \dfrac{3}{2n^2}+\dfrac{1}{4n^2}+\dfrac{4}{27n^2}<-\dfrac{1}{n^2},\ \dfrac{1}{2}<t\le 1,\end{cases}$$

$$\Delta u_0\Big(\frac{1}{2}\Big)=(0,\cdots,0,\cdots)=P_1\Big(u_0\Big(\frac{1}{2}\Big)\Big),$$

$$\Delta v_0\Big(\frac{1}{2}\Big)=\Big(\frac{1}{2},\cdots,\frac{1}{2n^2},\cdots\Big)\ge P_1\Big(v_0\Big(\frac{1}{2}\Big)\Big),$$

$$u_0(0)=(0,\cdots,0,\cdots)=\int_0^1\frac{1}{2\mathrm{e}^8}su_0(s)\mathrm{d}s,$$

$$v_0(0)=\Big(1,\cdots,\frac{1}{n^2},\cdots\Big)\ge\Big(\frac{7}{24\mathrm{e}^8},\cdots,\frac{7}{24\mathrm{e}^8n^2},\cdots\Big)=\int_0^1\frac{1}{2\mathrm{e}^8}sv_0(s)\mathrm{d}s.$$

因此, $u_0,v_0$ 分别是 (3.3.21) 的下解和上解. 另一方面, 当 $u_0(t)\le\bar{x}\le x\le v_0(t)$, $(Tu_0)(t)\le\bar{y}\le y\le(Tv_0)(t)$, 且 $(Su_0)(t)\le\bar{z}\le z\le(Sv_0)(t)$, 时, 有

$$\begin{aligned}f_n(t,x,y,z)-f_n(t,\bar{x},\bar{y},\bar{z})&=-2t\big(x_n-\bar{x}_n\big)+\frac{1}{n}(y_{2n}^2-\bar{y}_{2n}^2)-\frac{1}{2n}(z_n^3-\bar{z}_n^3)\\&\ge -2t(x_n-\bar{x}_n),\ (n=1,2,\cdots),\end{aligned}$$

$$r \equiv \int_0^1 \frac{1}{2\mathrm{e}^8} t\mathrm{e}^{-\int_0^t 2\tau\,\mathrm{d}\tau}\mathrm{d}t = \frac{1}{4}\mathrm{e}^{-9}(\mathrm{e}-1) \in [0,1),$$

并且

$$P_1(x) \geq P_1(\bar{x}),\ \forall\, x \in E. \tag{3.3.24}$$

因此, 当 $M(t)=2t$ 且 $r\in[0,1)$ 时, $(\mathrm{G}_2')$ 满足. 此外, 从 (3.3.24) 式可知, 满足 $(\mathrm{G}_3')$. 容易证明 $\alpha(\{f(t,x_n,y_n,z_n)\}) \leq 2\alpha(\{x_n\})$. 另一方面, 当$M=c_1=2$, $c_2=c_3=0$, $G=\frac{1}{2}\mathrm{e}^{-8}$, $k_0=1$, $h_0=\frac{1}{3}$ 时, 满足 $(\mathrm{G}_4')$ 中的条件 (1). 因此, $(\mathrm{G}_4')$ 满足.

最后, 根据定理 3.3.1 得出方程 (3.3.21) 存在极值解. □

## 3.4 小结

本章主要探讨了一阶脉冲积微分方程的初值和边值问题.

其中, 3.1节利用半序方法和单调迭代技术, 研究了一阶脉冲积微分方程的初值问题, 探讨了其解的存在性与多重性. 定理3.1.1和定理3.1.2选自郭大钧著《非线性分析中的半序方法》[3]. 推论3.1.1选自郭大钧, 刘新芝论文中的结论[11].

3.2节建立了新的比较原理, 并利用单调迭代技术, 证明了具有非线性边界条件的一阶脉冲积微分方程边值问题极值解的存在性, 内容选自张丽红论文所得结论[12].

3.3节主要研究实 Banach 空间中一阶脉冲积微分方程的积分边值问题, 通过锥理论和单调迭代技术探讨了极值解和唯一解的存在性. 引理3.3.2 和引理3.3.3 选自郭大钧, Lakshmikantham和刘新芝所著《Nonlinear integral equations in abstract spaces》[13]. 其余内容选自王国涛, 张丽红和宋光兴论文中的结果[14].

# 第 4 章 二阶脉冲微分方程

二阶脉冲微分方程结合了二阶导数和脉冲效应, 它不仅描述了系统随时间连续变化的过程, 还特别考虑了在某些时间点或条件下, 系统发生突变的情况. 这种结合连续与离散特性的方程形式, 使得二阶脉冲微分方程能够精准地刻画现实世界中一些普遍存在的瞬态现象, 如生态系统内因季节变迁触发的种群数量跳跃、电路中因开关动作引发的电流电压瞬变等.

本章将针对二阶脉冲微分方程的初值与边值问题展开深入研究, 考虑二阶脉冲微分方程解的存在性、唯一性以及多重性等性质, 进一步对初值问题的最优控制进行研究.

## 4.1 二阶脉冲微分方程初值问题

### 4.1.1 解的存在唯一性

研究下面二阶脉冲微分方程初值问题:

$$
\begin{cases}
-x'' = f(t,x), \quad t \in (0,T) \setminus \{t_1, \cdots, t_m\}, \\
\Delta x|_{t=t_k} = I_k(x(t_k)), \quad k = 1, 2, \cdots, m, \\
\Delta x'|_{t=t_k} = \bar{I}_k(x(t_k), \quad k = 1, 2, \cdots, m, \\
x(0) = a, \\
x'(0) = b,
\end{cases} \tag{4.1.1}
$$

其中$T > 0$ 是任意有限正实数, $f$ 是在 $C[[0,T] \times \mathbb{R}, \mathbb{R}]$ 上给定的函数, $0 < t_1 < t_2 < \cdots < t_m < T$, $\Delta x|_{t=t_k} = x(t_k^+) - x(t_k^-)$, $\Delta x'|_{t=t_k} = x'(t_k^+) - x'(t_k^-)$,

$x(t_k^+)$, $x'(t_k^+)$, $(x(t_k^-)$ 和 $x'(t_k^-))$ 分别表示 $x(t)$ 和 $x'(t)$ 在 $t=t_k$ 的右极限(左极限). $I_k$ 和 $\bar{I}_k$ 是在 $C[\mathbb{R},\mathbb{R}]$ 上的函数, $k=1,2,\cdots,m$. $a>0$ , $b\geq 0$ 且为常数.

设$J:=[0,T]$ 和集合 $D:=\{t_1,t_2,\cdots,t_m\}\subset(0,T)$ 满足 $0<t_1<t_2<\cdots<t_m<T$.

记 $J_0:=[0,t_1]$, $J_1:=(t_1,t_2],\cdots,J_{m-1}:=(t_{m-1},t_m]$, $J_m:=(t_m,T]$及 $J':=J\backslash D$. 定义 $PC[J,\mathbb{R}]:=\{x|x:J\to\mathbb{R},x(t)$ 在 $t\neq t_k$ 连续并且在 $t=t_k$ 左连续, $x(t_k^+)$ 存在, $k=1,2,\cdots,m\}$. $PC[J,\mathbb{R}]$ 是Banach空间且范数 $\|x\|_{PC}:=\sup\limits_{t\in J}|x(t)|$. $PC^1[J,\mathbb{R}]:=\{x\in PC[J,\mathbb{R}]|x'(t)$ 在 $t\neq t_k$ 连续且在 $t=t_k$ 左连续, $x'(t_k^+)$ 存在, $k=1,2,\cdots,m\}$ 是Banach空间, 且范数$\|x\|_{PC^1}:=\|x\|_{PC}+\|x'\|_{PC}$.

**定理4.1.1** 设$h>\theta$, $P$是正规锥. 假设:

$(\mathrm{B}_1)$ 算子$A:P\to P$是增的且 $Ah\in P_h$;

$(\mathrm{B}_2)$ 任意 $x\in P$ 和 $\lambda\in(0,1)$, 存在 $\alpha(\lambda)\in(\lambda,1]$, $A(\lambda x)\geq\alpha(\lambda)Ax$.

则

(1) 存在 $u_0,v_0\in P_h$ 和 $r\in(0,1)$ 满足 $rv_0\leq u_0<v_0$ 且 $u_0\leq Au_0\leq Av_0\leq v_0$;

(2) 算子方程$x=Ax$在$P_h$上有唯一解.

**引理4.1.1** 设 $f\in C[J\times\mathbb{R},\mathbb{R}]$, $x\in PC^1[J,\mathbb{R}]\cap C^2[J',\mathbb{R}]$ 是 (4.1.1) 在 $J$ 上一个解当且仅当 $x\in PC^1[J,\mathbb{R}]$ 是下面积分方程的一个解:

$$\begin{aligned}x(t)=\;&a+bt-\int_0^t(t-s)f(s,x(s))\mathrm{d}s\\&+\sum_{0<t_k<t}I_k(x(t_k))+\sum_{0<t_k<t}(t-t_k)\bar{I}_k(x(t_k)),\quad\forall\, t\in J.\end{aligned}\tag{4.1.2}$$

定义算子 $A: PC[J,\mathbb{R}] \to PC[J,\mathbb{R}]$,

$$\begin{aligned} Ax(t) :=& a + bt - \int_0^t (t-s)f(s,x(s))\mathrm{d}s \\ &+ \sum_{0<t_k<t} I_k(x(t_k)) + \sum_{0<t_k<t} (t-t_k)\bar{I}_k(x(t_k)). \end{aligned} \tag{4.1.3}$$

**引理4.1.2** 设 $f \in C[J\times\mathbb{R},\mathbb{R}]$. $x \in PC^1[J,\mathbb{R}] \cap C^2[J',\mathbb{R}]$ 是 (4.1.1) 在 $J$的解等价于 $x \in PC^1[J,\mathbb{R}]$ 是算子 $A$ 的不动点, 其中 $A: PC[J,\mathbb{R}] \to PC[J,\mathbb{R}]$是 (4.1.3) 定义的算子.

**定理4.1.2** 假设下面条件 $(\mathrm{B}_1')$—$(\mathrm{B}_4')$:

$(\mathrm{B}_1')$ $f \in C[J\times\mathbb{R},\mathbb{R}]$ 满足 $f(t,0) \le 0$ 和 $f(t,\frac{1}{2}) < 0$, $\forall t \in J$, $f(t,x)$在 $x \in [0,+\infty)$ 上递减, $\forall\, t \in J$;

$(\mathrm{B}_2')$ $I_k \in C[\mathbb{R},\mathbb{R}]$ 且 $\bar{I}_k \in C[\mathbb{R},\mathbb{R}]$ 满足 $I_k(0) \ge 0$和$\bar{I}_k(0) \ge 0$, 且 $I_k(x)$ 和 $\bar{I}_k(x)$ 在 $x \in [0,+\infty)$上递增, $k = 1,2,\cdots,m$;

$(\mathrm{B}_3')$ 对任意的 $\lambda \in (0,1)$, $x \ge 0$, 存在 $\alpha_1(\lambda), \alpha_2(\lambda), \alpha_3(\lambda) \in (\lambda, 1]$, $k = 1,2,\cdots,m$, 满足

$$\begin{aligned} f(t,\lambda x) &\le \alpha_1(\lambda) f(t,x), \\ I_k(\lambda x) &\ge \alpha_2(\lambda) I_k(x), \\ \bar{I}_k(\lambda x) &\ge \alpha_3(\lambda)\bar{I}_k(x); \end{aligned} \tag{4.1.4}$$

$(\mathrm{B}_4')$ 存在一个常数 $C_f > 0$ 满足

$$|f(t,x) - f(t,y)| \le C_f |x-y|,$$

存在正常数 $C_k > 0$ 和 $\bar{C}_k > 0$ 满足

$$\begin{aligned}&|I_k(x) - I_k(y)| \le C_k|(x-y)|, \quad \forall\, t \in J,\ k = 1, 2, \cdots, m,\\&|\bar{I}_k(x) - \bar{I}_k(y)| \le \bar{C}_k|(x-y)|, \quad \forall\, x, y \in [0, +\infty),\end{aligned} \tag{4.1.5}$$

则对任意正常数 $T > 0$, $a > 0$, $b \ge 0$, 二阶脉冲微分方程初值问题 (4.1.1) 在 $J$ 上存在唯一正解.

**证明:** 设$\widetilde{P} := \{x \in PC[J, \mathbb{R}] | x(t) \ge 0, t \in J\}$. $\widetilde{P}$ 在 $PC[J, \mathbb{R}]$上是一个正规锥且正规常数是 1. 设 $A : PC[J, \mathbb{R}] \to PC[J, \mathbb{R}]$ 是通过 (4.1.3) 定义的算子, 接下来证明$A : \widetilde{P} \to \widetilde{P}$ 是增的凹算子, 在 $J$ 上 (4.1.1) 的正解是 $A : \widetilde{P} \to \widetilde{P}$ 的不动点.

首先证明算子$A : \widetilde{P} \to \widetilde{P}$ 是增的. 如果$x \in \widetilde{P}$, 由 ($B_1'$) 和 ($B_2'$) 可得对任意的 $t \in J$, $k = 1, 2, \cdots, m$ 有

$$\begin{aligned}&f(t, x(t)) \le f(t, 0) \le 0,\\&I_k(x(t_k)) \ge I_k(0) \ge 0,\\&\bar{I}_k(x(t_k)) \ge \bar{I}_k(0) \ge 0,\end{aligned} \tag{4.1.6}$$

因此, 有 $Ax \ge 0, \forall x \in \widetilde{P}$.

此外, 引理 4.1.1 的类似证明可得 $Ax \in PC[J, \mathbb{R}]$, 在 $\widetilde{P}$ 上 $A$ 是自映射. 显然, 由 (4.1.3), ($B_1'$) 和 ($B_2'$) 得 $A : \widetilde{P} \to \widetilde{P}$ 是增的.

其次证明 ($B_2$), $A : \widetilde{P} \to \widetilde{P}$ 是凹的.

令

$$\alpha(\lambda) := \min\{\alpha_1(\lambda), \alpha_2(\lambda), \alpha_3(\lambda)\}, \quad \lambda \in (0, 1).$$

从 ($B_3'$) 可知 $\alpha(\lambda) \in (\lambda, 1]$.

因此, 由 (4.1.3) 和 $(B_3')$ 知

$$\begin{aligned}A(\lambda x)(t) &= a+bt-\int_0^t (t-s)f(s,\lambda x(s))\mathrm{d}s \\ &\quad + \sum_{0<t_k<t} I_k(\lambda x(t_k)) + \sum_{0<t_k<t}(t-t_k)\bar{I}_k(\lambda x(t_k)) \\ &\geq a+bt+\alpha_1(\lambda)[-\int_0^t (t-s)f(s,x(s))\mathrm{d}s] \\ &\quad + \alpha_2(\lambda)\sum_{0<t_k<t} I_k(x(t_k)) + \alpha_3(\lambda)\sum_{0<t_k<t}(t-t_k)\bar{I}_k(x(t_k)) \\ &\geq \alpha(\lambda)\{\ a+bt-\int_0^t (t-s)f(s,x(s))\mathrm{d}s \\ &\quad + \sum_{0<t_k<t} I_k(x(t_k)) + \sum_{0<t_k<t}(t-t_k)\bar{I}_k(x(t_k))\} \\ &= \alpha(\lambda)Ax(t).\end{aligned} \tag{4.1.7}$$

则对所有的 $x\in\widetilde{P}$ 和 $\lambda\in(0,1)$ 有 $A(\lambda x)\geq\alpha(\lambda)Ax$. 因此 $(B_2)$ 条件成立.

定义函数 $h$ 如下

$$h(t):=\frac{1}{2}+\int_0^t (t-s)\mathrm{d}s=\frac{1}{2}+\frac{t^2}{2}. \tag{4.1.8}$$

由 (4.1.8) 知 $\frac{1}{2}\leq h(t)\leq\frac{1}{2}+\frac{T^2}{2}$.

最后证明 $Ah\in\widetilde{P}_h$.

令

$$\begin{aligned}r_1 &:= \min_{t\in[0,T]}\{-f(t,\frac{1}{2})\}, \\ r_2 &:= \max_{t\in[0,T]}\{-f(t,\frac{1}{2}+\frac{T^2}{2})\}, \\ r_3 &:= \min\{2a,r_1\}.\end{aligned}$$

从 $(B_1')$ 和 $a>0$, 可知 $r_2\geq r_1\geq r_3>0$. 进一步, 由 $(B_1')$ , $(B_2')$, $a>0$, $b\geq 0$

得

$$\begin{aligned}Ah(t) &= a+bt-\int_0^t (t-s)f(s,h(s))\mathrm{d}s \\ &\quad +\sum_{0<t_k<t} I_k(h(t_k))+\sum_{0<t_k<t}(t-t_k)\bar{I}_k(h(t_k)) \\ &\ge a-\int_0^t (t-s)f(s,\frac{1}{2})\mathrm{d}s \\ &\ge a+r_1\int_0^1 (t-s)\mathrm{d}s \\ &\ge \min\{2a,r_1\}h(t)=r_3h(t).\end{aligned} \tag{4.1.9}$$

另外

$$\begin{aligned}Ah(t) =& a+bt-\int_0^t (t-s)f(s,h(s))\mathrm{d}s \\ &+\sum_{0<t_k<t} I_k(h(t_k))+\sum_{0<t_k<t}(t-t_k)\bar{I}_k(h(t_k)) \\ \le& a+bT-\int_0^t (t-s)f(s,\frac{1}{2}+\frac{T^2}{2})\mathrm{d}s \\ &+\sum_{k=1}^m I_k(\frac{1}{2}+\frac{T^2}{2})+\sum_{k=1}^m \bar{I}_k(\frac{1}{2}+\frac{T^2}{2}) \\ \le& 2[a+bT+r_2+\sum_{k=1}^m I_k(\frac{1}{2}+\frac{T^2}{2})+\sum_{k=1}^m \bar{I}_k(\frac{1}{2}+\frac{T^2}{2})]h(t).\end{aligned}$$

因此, 可以得到

$$r_3h\le Ah\le 2[a+bT+r_2+\sum_{k=1}^m I_k(\frac{1}{2}+\frac{T^2}{2})+\sum_{k=1}^m \bar{I}_k(\frac{1}{2}+\frac{T^2}{2})]h,$$

即 $Ah\in\widetilde{P}_h$.

因此, 算子 $A:\widetilde{P}\to\widetilde{P}$ 满足定理 4.1.1 中的条件 $(\mathrm{B}_1)$ 和 $(\mathrm{B}_2)$. 由定理 4.1.1, 得到算子 $A$ 在 $\widetilde{P}_h$ 上有唯一解, 在 $J$ 上存在一个正解, 其中 $h$ 是 (4.1.8) 定义的函数. □

### 4.1.2 最优控制问题

研究下面二阶脉冲微分方程的最优控制问题:

$$\begin{cases} -x''(t)=f(t,x(t))+u(t), & t\in(0,T)\setminus\{t_1,\cdots,t_m\}, \\ \Delta x|_{t=t_k}=I_k(x(t_k)), & k=1,2,\cdots,m, \\ \Delta x'|_{t=t_k}=\bar{I}_k(x(t_k)), & k=1,2,\cdots,m, \\ x(0)=a, \\ x'(0)=b, \end{cases} \tag{4.1.10}$$

其中$T>0$ 是任意有限正实数, $J=[0,T]$, $f$ 是在 $C[J\times\mathbb{R},\mathbb{R}]$ 上的给定函数, $u$是在 $J$ 上的给定函数, $0<t_1<t_2<\cdots<t_m<T$, $\Delta x|_{t=t_k}=x(t_k^+)-x(t_k^-)$, $\Delta x'|_{t=t_k}=x'(t_k^+)-x'(t_k^-)$, $x(t_k^+)$ 和 $x'(t_k^+)$, $(x(t_k^-)$和$x'(t_k^-))$ 分别表示$x(t)$ 和 $x'(t)$ 在 $t=t_k$ 的右极限(左极限). $I_k$ 和 $\bar{I}_k$是在$C[\mathbb{R},\mathbb{R}]$上的函数, 且常数 $a>0$, $b\geq 0$.

**问题(OP)**. 可找到一个最优控制$u^*\in\mathcal{U}_M$ 满足

$$\pi(u^*)=\inf_{u\in\mathcal{U}_M}\pi(u).$$

$\mathcal{U}_M$ 是一个控制空间

$$\mathcal{U}_M:=\left\{u\in L^2(0,T)\,|-M\leq u(t)\leq 0,\ \forall t\in[0,T]\right\}, \tag{4.1.11}$$

其中$M$是一个固定的正数并且$\pi(u)$是价值函数定义为

$$\pi(u):=\frac{1}{2}\int_0^T\left|(x-x_d)(t)\right|^2\mathrm{d}t+\frac{1}{2}|x(T)|^2+\frac{1}{2}\int_0^T|u(t)|^2\mathrm{d}t, \tag{4.1.12}$$

其中$u\in\mathcal{U}_M$, 函数$x$是带控制源项 $u$ 的问题(4.1.10) 的唯一正解, 且 $x_d$ 是在 $L^2(0,T)$ 上给定的期望值.

**注 4.1.1** 设 $PC[J,\mathbb{R}]=\{x|x:J\to\mathbb{R},\ x(t)$ 在 $t\neq t_k$ 连续, 在 $t=t_k$ 左连续, $x\left(t_k^+\right)$ 存在, $k=1,2,\cdots,m\}$. 易知 $PC[J,\mathbb{R}]$ 是 Banach 空间且范数

$\|x\|_{PC} = \sup\limits_{t\in J}|x(t)|$. $H = L^2(J)$ 表示常用的实 Hilbert 空间.

为了证明 (4.1.10) 中正解的连续依赖性结果，给出以下假设条件和关键引理.

列出以下假设条件:

($D_1$) $f: J\times\mathbb{R}\to\mathbb{R}$, $f(t,0)\le 0$ 和 $f(t,\frac{1}{2})<0$, $\forall t\in J$ 且 $f(t,x)$ 递减, $\forall t\in J$ 和 $x\in[0,\infty]$.

($D_2$) $I_k\in C[\mathbb{R},\mathbb{R}]$, $\bar{I}_k\in C[\mathbb{R},\mathbb{R}]$, $k=1,2,\cdots,m$, 满足 $I_k(0)\ge 0$, $\bar{I}_k(0)\ge 0$, 且 $I_k(x)$, $\bar{I}_k(x)$ 在 $x\in[0,\infty)$ 递增.

($D_3$) 对任意的 $\lambda\in(0,1)$, $x\ge 0$, $k=1,2,\cdots,m$, 存在 $\alpha_1(\lambda),\alpha_2(\lambda),\alpha_3(\lambda)\in(\lambda,1]$ 满足

$$f(t,\lambda x)\le\alpha_1(\lambda)f(t,x),$$

$$I_k(\lambda x)\ge\alpha_2(\lambda)I_k(x),$$

$$\bar{I}_k(\lambda x)\ge\alpha_3(\lambda)\bar{I}_k(x).$$

($D_4$) 存在常数 $C_f>0$ 满足

$$|f(t,x)-f(t,y)|\le C_f|x-y|,\quad \forall\, t\in J,\ x,y\in[0,\infty).$$

存在正数 $C_k>0$, 满足

$$|I_k(x)-I_k(y)|\le C_k|x-y|,\quad k=1,2,\cdots,m,$$

$$\left|\bar{I}_k(x)-\bar{I}_k(y)\right|\le\bar{C}_k|x-y|,\quad \forall\, x,y\in[0,\infty).$$

($D_5$) $x_d$ 是在 $H$ 内给定的期望值.

**引理4.1.3** 设$\{u_n\}\subset H$, $Q: H\to C[J,\mathbb{R}]$ 是一个算子, 定义为

$$(Qz)(t) := \int_0^t (t-s)z(s)\mathrm{d}s,\quad \forall\, z\in H,\ \forall\, t\in J. \tag{4.1.13}$$

假设当 $n\to\infty$ 时, $u_n\to u$ 在 $H$ 上弱收敛, 则对某些 $u\in H$, 有

$$Qu_n\to Qu,\ n\to\infty. \tag{4.1.14}$$

**证明:** 当 $n\to\infty$ 时, $u_n\to u$ 在 $H$ 上弱收敛,

$$Qu_n(t)=\int_0^t(t-s)u_n(s)\mathrm{d}s\to\int_0^t(t-s)u(s)\mathrm{d}s=Qu(t),$$

同时, 由 Hölder 不等式可以得到

$$\begin{aligned}|(Qu_n(t)-Qu_n(\tau)| &=|\int_\tau^t(t-s)u_n(s)\mathrm{d}s+\int_0^\tau(t-\tau)u_n(s)\mathrm{d}s|\\ &\le 2\sqrt{T}|t-\tau|\ ||u_n||_H,\end{aligned}\tag{4.1.15}$$

即 $\{Qu_n\}\subset C[J,\mathbb{R}]$ 是等度连续的.

因此由 Ascoli-Arzela 定理推断出引理 4.1.3 成立. □

**定理4.1.3** 假设 $(\mathrm{D}_1)-(\mathrm{D}_5)$ 成立. 设 $\{u_n\}\subset\mathcal{U}_M$, $u\in\mathcal{U}_M$, 其中 $\mathcal{U}_M$ 是根据 (4.1.11) 定义的控制空间. 若 $n\to\infty$ 时, $u_n\to u$ 在 $H$ 上弱收敛. 则 (4.1.10) 在 $J$ 中的唯一正解 $x_n$ 收敛于 $x$, 即 $x_n\to x$, $n\to\infty$.

**证明:** $x_n$ 是 (4.1.10) 在 $J$ 中的解当且仅当

$$\begin{aligned}x_n(t)=a+bt-&\int_0^t(t-s)f(s,x_n(s))\mathrm{d}s-\int_0^t(t-s)u_n(s)\mathrm{d}s\\ &+\sum_{0<t_k<t}I_k(x_n(t_k))+\sum_{0<t_k<t}(t-t_k)\bar{I}_k(x_n(t_k)),\quad\forall\, t\in J.\end{aligned}\tag{4.1.16}$$

令 $t\in J_0=[0,t_1]\subset J$, 由 $(\mathrm{D}_4)$ 得到

$$\begin{aligned}&|x_n(t)-x(t)|\\ &\le|\int_0^t(t-s)f(s,x_n(s))\mathrm{d}s-\int_0^t(t-s)f(s,x(s))\mathrm{d}s|\\ &\quad+|\int_0^t(t-s)u_n(s)\mathrm{d}s-\int_0^t(t-s)u(s)\mathrm{d}s|\\ &\le TC_f\int_0^t|x_n(s)-x(s)|\mathrm{d}s+|(Qu_n)(t)-(Qu)(t)|\\ &\le TC_f\int_0^t|x_n(s)-x(s)|\mathrm{d}s+\|Qu_n-Qu\|_{C[J,\mathbb{R}]},\end{aligned}\tag{4.1.17}$$

其中 $Q$ 是在 (4.1.13) 中定义的函数.

对 (4.1.17) 应用 Gronwall类不等式, 得到

$$\int_0^t |x_n(s)-x(s)|\mathrm{d}s \le T\mathrm{e}^{T^2C_f}\|Qu_n-Qu\|_{C[J,\mathbb{R}]}, \tag{4.1.18}$$

因此, 从 (4.1.17) 和 (4.1.18) 得

$$\begin{aligned}
&|x_n(t)-x(t)| \\
&\le T^2C_f\mathrm{e}^{T^2C_f}\|Qu_n-Qu\|_{C[J,\mathbb{R}]}+\|Qu_n-Qu\|_{C[J,\mathbb{R}]} \\
&\equiv N_1\|Qu_n-Qu\|_{C[J,\mathbb{R}]}, \quad \forall\, t\in J_0=[0,t_1].
\end{aligned} \tag{4.1.19}$$

根据(4.1.19)和($D_4$), 有

$$\begin{aligned}
&|x_n(t_1^+)-x(t_1^+)| \\
&=|x_n(t_1)+I_1(x_n(t_1))-x(t_1)-I_1(x(t_1))| \\
&\le (1+C_1)|x_n(t_1)-x(t_1)| \\
&\le (1+C_1)N_1\|Qu_n-Qu\|_{C[J,\mathbb{R}]} \\
&\equiv N_1'\|Qu_n-Qu\|_{C[J,\mathbb{R}]}.
\end{aligned} \tag{4.1.20}$$

下一步, 考虑区间 $J_1=(t_1,t_2]$. 由 (4.1.19) 和 ($D_4$) 可知

$$\begin{aligned}
|x_n(t)-x(t)| \le &\left|\int_0^t (t-s)f(s,x_n(s))\mathrm{d}s-\int_0^t (t-s)f(s,x(s))\mathrm{d}s\right| \\
&+\left|\int_0^t (t-s)u_n(s)\mathrm{d}s-\int_0^t (t-s)u(s)\mathrm{d}s\right| \\
&+|I_1(x_n(t_1))-I_1(x(t_1))|+|(t-t_1)(\bar{I}_1(x_n(t_1))-\bar{I}_1(x(t_1)))| \\
\le &TC_f\int_0^t |x_n(s)-x(s)|\mathrm{d}s+|(Qu_n)(t)-(Qu)(t)| \\
&+C_1|x_n(t_1)-x(t_1)|+T\bar{C}_1|x_n(t_1)-x(t_1)|
\end{aligned}$$

$$\begin{aligned}&\le TC_f\int_0^t |x_n(s)-x(s)|\mathrm{d}s\\&\quad+(1+C_1N_1+T\bar{C}_1N_1)\|Qu_n-Qu\|_{C[J,\mathbb{R}]},\end{aligned}$$

类似 (4.1.18) 和 (4.1.19) 中的讨论, 可以选取常数 $N_2>0$, 使得对任意的 $t\in J_1=(t_1,t_2]$, $n=1,2,\cdots$, 有

$$|x_n(t)-x(t)|\le N_2\|Qu_n-Qu\|_{C[J,\mathbb{R}]}. \tag{4.1.21}$$

由 ($\mathrm{D}_4$) 和(4.1.21) 得, 对于正常数 $N_2'>0$ 有:

$$\begin{aligned}|x_n(t_2^+)-x(t_2^+)|&\le|x_n(t_2)-x(t_2)|+|I_2(x_n(t_2))-I_2(x(t_2))|\\&\le(1+C_2)|x_n(t_2)-x(t_2)|\\&\le N_2'\|Qu_n-Qu\|_{C[J,\mathbb{R}]}.\end{aligned}\tag{4.1.22}$$

重复这个过程, 选取一些正常数 $N_k>0$ 和 $N_k'>0$ 使得

$$\begin{aligned}&|x_n(t)-x(t)|\\&\le N_k\|Qu_n-Qu\|_{C[J,\mathbb{R}]},\ \forall\ t\in J_{k-1},\ k=1,2,\cdots,m+1,\end{aligned}\tag{4.1.23}$$

$$|x_n(t_k^+)-x(t_k^+)|\le N_k'\|Qu_n-Qu\|_{C[J,\mathbb{R}]}. \tag{4.1.24}$$

令 $N:=\max\{N_1,N_1',N_2,N_2',\cdots,N_m,N_m',N_{m+1}\}$, 由式 (4.1.23) 和式 (4.1.24) 得

$$\|x_n-x\|_{PC}\le N\|Qu_n-Qu\|_{C[J,\mathbb{R}]}. \tag{4.1.25}$$

$u_n$ 在 $H$ 上弱收敛到 $u$, $n\to\infty$, 由引理 4.1.3 得

$$Qu_n\to Qu. \tag{4.1.26}$$

由 (4.1.25) 和 (4.1.26) 知, 在 $PC[J,\mathbb{R}]$ 中,

$$x_n \to x. \tag{4.1.27}$$

因此, 定理 4.1.3 成立. □

**定理4.1.4** 假设 $(\mathrm{D}_1)$—$(\mathrm{D}_5)$ 成立, $T>0$, $a>0$, $b\geq 0$, 问题(OP) 至少有一个最优控制 $u^*\in\mathcal{U}_M$ 满足

$$\pi\left(u^*\right)=\inf_{u\in\mathcal{U}_M}\pi(u), \tag{4.1.28}$$

其中 $\mathcal{U}_M$ 是 (4.1.11) 定义的控制空间且 $\pi(\cdot)$ 是 (4.1.12) 定义的价值函数.

**证明:** 设 $\{u_n\}\subset\mathcal{U}_M$ 为极小序列

$$\lim_{n\to\infty}\pi\left(u_n\right)=\inf_{u\in\mathcal{U}_M}\pi(u).$$

根据(4.1.12) 中 $\pi(\cdot)$ 的定义, 可知 $\{u_n\}$ 在 $H$ 上是有界的. 则存在子列 $\{n_k\}\subset\{n\}$ 和函数 $u^*\in\mathcal{U}_M$ 满足 $n_k\to\infty$,

$$u_{n_k} \text{ 在 } H \text{ 上弱收敛到 } u^*,\ k\to\infty. \tag{4.1.29}$$

设 $x_{n_k}$ 是 (4.1.10) 在 $J$ 上的唯一正解, 其中 $k\in\mathbb{N}$, 由 (4.1.29) 和定理 4.1.3 知

$$x_{n_k} \text{ 在 } PC[J,\mathbb{R}] \text{ 收敛到 } x,\ k\to\infty. \tag{4.1.30}$$

其中 $x$ 是 (4.1.10) 在$J$上的唯一正解. 则从 (4.1.29), (4.1.30) 和 $H$-范数的弱下半连续性有

$$\pi\left(u^*\right)\leq\lim_{k\to\infty}\pi\left(u_{n_k}\right)=\inf_{u\in\mathcal{U}_M}\pi(u).$$

从而 $u^*\in\mathcal{U}_M$ 是(OP)的一个最优控制. □

### 4.1.3 例子

**例4.1.1** 考虑下面二阶脉冲微分方程的初值问题:

$$\begin{cases} -x'' = -\sqrt{tx+4}, \quad t \in (0,1), t \neq \frac{1}{2}, \\ \Delta x|_{t=\frac{1}{2}} = x(\tfrac{1}{2}),\ \Delta x'|_{t=\frac{1}{2}} = 2x(\tfrac{1}{2}), \\ x(0) = 1, x'(0) = 0, \end{cases} \tag{4.1.31}$$

**结论:** 易证 ($B_1'$)—($B_4'$) 成立, 由定理 4.1.2 知方程 (4.1.31) 有唯一正解.

**证明:** $J = [0,1]$, $t_1 = \dfrac{1}{2}$, $f(t,x) = -\sqrt{tx+4}$, $I_1(x) = x$, $\bar{I}_1(x) = 2x$, $a = 1$ 和 $b = 0$. 此外, 令 $\alpha_1(\lambda) = \sqrt{\lambda}$, $\alpha_2(\lambda) = \alpha_3(\lambda) = \lambda$, $C_f = \dfrac{1}{4}$, $C_1 = 1$, $\bar{C}_1 = 2$, 易证 ($B_1'$)—$B_4'$) 成立, 由定理 4.1.2 知方程 (4.1.31) 有唯一正解. 数值模拟结果如图4.1所示.

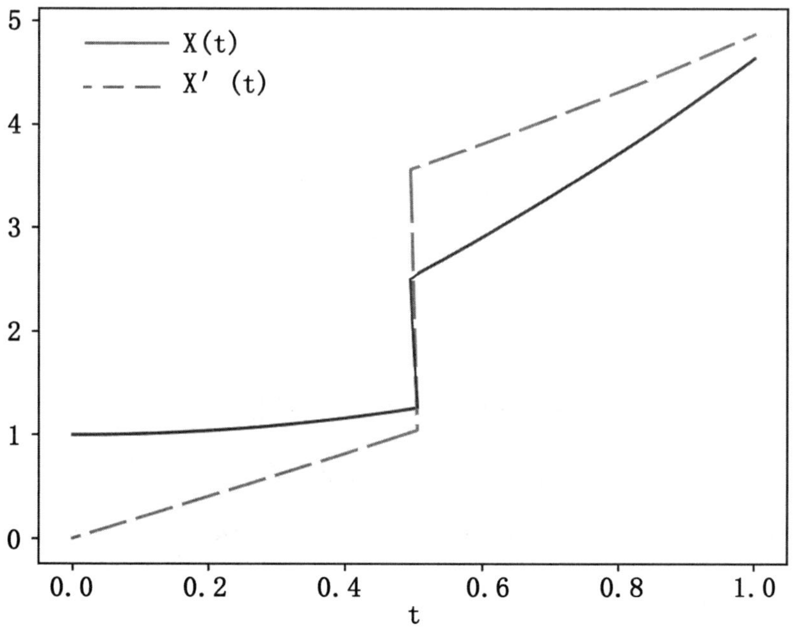


图 4.1 例4.1.1的数值模拟结果

## 4.2 二阶脉冲微分方程边值问题

### 4.2.1 解的存在性

考察二阶脉冲方程的边值问题 (BVP):

$$\begin{cases} -x'' = f(t,x,x'), \quad t \neq t_k, k = 1,2,\cdots,m, \\ \Delta x|_{t=t_k} = I_k(x(t_k)), \quad k = 1,2,\cdots,m, \\ \Delta x'|_{t=t_k} = \bar{I}_k(x(t_k), x'(t_k)), \quad k = 1,2,\cdots,m, \\ ax(0) - bx'(0) = x_0, cx(1) + dx'(1) = x_0^*, \end{cases} \tag{4.2.1}$$

其中 $f \in C[J \times \mathbb{R}^n \times \mathbb{R}^n, \mathbb{R}^n]$, $J = [0,1]$, $0 < t_1 < \cdots < t_k < \cdots < t_m < 1$, $I_k \in C[\mathbb{R}^n, \mathbb{R}^n]$, $\bar{I}_k \in C[\mathbb{R}^n \times \mathbb{R}^n, \mathbb{R}^n]$, $x_0$, $x_0^* \in \mathbb{R}^n$, $a,b,c,d$ 是实数且 $\delta = ac + ad + bc \neq 0$. 令 $PC^1[J,\mathbb{R}^n] = \{x : J \to \mathbb{R}^n | x'(t)$ 当 $t \neq t_k$ 时连续, $x(t_k^+)$, $x(t_k^-)$, $x'(t_k^+)$, $x'(t_k^-)$ 均存在且 $x(t_k^-) = x(t_k)$, $k = 1,2,\cdots,m\}$. 对 $x \in PC^1[J,\mathbb{R}^n]$, 由中值定理得

$$x(t_k) - x(t_k - h) \in h\ \bar{co}\{x'(t) | t_k - h < t < t_k\}, \ (h > 0),$$

易知左导数 $x'_-(t_k)$ 存在, 且

$$x'_-(t_k) = \lim_{h \to 0^+} \frac{x(t_k) - x(t_k - h)}{h} = x'(t_k^-).$$

约定下文中的 $x'(t_k)$ 均理解为 $x'_-(t_k)$. 引入范数

$$\|x\|_{PC^1} = \max\{\|x\|_{PC}, \|x'\|_{PC}\}.$$

$PC^1[J,\mathbb{R}^n]$ 是一个 Banach 空间. 令 $J_0 = [0,t_1]$, $J_1 = (t_1,t_2], \cdots$, $J_{m-1} = (t_{m-1}, t_m]$, $J_m = (t_m, 1]$, $J' = J \setminus \{t_1,\cdots,t_m\}$. $x \in PC^1[J,\mathbb{R}^n] \cap C^2[J',\mathbb{R}^n]$ 叫作 BVP (4.2.1) 的解.

**引理4.2.1** $H \subset PC^1[J,\mathbb{R}^n]$ 是相对紧集的充分必要条件为 $H$ 中每一个函数 $x(t)$ 及其导函数 $x'(t)$ 都在 $J$ 上一致有界且在每个 $J_k$ $(k = 0,1,\cdots,m)$

上等度连续.

**引理4.2.2**　设 $x\in PC^1[J,\mathbb{R}^n]\cap C^2[J',\mathbb{R}^n]$ 满足

$$-x''(t)=f(t,x(t),x'(t)),\ t\neq t_k,\ k=1,2,\cdots,m, \tag{4.2.2}$$

可以得到

$$x'(t)=x'(0)-\int_0^t f(s,x(s),x'(s))\mathrm{d}s+\sum_{0<t_k<t}[x'(t_k^+)-x'(t_k)],\ \forall t\in J, \tag{4.2.3}$$

$$\begin{aligned}x(t)=\ & x(0)+x'(0)t-\int_0^t (t-s)f(s,x(s),x'(s))\mathrm{d}s\\ &+\sum_{0<t_k<t}[x(t_k^+)-x(t_k)]\\ &+\sum_{0<t_k<t}[x'(t_k^+)-x'(t_k)](t-t_k).\end{aligned} \tag{4.2.4}$$

**证明:** 对 (4.2.2) 式进行积分, 得

$$x'(t_1)-x'(0)=-\int_0^{t_1} f(s,x(s),x'(s))\mathrm{d}s,$$

$$x'(t)-x'(t_1^+)=-\int_{t_1}^t f(s,x(s),x'(s))\mathrm{d}s,\quad \forall\ t_1<t\leq t_2.$$

故

$$x'(t)=x'(0)-\int_0^t f(s,x(s),x'(s))\mathrm{d}s+x'(t_1^+)-x'(t_1),\quad \forall\ t_1<t\leq t_2,$$

即当 $t_1<t\leq t_2$ 时 (4.2.3) 式成立. 同理可证 (4.2.3) 式对所有 $t\in J$ 成立. 类似地, 可得

$$x(t)=x(0)+\int_0^t x'(s)\mathrm{d}s+\sum_{0<t_k<t}[x(t_k^+)-x(t_k)]. \tag{4.2.5}$$

将 (4.2.3) 式代入 (4.2.5) 式, 即得 (4.2.4) 式. □

**引理4.2.3**　$x\in PC^1[J,\mathbb{R}^n]\cap C^2[J',\mathbb{R}^n]$ 是 BVP(4.2.1) 的解当且仅当 $x\in$

$PC^1[J,\mathbb{R}^n]$ 是下面方程的解:

$$
\begin{aligned}
x(t) =&\delta^{-1}[(c(1-t)+d)x_0+(at+b)x_0^*]+\int_0^1 G(t,s)f(s,x(s),x'(s))\mathrm{d}s \\
&+\sum_{0<t_k<t}[I_k(x(t_k))+(t-t_k)\bar{I}_k(x(t_k),x'(t_k))] \\
&-\delta^{-1}(at+b)\sum_{k=1}^{m}[cI_k(x(t_k))+(c(1-t_k)+d)\bar{I}_k(x(t_k),x'(t_k))],
\end{aligned}
\tag{4.2.6}
$$

其中

$$
G(t,s)=\begin{cases}\delta^{-1}(at+b)(c(1-s)+d), & t\leq s,\\ \delta^{-1}(as+b)(c(1-t)+d), & t>s.\end{cases}
$$

**证明:** 先假定 $x\in PC^1[J,\mathbb{R}^n]\cap C^2[J',\mathbb{R}^n]$ 是 BVP(4.2.1) 的解. 令 $y(t)=x(t)-z(t)$, 这里 $z(t)=\delta^{-1}[(c(1-t)+d)x_0+(at+b)x_0^*]$. 于是 $y\in PC^1[J,\mathbb{R}^n]\cap C^2[J',\mathbb{R}^n]$ 且

$$
-y''(t)=f(t,y(t)+z(t),\ y'(t)+z'(t)),\ t\neq t_k,\ k=1,2,\cdots,m,
$$

$$
\Delta y\mid_{t=t_k}=\Delta x\mid_{t=t_k}=I_k(x(t_k)),
$$

$$
\Delta y'\mid_{t=t_k}=\Delta x'\mid_{t=t_k}=\bar{I}_k(x(t_k),x'(t_k)),
$$

$$
ay(0)-by'(0)=0,\ cy(1)+dy'(1)=0. \tag{4.2.7}
$$

由引理 4.2.2, 有

$$
\begin{aligned}
y'(t)=&\ y'(0)-\int_0^t f(s,y(s)+z(s),y'(s)+z'(s))\mathrm{d}s \\
&+\sum_{0<t_k<t}[x'(t_k^+)-x'(t_k)] \\
=&\ y'(0)-\int_0^t f(s,x(s),x'(s))\mathrm{d}s \\
&+\sum_{0<t_k<t}\bar{I}_k(x(t_k),x'(t_k)),
\end{aligned}
\tag{4.2.8}
$$

及

$$\begin{aligned} y(t)= & \; y(0)+y'(0)t-\int_0^t (t-s)f(s,x(s),x'(s)\mathrm{d}s \\ & +\sum_{0<t_k<t}[I_k(x(t_k))+(t-t_k)\bar{I}_k(x(t_k),x'(t_k))], \end{aligned} \tag{4.2.9}$$

在 (4.2.8) 式和 (4.2.9) 式中令 $t=1$, 得

$$\begin{aligned} y'(1)= & \; y'(0)-\int_0^1 f(s,x(s),x'(s))\mathrm{d}s \\ & +\sum_{k=1}^{m}\bar{I}_k(x(t_k),x'(t_k)) \end{aligned} \tag{4.2.10}$$

和

$$\begin{aligned} y(1)= & \; y(0)+y'(0)-\int_0^1 (1-s)f(s,x(s),x'(s))\mathrm{d}s \\ & +\sum_{k=1}^{m}[I_k(x(t_k))+(1-t_k)\bar{I}_k(x(t_k),x'(t_k))]. \end{aligned} \tag{4.2.11}$$

可假定 $a\neq 0$, $c\neq 0$ (当 $a=0$ 或 $c=0$ 时, 证明类似). 由 (4.2.7) 式和 (4.2.10) 式知

$$y(0)=\frac{b}{a}y'(0), \tag{4.2.12}$$

$$\begin{aligned} y(1)= & \; -\frac{d}{c}\{y'(0)-\int_0^1 f(s,x(s),x'(s))\mathrm{d}s \\ & +\sum_{k=1}^{m}\bar{I}_k(x(t_k),x'(t_k))\}, \end{aligned} \tag{4.2.13}$$

将 (4.2.12) 式和 (4.2.13) 式代入 (4.2.11) 式, 可得 $y'(0)$ 的表达式:

$$\begin{aligned} y'(0)= & \frac{a}{\delta}\{d\int_0^1 f(s,x(s),x'(s))\mathrm{d}s \\ & +c\int_0^1 (1-s)f(s,x(s),x'(s))\mathrm{d}s \\ & -\sum_{k=1}^{m}[cI_k(x(t_k))+(c(1-t_k)+d)\bar{I}_k(x(t_k),x'(t_k))]\}. \end{aligned} \tag{4.2.14}$$

将 (4.2.12) 式和 (4.2.14) 式代入 (4.2.9) 式, 得

$$
\begin{aligned}
y(t)= & \delta^{-1}(at+b)\{\int_0^1(c(1-s)+d)f(s,x(s),x'(s))\mathrm{d}s \\
& -\sum_{k=1}^{m}[cI_k(x(t_k))+(c(1-t_k)+d)\bar{I}_k(x(t_k),x'(t_k))]\} \\
& -\int_0^t(t-s)f(s,x(s),x'(s))\mathrm{d}s \\
& +\sum_{0<t_k<t}[I_k(x(t_k))+(t-t_k)\bar{I}_k(x(t_k),x'(t_k))] \\
= & \delta^{-1}\int_0^t[(at+b)(c(1-s)+d)-\delta(t-s)]f(s,x(s),x'(s))\mathrm{d}s \\
& +\delta^{-1}\int_t^1(at+b)(c(1-s)+d)f(s,x(s),x'(s))\mathrm{d}s \\
& +\sum_{0<t_k<t}[I_k(x(t_k))+(t-t_k)\bar{I}_k(x(t_k),x'(t_k))] \\
& -\delta^{-1}(at+b)\sum_{k=1}^{m}[cI_k(x(t_k))+(c(1-t_k)+d)\bar{I}_k(x(t_k),x'(t_k))] \\
= & \int_0^1 G(t,s)f(s,x(s),x'(s))\mathrm{d}s \\
& +\sum_{0<t_k<t}[I_k(x(t_k))+(t-t_k)\bar{I}_k(x(t_k),x'(t_k))] \\
& -\delta^{-1}(at+b)\sum_{k=1}^{m}[cI_k(x(t_k))+(c(1-t_k)+d)\bar{I}_k(x(t_k),x'(t_k))],
\end{aligned}
$$

即 $x(t)$ 是方程 (4.2.6) 的解.

反之, 假定 $x\in PC^1[J,\mathbb{R}^n]$ 是方程 (4.2.6) 的解. 显然

$$
\Delta x\mid_{t=t_k}=I_k(x(t_k)),\quad k=1,2,\cdots,m.
$$

当 $t\neq t_k$ 时, 微分可知

$$
\begin{aligned}
x'(t)= & \delta^{-1}(-cx_0+ax_0^*)+\delta^{-1}\{-c\int_0^t(as+b)f(s,x(s),x'(s))\mathrm{d}s \\
& +a\int_t^1(c(1-s)+d)f(s,x(s),x'(s))\mathrm{d}s\} \\
& +\sum_{0<t_k<t}\bar{I}_k(x(t_k),x'(t_k)) \\
& -a\delta^{-1}\sum_{k=1}^{m}[cI_k(x(t_k))+(c(1-t_k)+d)\bar{I}_k(x(t_k),x'(t_k))],
\end{aligned}
\tag{4.2.15}
$$

以及

$$x''(t)=-f(t,x(t),x'(t)),$$

故 $x\in C^2[J',\mathbb{R}^n]$ 且

$$\Delta x'\mid_{t=t_k}=\bar{I}_k(x(t_k),x'(t_k)),\ k=1,2,\cdots,m.$$

另一方面, 由 (4.2.6) 式和 (4.2.15) 式, 可计算出 $x(0)$, $x(1)$, $x'(0)$ 和 $x'(1)$. 不难验证它们满足 $ax(0)-bx'(0)=x_0$ 和 $cx(1)+dx'(1)=x_0^*$. □

考察由下式定义的算子$A$,

$$\begin{aligned}(Ax)(t)=\ &\delta^{-1}[(c(1-t)+d)x_0+(at+b)x_0^*]\\&+\int_0^1 G(t,s)f(s,x(s),x'(s))\mathrm{d}s\\&+\sum_{0<t_k<t}[I_k(x(t_k))+(t-t_k)\bar{I}_k(x(t_k),x'(t_k))]\\&-\delta^{-1}(at+b)\sum_{k=1}^{m}[cI_k(x(t_k))+(c(1-t_k)+d)\bar{I}_k(x(t_k),x'(t_k))].\end{aligned}\tag{4.2.16}$$

**引理4.2.4**　算子 $A$ 是映 $PC^1[J,\mathbb{R}^n]$ 入 $PC^1[J,\mathbb{R}^n]$ 的全连续算子.

**证明:**　由 (4.2.15) 式知, 对任意的$t\in J$, $t\neq t_k$, $k=1,2,\cdots,m$, 有

$$\begin{aligned}(Ax)'(t)=\ &\delta^{-1}(-cx_0+ax_0^*)\\&+\delta^{-1}\{-c\int_0^t(as+b)f(s,x(s),x'(s))\mathrm{d}s\\&+a\int_t^1(c(1-s)+d)f(s,x(s),x'(s))\mathrm{d}s\}\\&+\sum_{0<t_k<t}\bar{I}_k(x(t_k),x'(t_k))\\&-a\delta^{-1}\sum_{k=1}^{m}[cI_k(x(t_k))+(c(1-t_k)+d)\bar{I}_k(x(t_k),x'(t_k))].\end{aligned}\tag{4.2.17}$$

从 (4.2.16) 式和 (4.2.17) 式可看出: $A$ 是映 $PC^1[J,\mathbb{R}^n]$ 入 $PC^1[J,\mathbb{R}^n]$ 的连续算子. 对 $PC^1[J,\mathbb{R}^n]$ 中任何有界集 $S$, $A(S)$ 中诸函数及其导函数均在$J$ 上一致有界且在每个 $J_k$ $(k=0,1,\cdots,m)$ 上等度连续.根据引理 4.2.1 知, $A(S)$ 是 $PC^1[J,\mathbb{R}^n]$ 的相对紧集, 故 $A$ 是全连续算子. □

**引理4.2.5** $x\in PC^1[J,\mathbb{R}^n]\cap C^2[J',\mathbb{R}^n]$ 是 BVP (4.2.1) 的解当且仅当 $x\in PC^1[J,\mathbb{R}^n]$ 是算子 $A$ 的不动点.

**证明:** 由引理 4.2.3 可得. □

下面, 令

$$\beta=\overline{\lim_{\|x\|+\|y\|\to\infty}}\left(\max_{t\in J}\frac{\|f(t,x,y)\|}{\|x\|+\|y\|}\right),$$
$$\beta_k=\overline{\lim_{\|x\|\to\infty}}\frac{\|I_k(x)\|}{\|x\|},\ k=1,2,\cdots,m,$$
$$\bar{\beta}_k=\overline{\lim_{\|x\|+\|y\|\to\infty}}\frac{\|\bar{I}_k(x,y)\|}{\|x\|+\|y\|},\ k=1,2,\cdots,m.$$

于是, $0\le\beta,\ \beta_k,\ \bar{\beta}_k\le+\infty$. 又令 $\tau=\max\limits_{t,s\in J}|G(t,s)|,\ \tau'=\sup\limits_{t\ne s,\ t,s\in J}|G_t'(t,s)|$.

**定理4.2.1** 设

$$\eta=\max\{\eta_1,\eta_2\}<1,\tag{4.2.18}$$

其中

$$\begin{aligned}\eta_1=&\ 2\tau\beta+\sum_{k=1}^{m}\{[1+|\delta|^{-1}|c|(|a|+|b|)]\beta_k\\&+2[(1-t_k)+|\delta|^{-1}(|a|+|b|)(|c|(1-t_k)+|d|)]\bar{\beta}_k\},\\\eta_2=&\ 2\tau'\beta+\sum_{k=1}^{m}\{|\delta|^{-1}\cdot|a|\cdot|c|\beta_k\\&+2[1+|\delta|^{-1}|a|(|c|(1-t_k)+|d|)]\bar{\beta}_k\},\end{aligned}$$

则 (4.2.1) 在 $PC^1[J,\mathbb{R}^n]\cap C^2[J',\mathbb{R}^n]$ 中至少有一个解.

**证明:** 根据引理 4.2.5, 只需证明算子 $A$ 在 $PC^1[J,\mathbb{R}^n]$ 中具有不动点. 由

(4.2.18) 式, 可取 $\beta' > \beta$, $\beta_k' > \beta_k$ 和 $\bar{\beta}_k' \geq \bar{\beta}_k$ $(k = 1, 2, \cdots, m)$ 使得

$$\begin{aligned}\eta_1' = \ & 2\tau\beta' + \sum_{k=1}^{m}\{[1 + |\delta|^{-1}|c|(|a| + |b|)]\beta_k' \\ & +2[(1 - t_k) + |\delta|^{-1}(|a| + |b|)(|c|(1 - t_k) + |d|)]\bar{\beta}_k'\} < 1,\end{aligned} \tag{4.2.19}$$

且

$$\begin{aligned}\eta_2' = \ & 2\tau'\beta' + \sum_{k=1}^{m}\{|\delta|^{-1}|a||c|\beta_k' \\ & +2[1 + |\delta|^{-1}|a|(|c|(1 - t_k) + |d|)]\bar{\beta}_k'\} < 1,\end{aligned} \tag{4.2.20}$$

由 $\beta$ 的定义, 存在 $N > 0$ 使$\|f(t, x, y)\| < \beta'(\|x\| + \|y\|), \forall\, t \in J, \|x\| + \|y\| \geq N$, 从而

$$\|f(t, x, y)\| \leq \beta'(\|x\| + \|y\|) + M, \tag{4.2.21}$$

其中$M = \max\limits_{t \in J, \|x\| + \|y\| \leq N} \|f(t, x, y)\| < +\infty$.

类似地, 有

$$\|I_k(x)\| \leq \beta_k'\|x\| + M_k, \tag{4.2.22}$$

$$\|\bar{I}_k(x, y)\| \leq \bar{\beta}_k'(\|x\| + \|y\|) + \bar{M}_k, \tag{4.2.23}$$

其中 $M_k, \bar{M}_k$ 是正常数, 由 (4.2.16) 以及 (4.2.21)—(4.2.23) 诸式, 得

$$\begin{aligned}|(Ax)(t)| \ & \leq |\delta|^{-1}[(|c| + |d|)\|x_0\| + (|a| + |b|)\|x_0^*\|] \\ & \quad +\tau\int_0^1 [\beta'(|x(s)| + |x'(s)|) + M]\mathrm{d}s \\ & \quad + \sum_{0<t_k<t}\{(\beta_k'|x(t_k)| + M_k) \\ & \quad +(1 - t_k)[\bar{\beta}_k'|x(t_k)| + \bar{\beta}_k'|x'(t_k)| + \bar{M}_k]\} \\ & \quad +|\delta|^{-1}(|a| + |b|)\sum_{k=1}^{m}\{|c| \cdot (\beta_k'|x(t_k)| + M_k) \\ & \quad +(|c|(1 - t_k) + |d|)\left[\bar{\beta}_k'|x(t_k)| + \bar{\beta}_k'|x'(t_k)| + \bar{M}_k\right]\} \\ & \leq \eta_1'\|x\|_{PC^1} + M^{(1)},\end{aligned} \tag{4.2.24}$$

其中 $\eta_1'$ 由 (4.2.19) 式给出, $M^{(1)}$ 是一正常数. 类似地, 由 (4.2.17) 以及 (4.2.21)–(4.2.23) 诸式, 可得

$$|(Ax)'(t)| \le \eta_2'\|x\|_{PC^1} + M^{(2)}, \tag{4.2.25}$$

其中 $\eta_2'$ 由 (4.2.20) 式给出, $M^{(2)}$ 是一正常数. 于是, 由 (4.2.24)和 (4.2.25) 两式推知

$$\|Ax\|_{PC^1} \le \eta'\|x\|_{PC^1} + M',$$

其中$\eta' = \max\{\eta_1', \eta_2'\} < 1, M' = \max\{M^{(1)}, M^{(2)}\}$为常数. 取$r > 0$ 使$A(B_r) \subset B_r$, 其中$B_r = \{x \in PC^1[J, \mathbb{R}^n] | \|x\|_{PC^1} \le r\}$. 另一方面, 由引理4.2.4知$A$ 是全连续算子. 于是, 根据Schauder 不动点定理知$A$ 在$B_r$中有不动点. □

**注 4.2.1** 如果当 $\|x\| + \|y\| \to \infty$ 时,

$$\frac{\|f(t,x,y)\|}{\|x\| + \|y\|} \to 0 \text{ 关于 } t \in J \text{ 一致},$$
$$\frac{\|I_k(x,y)\|}{\|x\| + \|y\|} \to 0 \ (k = 1, 2, \cdots, m),$$

并且当 $\|x\| \to \infty$ 时, $\dfrac{\|I_k(x)\|}{\|x\|} \to 0$ , $k = 1, 2, \cdots, m$, 则条件 (4.2.18) 必满足 $\eta = 0$.

### 4.2.2 解的存在唯一性

考虑二阶脉冲微分方程(4.2.1)边值问题解的存在唯一性.

**定理4.2.2** 设对任意的 $t \in J, x, y, \bar{x}, \bar{y} \in \mathbb{R}^n$, 存在非负常数 $\gamma$, $\gamma_k$, $\bar{\gamma}_k$ $(k = 1, 2, \cdots, m)$ 使

$$\|f(t,x,y) - f(t,\bar{x},\bar{y})\| \le \gamma(\|x - \bar{x}\| + \|y - \bar{y}\|),$$

$$\|I_k(x) - I_k(y)\| \le \gamma_k\|x - y\|,$$

$$\|\bar{I}_k(x,y) - \bar{I}_k(\bar{x},\bar{y})\| \le \bar{\gamma}_k(\|x - \bar{x}\| + \|y - \bar{y}\|),$$

且满足

$$\xi = \max\{\xi_1, \xi_2\} < 1,$$

其中

$$\begin{aligned}\xi_1 = & \ 2\tau\gamma + \sum_{k=1}^{m}\{[1+|\delta|^{-1}|c|(|a|+|b|)]\gamma_k \\ & +2[(1-t_k)+|\delta|^{-1}(|a|+|b|)(|c|(1-t_k)+|d|)]\bar{\gamma}_k\}, \\ \xi_2 = & \ 2\tau'\gamma + \sum_{k=1}^{m}\{|\delta|^{-1}|a||c|\gamma_k + 2[1+|\delta|^{-1}|a|(|c|(1-t_k)+|d|)]\bar{\gamma}_k\},\end{aligned}$$

则 BVP (4.2.1) 在 $PC^1[J,\mathbb{R}^n]\cap C^2[J',\mathbb{R}^n]$ 中具有唯一解.

**证明:** 由 (4.2.16) 式和 (4.2.17) 式, 可得

$$|(Ax)(t)-(Ay)(t)| \le \xi_1\|x-y\|_{PC^1},$$

$$|(Ax)'(t)-(Ay)'(t)| \le \xi_2\|x-y\|_{PC^1}.$$

由此可知

$$\|Ax-Ay\|_{PC^1} \le \xi\|x-y\|_{PC^1},$$

于是由压缩映射原理知, $A$ 在 $PC^1[J,\mathbb{R}^n]$ 中有唯一不动点. □

下面讨论二阶脉冲微分方程中两点边值问题正解的存在唯一性:

$$\begin{cases} -x''(t) = f(t,x(t)),\ t\in J,\ t\ne t_k,\ k=1,2,\cdots,m, \\ \Delta x|_{t=t_k} = I_k(x(t_k)),\quad k=1,2,\cdots,m, \\ \Delta x'|_{t=t_k} = \bar{I}_k(x(t_k)),\quad k=1,2,\cdots,m, \\ x(0)=x'(0),\quad x(1)=x'(1), \end{cases} \tag{4.2.26}$$

其中 $f\in C[J\times\mathbb{R},\mathbb{R}]$, $J=[0,1]$, $0<t_1<\cdots<t_k<\cdots<t_m<1$, $\Delta x|_{t=t_k}=x(t_k^+)-x(t_k^-)$, $\Delta x'|_{t=t_k}=x'(t_k^+)-x'(t_k^-)$, $x(t_k^+)$ 和 $x'(t_k^+)$ ($x(t_k^-)$ 和 $x'(t_k^-)$) 分别表示 $x(t)$ 和 $x'(t)$ 在 $t=t_k$ 的右极限(左极限). $I_k$, $\bar{I}_k\in C[\mathbb{R},\mathbb{R}]$. 列出如下假设:

($H_1$) $f(t,0)\le 0$, $f(t,\frac{1}{2})<0$, $t\in[0,1]$, $f(t,x)$ 在 $x\in[0,\infty)$ 上单调递减,

($H_2$) $I_k(0)\le 0$, $\bar{I}_k(0)\ge 0$, $I_k(x)$ 单调递减, $\bar{I}_k$单调递增, $x\in[0,\infty)$, $k=1,2,\cdots,m$,

($H_3$) 存在 $\alpha_1(\lambda),\alpha_2(\lambda),\alpha_3(\lambda)\in(\lambda,1)$, 使得对任意的$\lambda\in(0,1)$, $t\in[0,1]$, $x\ge 0$, $k=1,\ 2,\cdots,m$, 有

$$\begin{aligned}
f(t,\lambda x)&\le \alpha_1(\lambda)f(t,x),\\
I_k(\lambda x)&\le \alpha_2(\lambda)I_k(x),\\
I_k(\lambda x)&\ge \alpha_3(\lambda)\bar{I}_k(x),
\end{aligned}\tag{4.2.27}$$

($H_4$) $\displaystyle\sum_{k=1}^{m}[-2I_k(\frac{3}{2})+(1+t_k)\bar{I}_k(\frac{3}{2})]>0$,

($H_1'$) $f(t,\frac{3}{2})<0$, $t\in[0,1]$,且 $f(t,x)$ 在 $x\in[0,\infty)$上单调递增, $f(t,x)\le 0$, $(t,x)\in([0,1]\times[0,\infty))$,

($H_2'$) $I_k(x)\le 0$, $\bar{I}_k(x)\ge 0$, 且在 $x\in[0,\infty)$上 $\bar{I}_k(x)$ 单调递减, $I_k(x)$ 单调递增, $k=1,2,\cdots,m$,

($H_3'$) 对任意的 $\lambda\in(0,1)$, $t\in[0,1]$, $x\ge 0$, $k=1,2,\cdots,m$, 存在 $\beta_1(\lambda)$, $\beta_2(\lambda)$, $\beta_3(\lambda)\in(0,1)$ 满足

$$\begin{aligned}
f(t,\lambda x)&\ge \lambda^{-\beta_1(\lambda)}f(t,x),\\
I_k(\lambda x)&\ge \lambda^{-\beta_2(\lambda)}I_k(x),\\
\bar{I}_k(\lambda x)&\le \lambda^{-\beta_3(\lambda)}\bar{I}_k(x),
\end{aligned}\tag{4.2.28}$$

($H_4'$) $\displaystyle\sum_{k=1}^{m}[-2I_k(\frac{1}{2})+(1+t_k)\bar{I}_k(\frac{1}{2})]>0$.

**引理4.2.6** $x\in PC^1[J,\mathbb{R}]\cap C^2[J',\mathbb{R}]$ 是 (4.2.26) 的解当且仅当 $x\in$

$PC^1[J,\mathbb{R}]$ 是下列积分方程的解

$$\begin{aligned} x(t) = & -\int_0^1 G(t,s)f(s,x(s))\mathrm{d}s-(1+t)\sum_{k=1}^{m} I_k(x(t_k)) \\ & +\sum_{0<t_k<t} I_k(x(t_k))+\sum_{0<t_k<t}(t-t_k)\bar{I}_k(x(t_k)) \\ & +(1+t)\sum_{k=1}^{m} t_k\bar{I}_k(x(t_k)), \end{aligned} \tag{4.2.29}$$

其中

$$G(t,s)=\begin{cases} s(1+t), & 0\le t\le s\le 1, \\ t(1+s), & 0\le s\le t\le 1. \end{cases}$$

**定理4.2.3**　如果条件 $(\mathrm{H}_1)$—$(\mathrm{H}_4)$ 成立, 则

(1) 存在 $u_0, v_0 \in \widetilde{P}_h$ 使得

$$\begin{aligned} u_0(t) \le & -\int_0^1 G(t,s)f(s,u_0(s))\mathrm{d}s-(1+t)\sum_{k=1}^{m} I_k(u_0(t_k)) \\ & +\sum_{0<t_k<t} I_k(u_0(t_k))+\sum_{0<t_k<t}(t-t_k)\bar{I}_k(u_0(t_k)) \\ & +(1+t)\sum_{k=1}^{m} t_k\bar{I}_k(u_0(t_k)), \end{aligned} \tag{4.2.30}$$

$$\begin{aligned} v_0(t) \ge & -\int_0^1 G(t,s)f(s,v_0(s))\mathrm{d}s-(1+t)\sum_{k=1}^{m} I_k(v_0(t_k)) \\ & +\sum_{0<t_k<t} I_k(v_0(t_k))+\sum_{0<t_k<t}(t-t_k)\bar{I}_k(v_0(t_k)) \\ & +(1+t)\sum_{k=1}^{m} t_k\bar{I}_k(v_0(t_k)). \end{aligned} \tag{4.2.31}$$

(2) 方程 (4.2.26) 有唯一正解 $x^* \in \widetilde{P}_h \cap PC^1[J,\mathbb{R}]$, 其中 $h(t)=\frac{1}{2}(t^2+t+1)$, $t\in[0,1]$.

**证明:** 首先证明 $A:\widetilde{P}\to\widetilde{P}$ 是增的广义凹算子, 对任意的 $x\in\widetilde{P}$ 有

$$
\begin{aligned}
Ax(t) &= -\int_0^1 G(t,s)f(s,x(s))\mathrm{d}s-(1+t)\sum_{k=1}^{m}I_k(x(t_k))\\
&\quad+\sum_{0<t_k<t}I_k(x(t_k))+\sum_{0<t_k<t}(t-t_k)\bar{I}_k(x(t_k))\\
&\quad+(1+t)\sum_{k=1}^{m}t_k\bar{I}_k(x(t_k))\\
&= -\int_0^1 G(t,s)f(s,x(s))\mathrm{d}s+\sum_{0<t_k<t}I_k(x(t_k))\\
&\quad-(1+t)[\sum_{0<t_k<t}I_k(x(t_k))+\sum_{t\le t_k<1}I_k(x(t_k))]\\
&\quad+\sum_{0<t_k<t}(t-t_k)\bar{I}_k(x(t_k))+(1+t)\sum_{k=1}^{m}t_k\bar{I}_k(x(t_k))\\
&= -\int_0^1 G(t,s)f(s,x(s))\mathrm{d}s\\
&\quad-[t\sum_{0<t_k<t}I_k(x(t_k))+(1+t)\sum_{t\le t_k<1}I_k(x(t_k))]\\
&\quad+\sum_{0<t_k<t}(t-t_k)\bar{I}_k(x(t_k))+(1+t)\sum_{k=1}^{m}t_k\bar{I}_k(x(t_k)).
\end{aligned}
\tag{4.2.32}
$$

由假设$(\mathrm{H}_1)$, $(\mathrm{H}_2)$ 可知 $f(t,x(s))\le 0$, $I_k(x(t_k))\le 0$, $\bar{I}_k(x(t_k))\ge 0$. 因此 $Ax(t)\ge 0$, $\forall x\in\widetilde{P}$. 由引理 4.2.6 知 $A:\widetilde{P}\to\widetilde{P}$, 由假设 $(\mathrm{H}_1)$, $(\mathrm{H}_2)$ 可得算子 $A$ 是增的.

下证算子 $A$ 为广义凹的. 令 $\alpha(t)=\min\{\alpha_1(t),\ \alpha_2(t),\ \alpha_3(t)\}$, $t\in(0,1)$. 则 $\alpha(t)\in(t,1)$. 由假设 $(\mathrm{H}_3)$ 有

$$
\begin{aligned}
A(\lambda x)(t) &= -\int_0^1 G(t,s)f(s,\lambda x(s))\mathrm{d}s\\
&\quad-[t\sum_{0<t_k<t}I_k(\lambda x(t_k))+(1+t)\sum_{t\le t_k<1}I_k(\lambda x(t_k))]\\
&\quad+\sum_{0<t_k<t}(t-t_k)\bar{I}_k(\lambda x(t_k))+(1+t)\sum_{k=1}^{m}t_k\bar{I}_k(\lambda x(t_k))
\end{aligned}
$$

$$
\begin{aligned}
&\geq \alpha_1(\lambda)[-\int_0^1 G(t,s)f(s,x(s))\mathrm{d}s] + \alpha_2(\lambda) \\
&\quad \times[-t\sum_{0<t_k<t} I_k(x(t_k)) - (1+t)\sum_{t\leq t_k<1} I_k(x(t_k))] \\
&\quad +\alpha_3(\lambda)[\sum_{0<t_k<t}(t-t_k)\bar{I}_k(x(t_k)) + (1+t)\sum_{k=1}^{m} t_k\bar{I}_k(x(t_k))] \\
&\geq \alpha(\lambda)\{-\int_0^1 G(t,s)f(s,x(s))\mathrm{d}s \\
&\quad -[t\sum_{0<t_k<t} I_k(x(t_k)) + (1+t)\sum_{t\leq t_k<1} I_k(x(t_k))] \\
&\quad +\sum_{0<t_k<t}(t-t_k)\bar{I}_k(x(t_k)) + (1+t)\sum_{k=1}^{m} t_k\bar{I}_k(x(t_k))\} \\
&= \alpha(\lambda)Ax(t), \quad \forall x\in \widetilde{P},\ \lambda\in(0,1).
\end{aligned}
\tag{4.2.33}
$$

即 $A(\lambda x) \geq \alpha(\lambda)A(x)$.

其次, 证明 $Ah\in \widetilde{P}_h$.

$$
r_1 = \min_{t\in[0,1]}[-f(t,\frac{1}{2})],\ r_2 = \max_{t\in[0,1]}[-f(t,\frac{3}{2})].
$$

由 ($H_1$) 可知 $r_2\geq r_1>0$, 进一步, 由假设 ($H_1$), ($H_2$), ($H_4$) 可得

$$
\begin{aligned}
Ah(t) &= -\int_0^1 G(t,s)f(s,h(s))\mathrm{d}s - (1+t)\sum_{k=1}^{m} I_k(h(t_k)) \\
&\quad +\sum_{0<t_k<t} I_k(h(t_k)) + \sum_{0<t_k<t}(t-t_k)\bar{I}_k(h(t_k)) \\
&\quad +(1+t)\sum_{k=1}^{m} t_k\bar{I}_k(h(t_k)) \\
&\geq -\int_0^1 G(t,s)f(s,\frac{1}{2})\mathrm{d}s \\
&\geq r_1\int_0^1 G(t,s)\mathrm{d}s \\
&= r_1 h(t),
\end{aligned}
$$

$$\begin{aligned}
Ah(t) &= -\int_0^1 G(t,s)f(s,h(s))\mathrm{d}s-(1+t)\sum_{k=1}^{m}I_k(h(t_k))\\
&\quad+\sum_{0<t_k<t}I_k(h(t_k))+\sum_{0<t_k<t}(t-t_k)\bar{I}_k(h(t_k))\\
&\quad+(1+t)\sum_{k=1}^{m}t_k\bar{I}_k(h(t_k))\\
&\le -\int_0^1 G(t,s)f(s,\frac{3}{2})\mathrm{d}s-(1+t)\sum_{k=1}^{m}I_k(h(t_k))\\
&\quad+\sum_{k=1}^{m}(1-t_k)\bar{I}_k(h(t_k))+2\sum_{k=1}^{m}t_k\bar{I}_k(h(t_k))\\
&\le r_2h(t)+2(-\sum_{k=1}^{m}I_k(\frac{3}{2}))+\sum_{k=1}^{m}(1+t_k)\bar{I}_k(\frac{3}{2})\\
&= r_2h(t)+\sum_{k=1}^{m}[-2I_k(\frac{3}{2})+(1+t_k)\bar{I}_k(\frac{3}{2})]\\
&\le r_2h(t)+2\sum_{k=1}^{m}[-2I_k(\frac{3}{2})+(1+t_k)\bar{I}_k(\frac{3}{2})]\cdot h(t)\\
&= (r_2+2\sum_{k=1}^{m}[-2I_k(\frac{3}{2})+(1+t_k)\bar{I}_k(\frac{3}{2})])h(t).
\end{aligned} \tag{4.2.34}$$

因此

$$r_1h\le Ah\le (r_2+2\sum_{k=1}^{m}[-2I_k(\frac{3}{2})+(1+t_k)\bar{I}_k(\frac{3}{2})])h,$$

可得出 $Ah\in\widetilde{P}_h$. 存在 $u_0$, $v_0\in\widetilde{P}_h$ 使得 $u_0\le Au_0$, $Av_0\le v_0$, 且算子方程 $x=Ax$ 在 $\widetilde{P}_h$ 内有唯一解, 即

$$\begin{aligned}
u_0(t)\le\ & -\int_0^1 G(t,s)f(s,u_0(s))\mathrm{d}s-(1+t)\sum_{k=1}^{m}I_k(u_0(t_k))\\
&+\sum_{0<t_k<t}I_k(u_0(t_k))+\sum_{0<t_k<t}(t-t_k)\bar{I}_k(u_0(t_k))\\
&+(1+t)\sum_{k=1}^{m}t_k\bar{I}_k(u_0(t_k)),
\end{aligned}$$

$$
\begin{aligned}
v_0(t) \geq\ & -\int_0^1 G(t,s)f(s,v_0(s))\mathrm{d}s-(1+t)\sum_{k=1}^{m}I_k(v_0(t_k))\\
&+\sum_{0<t_k<t}I_k(v_0(t_k))+\sum_{0<t_k<t}(t-t_k)\bar{I}_k(v_0(t_k))\\
&+(1+t)\sum_{k=1}^{m}t_k\bar{I}_k(v_0(t_k)).
\end{aligned}
$$

方程 (4.2.26) 有唯一正解 $x^*$. □

**定理4.2.4** 如果条件 $(\mathrm{H}_1')$—$(\mathrm{H}_4')$ 成立, 则

(1) 存在 $u_0, v_0 \in \bar{P}_h$ 使得

$$
\begin{aligned}
u_0(t) \leq\ & -\int_0^1 G(t,s)f(s,\bar{u}_0(s))\mathrm{d}s-(1+t)\sum_{k=1}^{m}I_k(\bar{u}_0(t_k))\\
&+\sum_{0<t_k<t}I_k(\bar{u}_0(t_k))+\sum_{0<t_k<t}(t-t_k)\bar{I}_k(\bar{u}_0(t_k))\\
&+(1+t)\sum_{k=1}^{m}t_k\bar{I}_k(\bar{u}_0(t_k)),
\end{aligned}
\tag{4.2.35}
$$

$$
\begin{aligned}
v_0(t) \geq\ & -\int_0^1 G(t,s)f(s,\bar{v}_0(s))\mathrm{d}s-(1+t)\sum_{k=1}^{m}I_k(\bar{v}_0(t_k))\\
&+\sum_{0<t_k<t}I_k(\bar{v}_0(t_k))+\sum_{0<t_k<t}(t-t_k)\bar{I}_k(\bar{v}_0(t_k))\\
&+(1+t)\sum_{k=1}^{m}t_k\bar{I}_k(\bar{v}_0(t_k)),
\end{aligned}
\tag{4.2.36}
$$

其中,

$$
\begin{aligned}
\bar{u}_0(t) =\ & -\int_0^1 G(t,s)f(s,u_0(s))\mathrm{d}s-(1+t)\sum_{k=1}^{m}I_k(u_0(t_k))\\
&+\sum_{0<t_k<t}I_k(u_0(t_k))+\sum_{0<t_k<t}(t-t_k)\bar{I}_k(u_0(t_k))\\
&+(1+t)\sum_{k=1}^{m}t_k\bar{I}_k(u_0(t_k)),
\end{aligned}
$$

$$
\begin{aligned}
\bar{v}_0(t)= & -\int_0^1 G(t,s)f(s,v_0(s))\mathrm{d}s-(1+t)\sum_{k=1}^{m}I_k(v_0(t_k))\\
&+\sum_{0<t_k<t}I_k(v_0(t_k))+\sum_{0<t_k<t}(t-t_k)\bar{I}_k(v_0(t_k))\\
&+(1+t)\sum_{k=1}^{m}t_k\bar{I}_k(v_0(t_k)).
\end{aligned}
$$

(2) 方程 (4.2.26) 有唯一正解 $x^*\in\widetilde{P}_h\cap PC^1[J,\mathbb{R}]$, 其中 $h(t)=\frac{1}{2}(t^2+t+1)$, $t\in[0,1]$.

**证明:** 由定理 4.2.3 可知

$$
\begin{aligned}
Ax(t) &=-\int_0^1 G(t,s)f(s,x(s))\mathrm{d}s\\
&-[t\sum_{0<t_k<t}I_k(x(t_k))+(1+t)\sum_{t\le t_k<1}I_k(x(t_k))]\\
&+\sum_{0<t_k<t}(t-t_k)\bar{I}_k(x(t_k))+(1+t)\sum_{k=1}^{m}t_k\bar{I}_k(x(t_k)),
\end{aligned}
$$

由条件 $(\mathrm{H}_1')$, $(\mathrm{H}_2')$ 可知 $Ax(t)\ge 0$, $t\in[0,1]$. 由条件 $(\mathrm{H}_1')$, $(\mathrm{H}_2')$ 可得算子 $A$ 是减的. 令 $\beta(t)=\max\{\beta_1(t),\ \beta_2(t),\ \beta_3(t)\}$, 由条件 $(\mathrm{H}_3')$, 对任意的 $t\in(0,1)$, $x\in\widetilde{P}$, $\lambda\in(0,1)$, 有

$$
\begin{aligned}
A(\lambda x)(t) &=-\int_0^1 G(t,s)f(s,\lambda x(s))\mathrm{d}s\\
&-[t\sum_{0<t_k<t}I_k(\lambda x(t_k))+(1+t)\sum_{t\le t_k<1}I_k(\lambda x(t_k))]\\
&+\sum_{0<t_k<t}(t-t_k)\bar{I}_k(\lambda x(t_k))+(1+t)\sum_{k=1}^{m}t_k\bar{I}_k(\lambda x(t_k))\\
&\le \lambda^{-\beta_1(\lambda)}[-\int_0^1 G(t,s)f(s,x(s))\mathrm{d}s]+\lambda^{-\beta_2(\lambda)}\\
&\times[-t\sum_{0<t_k<t}I_k(x(t_k))-(1+t)\sum_{t\le t_k<1}I_k(x(t_k))]\\
&+\lambda^{-\beta_3(\lambda)}[\sum_{0<t_k<t}(t-t_k)\bar{I}_k(x(t_k))+(1+t)\sum_{k=1}^{m}t_k\bar{I}_k(x(t_k))]
\end{aligned}
\tag{4.2.37}
$$

$$
\begin{aligned}
&\leq \lambda^{-\beta(\lambda)}\{-\int_0^1 G(t,s)f(s,x(s))\mathrm{d}s \\
&\quad -[t\sum_{0<t_k<t} I_k(x(t_k)) + (1+t)\sum_{t\leq t_k<1} I_k(x(t_k))] \\
&\quad + \sum_{0<t_k<t}(t-t_k)\bar{I}_k(x(t_k)) + (1+t)\sum_{k=1}^{m} t_k\bar{I}_k(x(t_k))\} \\
&= \lambda^{-\beta(\lambda)}Ax(t).
\end{aligned}
$$

即 $A(\lambda x)\leq \lambda^{-\beta(\lambda)}Ax$, 进一步

$$
Ax = A(\lambda\cdot\frac{1}{\lambda}x)\leq \lambda^{-\beta(\lambda)}A(\frac{1}{\lambda}x).
$$

故 $A(\frac{1}{\lambda}x)\geq \lambda^{\beta(\lambda)}Ax$, 因此, $A^2:\widetilde{P}\to\widetilde{P}$ 是递增的.

$$
A^2(\lambda x) = A(A(\lambda x)) \geq A(\lambda^{-\beta(\lambda)}Ax) \geq (\lambda^{\beta(\lambda)})^{\beta(\lambda^{\beta(\lambda)})}A^2x \geq \lambda^{\beta(\lambda)}A^2x.
$$

令 $\alpha(t)=t^{\beta(t)}$, $t\in(0,1)$. 则 $\alpha(t)\ \in(t,1)$ 且 $A^2(\lambda x)\geq\alpha(\lambda)A^2x$, 故 $A^2:\widetilde{P}\to\widetilde{P}$ 是广义凹的.

接下来证明 $A^2h\in\widetilde{P}_h$.

$$
r_1=\min_{t\in[0,1]}[-f(t,\frac{3}{2})],\ r_2=\max_{t\in[0,1]}[-f(t,\frac{1}{2})].
$$

由 $(\mathrm{H}_1')$ 可知 $r_2\geq r_1>0$, 进一步, 由 $(\mathrm{H}_1')$, $(\mathrm{H}_2')$, $(\mathrm{H}_4')$ 可得

$$
\begin{aligned}
Ah(t) &= -\int_0^1 G(t,s)f(s,h(s))\mathrm{d}s - (1+t)\sum_{k=1}^{m} I_k(h(t_k)) \\
&\quad + \sum_{0<t_k<t} I_k(h(t_k)) + \sum_{0<t_k<t}(t-t_k)\bar{I}_k(h(t_k)) \\
&\quad +(1+t)\sum_{k=1}^{m} t_k\bar{I}_k(h(t_k)) \\
&\geq -\int_0^1 G(t,s)f(s,\frac{3}{2})\mathrm{d}s \\
&\geq r_1\int_0^1 G(t,s)\mathrm{d}s \\
&= r_1h(t),
\end{aligned}
$$

$$\begin{aligned}
Ah(t) =& -\int_0^1 G(t,s)f(s,h(s))\mathrm{d}s - (1+t)\sum_{k=1}^{m} I_k(h(t_k)) \\
&+ \sum_{0<t_k<t} I_k(h(t_k)) + \sum_{0<t_k<t} (t-t_k)\bar{I}_k(h(t_k)) \\
&+ (1+t)\sum_{k=1}^{m} t_k\bar{I}_k(h(t_k)) \\
\leq& -\int_0^1 G(t,s)f(s,\frac{1}{2})\mathrm{d}s - (1+t)\sum_{k=1}^{m} I_k(h(t_k)) \\
&+ \sum_{k=1}^{m}(1-t_k)\bar{I}_k(h(t_k)) + 2\sum_{k-1}^{m} t_k\bar{I}_k(h(t_k)) \\
\leq& r_2h(t) + 2(-\sum_{k=1}^{m} I_k(\frac{1}{2})) + \sum_{k=1}^{m}(1+t_k)\bar{I}_k(\frac{1}{2}) \\
=& r_2h(t) + \sum_{k=1}^{m}[-2I_k(\frac{1}{2}) + (1+t_k)\bar{I}_k(\frac{1}{2})] \\
\leq& r_2h(t) + 2\sum_{k=1}^{m}[-2I_k(\frac{1}{2}) + (1+t_k)\bar{I}_k(\frac{1}{2})]\cdot h(t) \\
=& (r_2 + 2\sum_{k=1}^{m}[-2I_k(\frac{1}{2}) + (1+t_k)\bar{I}_k(\frac{1}{2})])h(t).
\end{aligned} \tag{4.2.38}$$

因此

$$r_1h \leq Ah \leq (r_2 + 2\sum_{k=1}^{m}[-2I_k(\frac{1}{2}) + (1+t_k)\bar{I}_k(\frac{1}{2})])h,$$

选取足够小的数 $r_0 \in (0,1)$ 使得

$$r_0 \leq r_1 < r_2 + 2\sum_{k=1}^{m}[-2I_k(\frac{1}{2}) + (1+t_k)\bar{I}_k(\frac{1}{2})] \leq \frac{1}{r_0}.$$

可得出 $r_0h \leq Ah \leq \frac{1}{r_0}h$, 进一步有,

$$A^2h = A(Ah) \leq A(r_0h) \leq r_0^{-\beta(r_0)}Ah \leq \frac{1}{r_0^{1+\beta(r_0)}}h,$$

$$A^2h = A(Ah) \geq A(\frac{1}{r_0}h) \geq r_0^{\beta(r_0)}Ah \geq r_0^{1+\beta(r_0)}h.$$

因此 $A^2h \in \widetilde{P}_h$. 存在 $u_0$, $v_0 \in \widetilde{P}_h$ 使得 $u_0 \le A^2u_0$, $A^2v_0 \le v_0$, 且算子方程 $x = A^2x$ 在 $\widetilde{P}_h$ 内有唯一解. 令 $\bar{u}_0 = Au_0$, $\bar{v}_0 = Av_0$, 则 $u_0 \le A\bar{u}_0$, $A\bar{v}_0 \le v_0$, 即

$$\begin{aligned} u_0(t) \le & -\int_0^1 G(t,s)f(s,\bar{u}_0(s))\mathrm{d}s - (1+t)\sum_{k=1}^m I_k(\bar{u}_0(t_k)) \\ & + \sum_{0<t_k<t} I_k(\bar{u}_0(t_k)) + \sum_{0<t_k<t}(t-t_k)\bar{I}_k(\bar{u}_0(t_k)) \\ & +(1+t)\sum_{k=1}^m t_k\bar{I}_k(\bar{u}_0(t_k)), \end{aligned} \tag{4.2.39}$$

$$\begin{aligned} v_0(t) \ge & -\int_0^1 G(t,s)f(s,\bar{v}_0(s))\mathrm{d}s - (1+t)\sum_{k=1}^m I_k(\bar{v}_0(t_k)) \\ & + \sum_{0<t_k<t} I_k(\bar{v}_0(t_k)) + \sum_{0<t_k<t}(t-t_k)\bar{I}_k(\bar{v}_0(t_k)) \\ & +(1+t)\sum_{k=1}^m t_k\bar{I}_k(\bar{v}_0(t_k)). \end{aligned} \tag{4.2.40}$$

最后, 证明 $x^*$ 是 $A$ 在 $\widetilde{P}_h$ 内的唯一不动点. 由于 $A^2(Ax^*) = A(A^2x^*) = Ax^*$, 结合算子方程 $x = A^2x$ 解的唯一性, 可得 $Ax^* = x^*$. 假定 $y^*$ 是 $A$ 的另一个不动点. 则 $A^2y^* = A(A(y^*)) = Ay^* = y^*$. 因此由算子方程 $x = A^2x$ 解的唯一性可得 $x^* = y^*$. 故方程在 $\widetilde{P}_h$ 内有唯一正解 $x^*$. □

### 4.2.3 解的多重性

下面考察一类二阶脉冲微分方程BVP多解问题:

$$\begin{cases} -x'' = f(t,x), \quad t \ne t_k \ (k = 1,2,\cdots,m), \\ \Delta x|_{t=t_k} = I_k(x(t_k)), \quad k = 1,2,\cdots,,m, \\ \Delta x'|_{t=t_k} = 0, \quad k = 1,2,\cdots,m, \\ x(0) = x'(1) = 0, \end{cases} \tag{4.2.41}$$

其中 $f\in C[J\times\mathbb{R}^+,\mathbb{R}^+]$, $J=[0,1]$, $I_k\in C[\mathbb{R}^+,\mathbb{R}^+]$, $0<t_1<\cdots<t_k<\cdots<t_m<1$. (4.2.41) 是 (4.2.1) 的特殊情形, 这时 $n=1,f$ 不含 $x'$, $\bar{I}_k=0$, $a=d=1$, $b=c=0$, $x_0=x_0^*=0$. 于是, 由 (4.2.16) 式定义的算子 $A$ 是:

$$(Ax)(t)=\int_0^1 G(t,s)f(s,x(s))\mathrm{d}s+\sum_{0<t_k<t}I_k(x(t_k)),\tag{4.2.42}$$

其中

$$G(t,s)=\begin{cases}t, & t\le s,\\ s, & t>s.\end{cases}\tag{4.2.43}$$

易知, $A$ 是映 $PC[J,\mathbb{R}^+]$ 入 $PC[J,\mathbb{R}^+]$ 的全连续算子. □

**引理4.2.7** $x\in PC[J,\mathbb{R}^+]\cap C^2[J',\mathbb{R}^1]$ 是 BVP (4.2.41) 的解当且仅当 $x\in PC[J,\mathbb{R}^+]$ 是算子 A (由 (4.2.42) 式定义) 的不动点.

**定理4.2.5** 设当 $x\to\infty$ 时和 $x\to 0^+$ 时, 均有 $\frac{f(t,x)}{x}\to 0$ 关于 $t\in J$ 一致, $\frac{I_k(x)}{x}\to 0$, $k=1,2,\cdots,m$. 又设存在 $u_0>0$ 及 $0<a_0<b_0\le 1$ 使

$$f(t,x)\ge h(t)u_0,\ \forall\, t\in J_0=[a_0,b_0],\ x\ge u_0,\tag{4.2.44}$$

其中 $h\in C[J_0,\mathbb{R}^+]$ 满足

$$\int_{J_0}h(t)\mathrm{d}t>\frac{1}{a_0}.\tag{4.2.45}$$

那么, BVP (4.2.41) 在 $PC[J,\mathbb{R}^+]\cap C^2[J',\mathbb{R}^1]$ 中具有两个解 $x_1(t)$ 与 $x_2(t)$, 满足 $x_1(t)\ne 0$, $x_2(t)>0$, $0<t\le 1$, 并且

$$\inf_{t\in J_0}x_1(t)<u_0<\inf_{t\in J_0}x_2(t).\tag{4.2.46}$$

**证明:** 由 $\dfrac{f(t,x)}{x}\to 0$ 关于 $t\in J$ 一致, $\dfrac{I_k(x)}{x}\to 0$ 知, 存在 $R>u_0>r>0$ 使得

$$0\le f(t,x)\le\frac{1}{4}x,\ \forall\, t\in J,\ 0\le x\le r\text{和 }x\ge R,\tag{4.2.47}$$

$$0\le I_k(x)\le\frac{1}{4m}x,\ \forall 0\le x\le r,\ x\ge R,\tag{4.2.48}$$

于是

$$0 \le f(t,x) \le \frac{1}{4}x + M, \tag{4.2.49}$$

$$0 \le I_k(x) \le \frac{1}{4m}x + M, \tag{4.2.50}$$

其中 $M = \max\{M_0, M_1, \cdots, M_m\}$, $M_0 = \max\{f(t,x) | t \in J, 0 \le x \le R\}$, $M_k = \max\{I_k(x) | 0 \le x \le R\}$ $(k = 1, 2, \cdots, m)$. 令 $R_1 = \max\{R, 3(m+1)M\}$, $U_1 = \{x \in PC[J, \mathbb{R}^+] | \|x\|_{PC} < r\}$, $U_2 = \{x \in PC[J, \mathbb{R}^+] | \|x\|_{PC} < R_1\}$ 以及 $U_3 = \{x \in PC[J, \mathbb{R}^+] | \ \|x\|_{PC} < R_1$ 且 $\inf\limits_{t \in J_0} x(t) > u_0\}$. 于是, $U_1, U_2, U_3$ 都是$PC[J, \mathbb{R}^+]$ 中有界凸开集 (注意 $PC[J, \mathbb{R}^+]$ 是空间$PC[J, \mathbb{R}^1]$ 中的一个锥), 且

$$U_1 \subset U_2, \ U_3 \subset U_2, \ U_1 \cap U_3 = \emptyset.$$

$\bar{U}_1 = \{x \in PC[J, \mathbb{R}^+] | \ \|x\|_{PC} \le r\}$, $\bar{U}_2 = \{x \in PC[J, \mathbb{R}^+] | \ \|x\|_{PC} \le R_1\}$, $\bar{U}_3 = \{x \in PC[J, \mathbb{R}^+] | \ \|x\|_{PC} \le R_1$ 且 $\inf\limits_{t \in J_0} x(t) \ge u_0\}$. 对于 $x \in \bar{U}_2$, 由 (4.2.49) 式和 (4.2.50) 式知

$$0 \le (Ax)(t) \le \int_0^1 G(t,s)[\frac{1}{4}x(s) + M]\mathrm{d}s + \sum_{0<t_k<t} [\frac{1}{4m}x(t_k) + M], \ t \in J,$$

故

$$\|Ax\|_{PC} \le \frac{1}{4}\|x\|_{PC} + mM + \frac{1}{4}\|x\|_{PC} + M \le \frac{R_1}{2} + (m+1)M < R_1,$$

从而

$$A(\bar{U}_2) \subset U_2. \tag{4.2.51}$$

类似地, 由 (4.2.47) 式和 (4.2.48) 式可得

$$A(\bar{U}_1) \subset U_1. \tag{4.2.52}$$

对 $x \in \bar{U}_3$, 首先由 (4.2.51) 式知 $\|Ax\|_{PC} < R_1$, 其次由 (4.2.44) 式及 (4.2.45)

式得

$$t \in J_0 \Rightarrow (Ax)(t) \geq \int_{J_0} G(t,s)f(s,x(s))\mathrm{d}s \geq a_0u_0\int_{J_0} h(s)\mathrm{d}s > u_0,$$

故知 $Ax \in U_3$, 从而有

$$A(\bar{U}_3) \subset U_3. \tag{4.2.53}$$

由 (4.2.51)—(4.2.53) 诸式知, 不动点指数

$$i(A, U_i, PC[J, \mathbb{R}^+]) = 1,\ i = 1,2,3.$$

于是, 又有

$$\begin{aligned}
&i(A, U_2\backslash(\bar{U}_1 \cup \bar{U}_3), PC[J, \mathbb{R}^+]) \\
=&i(A, U_2, PC[J, \mathbb{R}^+]) - i(A, U_1, PC[J, \mathbb{R}^+]) - i(A, U_3, PC[J, \mathbb{R}^+]) \\
=&-1.
\end{aligned}$$

由此可知, 存在 $x_1 \in U_2\backslash(\bar{U}_1 \cup \bar{U}_3)$ 及 $x_2 \in U_3$ 使 $Ax_1 = x_1$, $Ax_2 = x_2$. 并且, $x_1, x_2$ 满足 (4.2.46) 式.

设存在 $0 < t_0 \leq 1$ 使 $x_2(t_0) = 0$, 则

$$\begin{aligned}
0 &= (Ax_2)(t_0) \\
&= \int_0^{t_0} sf(s, x_2(s))\mathrm{d}s + t_0\int_{t_0}^1 f(s, x_2(s))\mathrm{d}s + \sum_{0<t_k<t_0} I_k(x_2(t_k)).
\end{aligned}$$

从而 $f(s, x_2(s)) \equiv 0$, $\forall\ s \in J$, 因 $x_2 \in U_3$, 故由 (4.2.44) 式和 (4.2.45) 式知

$$0 = \int_{J_0} f(s, x_2(s))\mathrm{d}s \geq \int_{J_0} h(s)u_0\mathrm{d}s > \frac{u_0}{a_0} > 0,$$

得出了矛盾. □

**注4.2.2** 从证明可看出:如果$f(t,x) > 0$, $\forall\ 0 < t \leq 1, x > 0$,则$x_1(t) > 0$, $\forall\ 0 < t \leq 1$.

**定理4.2.6** 设存在 $t_m < \alpha < \beta < 1$ 使当 $x \to +\infty$ 和 $x \to 0^+$ 时, 均有

$$\frac{f(t,x)}{x} \to +\infty \text{ 关于 } t \in [\alpha, \beta] \text{ 一致}. \tag{4.2.54}$$

又设存在 $d>0$ 使

$$\frac{1}{2}[\max_{0\le t\le 1,0\le x\le d} f(t,x)]+\sum_{k=1}^{m}\max_{0\le x\le d} I_k(x)<d, \tag{4.2.55}$$

则 BVP (4.2.41) 在 $PC[J,\mathbb{R}^+]\cap C^2[J',\mathbb{R}^1]$ 中具有两个解 $x_1(t)$ 与 $x_2(t)$, 满足

$$x_1(t)\not\equiv 0, x_2(t)\not\equiv 0, \text{并且} \sup_{t\in J} x_1(t)<d<\sup_{t\in J} x_2(t). \tag{4.2.56}$$

**证明:** 令 $K=\{x\in PC[J,\mathbb{R}^+]|\min\limits_{\alpha\le t\le\beta} x(t)\ge a\|x\|_{PC}\}$. 易知, $K$ 是空间 $C[J,\mathbb{R}^1]$ 中一个锥, 且 $K\subset PC[J,\mathbb{R}^+]$, 当 $x\in K$, $\alpha\le t\le\beta$, $u\in J$ 时, 由 (4.2.42) 式有

$$\begin{aligned}(Ax)(t)&=\int_0^1 G(t,s)f(s,x(s))\mathrm{d}s+\sum_{k=1}^{m} I_k(x(t_k))\\&\ge\int_0^1 \alpha G(u,s)f(s,x(s))\mathrm{d}s+\sum_{0\le t_k\le a} I_k(x(t_k))\ge\alpha(Ax)(u),\end{aligned}$$

由此可知

$$A(K)\subset K. \tag{4.2.57}$$

由 (4.2.54) 式知: 存在 $0<r<d<R$ 使得

$$f(t,x)\ge\frac{1}{\alpha^2(\beta-\alpha)}x,\ \forall\, t\in[\alpha,\beta],\ x\ge R,\ 0\le x\le r,$$

于是, 当 $x\in K$, $\|x\|_{PC}=R_1=\frac{R}{\alpha}$ 时, 有

$$\min_{\alpha\le t\le\beta} x(t)\ge\alpha\|x\|_{PC}=R,$$

从而

$$\begin{aligned}t\in[\alpha,\beta]\Rightarrow(Ax)(t)&\ge\int_\alpha^\beta G(t,s)f(s,x(s))\mathrm{d}s\\&\ge\frac{1}{\alpha(\beta-\alpha)}\int_\alpha^\beta x(s)\mathrm{d}s\ge\frac{R}{a}=\|x\|_{PC},\end{aligned}$$

故

$$\|Ax\|_{PC}\ge\|x\|_{PC},\ \forall\ x\in K,\ \|x\|_{PC}=R_1.$$

类似地, 可得

$$\|Ax\|_{PC} \geq \|x\|_{PC},\ \forall\ x \in K,\ \|x\|_{PC} = r. \tag{4.2.58}$$

另一方面, 令 $M = \max\{f(t,x)|0 \leq t \leq 1, 0 \leq x \leq d\}$, $M_k = \{I_k(x)|0 \leq x \leq d\}$ $(k = 1, 2, \cdots m)$, 由 (4.2.42) 式和 (4.2.55) 式知: 当 $x \in K, \|x\|_{PC} = d$ 时, 有

$$\begin{aligned} 0 \leq (Ax)(t) \leq M\int_0^1 G(t,s)\mathrm{d}s + \sum_{k=1}^{m} M_k &= (1 - \frac{t}{2})M(t) + \sum_{k=1}^{m} M_k \\ &< \frac{1}{2}M + \sum_{k=1}^{m} M_k, \end{aligned}$$

故

$$\|Ax\|_{PC} \leq \frac{1}{2}M + \sum_{k=1}^{m} M_k < d = \|x\|_{PC}, \forall\ x \in K,\ \|x\|_{PC} = d. \tag{4.2.59}$$

由 (4.2.57) – (4.2.59)诸式, 利用范数形式的锥拉伸与压缩不动点定理知, $A$ 在 $K$ 中具有不动点 $x_1$ 与 $x_2$, 满足 $r \leq \|x_1\|_{PC} < d < \|x_2\|_{PC} \leq R$. □

**注4.2.3** 类似于注 4.2.2 中所述, 在定理 4.2.6 条件下, 如果$f(t,x) > 0, \forall\ 0 < t \leq 1,\ x > 0$, 则有 $x_1(t) > 0,\ x_2(t) > 0,\ \forall\ 0 < t \leq 1$.

### 4.2.4 例子

**例4.2.1** 考察二阶脉冲微分方程的边值问题 (BVP):

$$\begin{cases} -x_i'' = \sqrt[3]{t - x_i + x_{i+1}'} - \dfrac{1}{6}x_{i+2}' - 3\ln(1 + x_{2i}^2),\ t \neq \dfrac{1}{2}, \\ \Delta x_i|_{t=\frac{1}{2}} = \dfrac{1}{10}x_{i+1}(\dfrac{1}{2}), \\ \Delta x_i'|_{t=\frac{1}{2}} = \dfrac{1}{6}[x_i(\dfrac{1}{2}) - x_{i+1}'(\dfrac{1}{2})], \\ x_i(0) = x_i(1) = 0,\ i = 1, 2, \cdots, n, \end{cases} \tag{4.2.60}$$

其中规定 $x_{n+i} = x_i$, $x_{n+i}' = x_i'$.

**结论:** BVP (4.2.60) 在 $PC^1[J,\mathbb{R}^n]\cap C^2[J',\mathbb{R}^n]$ 中有解, $J'=[0,\frac{1}{2})\cup(\frac{1}{2},1]$.

**证明:** BVP(4.2.60) 是 (4.2.1) 形式的边值问题, 其中 $x=(x_1,\cdots,x_n)$, $y=(y_1,\cdots,y_n)$, $f=(f_1,\cdots,f_n)$,

$$f_i(t,x,y)=\sqrt[3]{t-x_i+y_{i+1}}-\frac{1}{6}y_{i+2}-3\ln(1+x_{2i}^2),\tag{4.2.61}$$

$$m=1,\ t_1=\frac{1}{2},\ I=(I_{11},\cdots,I_{1n}),\ \bar{I}_1=(\bar{I}_{11},\cdots,\bar{I}_{1n}),$$

$$I_{1i}(x)=\frac{1}{10}x_{i+1},\ \bar{I}_{1i}(x,y)=\frac{1}{6}(x_i-y_{i+1}),\tag{4.2.62}$$

$$a=c=1,\ b=d=0,\ x_0=x_0^*=(0,\cdots,0).$$

显然, $f\in C[J\times\mathbb{R}^n\times\mathbb{R}^n,\mathbb{R}^n]$, $I_1\in C[\mathbb{R}^n,\mathbb{R}^n]$, $\bar{I}_1\in C[\mathbb{R}^n\times\mathbb{R}^n,\mathbb{R}^n]$. 由 (4.2.61) 式和 (4.2.62) 式, 得

$$\|f(t,x,y)\|\le\sqrt[3]{t+\|x\|+\|y\|}+\frac{1}{6}(\|x\|+\|y\|)+3\ln(1+\|x\|^2),$$

$$\|I_1(x)\|=\frac{1}{10}\|x\|,\ \|\bar{I}_1(x,y)\|\le\frac{1}{6}(\|x\|+\|y\|),\ \forall\ t\in J,\ x,y\in\mathbb{R}^n,$$

由此可知 $\beta\le\frac{1}{6}$, $\beta_1\le\frac{1}{10}$, $\bar{\beta}_1\le\frac{1}{6}$. 又由于 $a=c=1,b=d=0$, 故 $\delta=1$,

$$G(t,s)=\begin{cases}t(1-s), & t\le s,\\ s(1-t), & t>s.\end{cases}$$

$$G'(t,s)=\begin{cases}1-s, & t<s,\\ -s, & t>s.\end{cases}$$

从而 $\tau=\frac{1}{4}$, $\tau'=1$, $\eta_1\le\frac{37}{60}$, $\eta_2\le\frac{28}{30}$, $\eta\le\frac{28}{30}<1$, 满足定理 4.2.1 的条件. 即知所述结论成立. □

**例4.2.2** 考察二阶脉冲微分方程的边值问题 (BVP):

$$\begin{cases} -x'' = 15\sqrt{tx}\ln(1+tx),\ t \neq t_1,\ t \neq t_2, \\ \Delta x|_{t=t_1} = \sin^2 x(t_1),\ \Delta x|_{t=t_2} = \ln(1+[x(t_2)]^2), \\ \Delta x'|_{t=t_1} - \Delta x'|_{t=t_2} = 0, \\ x(0) = x'(1) = 0, \end{cases} \tag{4.2.63}$$

其中 $0 < t_1 < t_2 < 1$. 显然, $x(t) \equiv 0$ 是BVP (4.2.63) 的平凡解.

**结论:** BVP (4.2.63) 在 $PC[J,\mathbb{R}^+] \cap C^2[J',\mathbb{R}^1]$ 中具有两个解 $x_1(t)$ 与 $x_2(t)$, 满足 $x_1(t) > 0,\ x_2(t) > 0,\ \forall\ 0 < t \leq 1$, 并且 $\inf\limits_{\frac{1}{2}\leq t\leq 1} x_1(t) < 1 < \inf\limits_{\frac{1}{2}\leq t\leq 1} x_2(t)$.

**证明:** 对问题 (4.2.63), 有 $m = 2$,

$$f(t,x) = 15\sqrt{tx}\ln(1+tx), I_1(x) = \sin^2(x), I_2(x) = \ln(1+x^2),$$

显然, 条件(4.2.43)满足, 令 $u_0 = 1,\ a_0 = \frac{1}{2},\ b_0 = 1,\ h(t) = 15\ln(\frac{3}{2})\sqrt{t}$. 条件(4.2.44)和 (4.2.45) 也满足, 当 $0 \leq t \leq 1, x > 0$ 时, $f(t,x) > 0$, 根据定理 4.2.5 及注 4.2.2, 即知所述结论成立. □

**例4.2.3** 考察二阶脉冲微分方程的边值问题 (BVP):

$$\begin{cases} -x'' = \sqrt[3]{x}\cos^2(t-x) + \frac{1}{4}t(2-t)(\mathrm{e}^{tx}-1),\ t \neq \frac{1}{2}, \\ \Delta x|_{t=\frac{1}{2}} = \frac{1}{12}[x(\frac{1}{2})]^2\mathrm{e}^{x(\frac{1}{2})}, \\ x(0) = x'(1) = 0, \end{cases} \tag{4.2.64}$$

**结论:** BVP (4.2.64) 在 $PC[J,\mathbb{R}^+] \cap C^2[J',\mathbb{R}^1]$ 中具有两个解 $x_1(t)$ 与 $x_2(t)$, 满足 $x_1(t) > 0,\ x_2(t) > 0,\ \forall\ 0 < t \leq 1$, 并且 $\sup\limits_{t\in J} x_1(t) < 1 < \sup\limits_{t\in J} x_2(t)$.

**证明:** 对此问题, 有 $m = 1, t_1 = \frac{1}{2}$,

$$f(t,x) = \sqrt[3]{x}\cos^2(t-x) + \frac{1}{4}t(2-t)(\mathrm{e}^{tx}-1),$$

$$I_1(x) = \frac{1}{12}x^2\mathrm{e}^x.$$

计算可得 $\alpha = \dfrac{5}{8},\ \beta = \dfrac{7}{8}$ 满足条件 (4.2.54) , $f(t,x) > 0,\ \forall\ 0 < t \leq 1$ ,

$x > 0$,满足定理 4.2.6和注 4.2.3, 即得所述结论. □

## 4.3 小结

本章主要聚焦于二阶脉冲微分方程的研究, 深入探讨了初值问题和边值问题解的存在性, 唯一性以及最优控制问题.

在4.1节中, 针对二阶脉冲微分方程的初值问题, 详细研究了其解的存在唯一性, 并探讨了最优控制问题. 通过理论分析, 得到关于解的存在唯一性的重要结论, 并在获得唯一解后，给出最优控制的存在性结论, 相关定理 4.1.2 选自张玲玲, Noriaki Yamazaki 和翟成波论文中的结果[15].

在4.2节中, 利用上下解方法, 对二阶脉冲微分方程的边值问题进行了深入研究. 分别讨论了边值问题解的存在性, 唯一性以及多重性, 得到了一系列重要的理论结果. 其中定理 4.2.1, 定理 4.2.2 选自郭大钧论文所得结果[16], 定理 4.2.3, 定理 4.2.4 选自张玲玲和翟成波的论文所得结论[17], 利用广义凹算子的一个新的不动点定理, 给出了具有凹或凸的非线性二阶脉冲微分方程两点边值问题正解存在唯一性的判据.

# 第 5 章　二阶脉冲积微分方程

二阶脉冲积微分方程的初边值问题可以用于描述和刻画现实生活中的突发事件或间歇性控制的复杂动态系统, 广泛应用于工程控制、生物医学、经济学和物理学等领域. 本章考虑二阶脉冲积微分方程的初值问题以及周期边值问题, 研究方程解的存在性与存在唯一性问题.

## 5.1　二阶脉冲积微分方程初值问题

### 5.1.1　解的存在性

考虑一类二阶脉冲积微分方程的初值问题:

$$\begin{cases} x''(t) = f(t, x(t), x'(t), Tx(t), Sx(t)),\ t \neq t_k\ (k = 1, 2, \cdots, m), \\ \Delta x(t_k) = I_k(x(t_k), x'(t_k)),\ k = 1, 2, \cdots, m, \\ \Delta x'(t_k) = \bar{I}_k(x(t_k), x'(t_k)),\ k = 1, 2, \cdots, m, \\ x(0) = x_0,\ x'(0) = x_0^*, \end{cases} \tag{5.1.1}$$

其中 $f \in C[J\times E\times E\times E\times E, E]$, $J = [0, 1]$, $0 < t_1 < \cdots < t_k < \cdots < t_m < 1$. $I_k \in C[E\times E, E]$, $\bar{I}_k \in C[E\times E, E]$, $k = 1, 2, \cdots, m$. $x_0$, $x_0^* \in E$, $\theta$ 为 $E$ 中的零元素, $J' = J \setminus \{t_1, t_2, \cdots, t_m\}$, $J_0 = [0, t_1]$, $J_k = (t_k, t_{k+1}]$, $k = 1, 2, \cdots, m$, $t_{m+1} = 1$,

$$Tx(t) = \int_0^t k(t, s)x(s)\mathrm{d}s, \quad Sx(t) = \int_0^1 h(t, s)x(s)\mathrm{d}s, \quad \forall t \in J,$$

其中$k \in C[D, \mathbb{R}^+]$, $D = \{(t, s) \in J \times J | t \geq s\}$, $h \in C[J \times J, \mathbb{R}^+]$, $\mathbb{R}^+ = [0, +\infty)$. $\Delta x|_{t=t_k} = x(t_k^+) - x(t_k^-)$, 其中 $x(t_k^+)$ 和 $x(t_k^-)$ 分别代表 $x(t)$ 在 $t = t_k$ 处的右极限与左极限. $\Delta x'|_{t=t_k} = x'(t_k^+) - x'(t_k^-)$, 其中 $x'(t_k^+)$ 和 $x'(t_k^-)$

分别代表 $x'(t)$ 在 $t=t_k$ 处的右极限与左极限.

令$PC[J,E]=\{x:J\to E|x(t)$在$t\neq t_k$处连续, 在$t=t_k$处左连续, 且$x(t_k^+)$存在, $k=1,2,\cdots,m\}$, $PC^1[J,E]=\{x\in PC[J,E]|x(t)$在$t\neq t_k$处连续可微, 且$x'(t_k^-)$和$x'(t_k^+)$存在, $k=1,2,\cdots,m\}$.

对于任意的 $x\in PC^1[J,E]$, 存在左导数 $x'_-(t_k)=x'(t_k^-)$. 在方程(5.1.1)以及下面的推导过程中, $x'(t_k)$ 可以理解为$x'_-(t_k)$. $P_c=\{x\in PC[J,E]|x(t)\geq\theta,t\in J\}$ 是 $PC[J,E]$ 中的一个正规锥.

考虑 Banach 空间 $E$ 中一阶脉冲微分方程初值问题解的存在性:

$$\begin{cases}u'(t)=f(t,Bu(t),u(t),TBu(t),SBu(t)),\ t\neq t_k,\\ \Delta u(t_k)=\bar{I}_k(Bu(t_k),u(t_k)),\ k=1,2,\cdots,m,\\ u(0)=x_0^*,\end{cases}\tag{5.1.2}$$

其中 $f$, $T$, $S$, $\bar{I}_k$, $t_k$, $k=1,2,\cdots,m$, $x_0^*$ 的意义同方程(5.1.1) 中一致, $B:PC[J,E]\cap C^1[J',E]\to PC^1[J,E]\cap C^2[J',E]$ 是一个连续的增算子.

**引理5.1.1** 假设$U\subset PC[J,E]$在每个$J_k$, $k=0,1,\cdots,m$ 上都是有界且等度连续的, 则

$$\alpha(U)=\alpha(U(J))=\sup_{t\in J}\{\alpha(U(t))\},$$

其中 $\alpha$ 代表 Kuratowski 非紧性测度, $U(J)=\{u(t)\in E|u\in U,t\in J\}$, $U(t)=\{u(t)\in E|u\in U\}$, $t\in J$.

**引理5.1.2** 假设 $u\in PC[J,E]\cap C^1[J',E]$ 满足

$$\begin{cases}u'(t)\geq -Mu(t),\ t\neq t_k,\\ \Delta u(t_k)\geq\theta,\ k=1,2,\cdots,m,\\ u(0)\geq\theta,\end{cases}$$

其中 $M\geq 0$, 则 $u(t)\geq\theta$, $t\in J$.

为了方便, 列出如下条件:

$(\mathrm{K}_1)$ 存在$u_0, v_0 \in PC[J,E] \cap C^1[J',E]$ 满足$u_0(t) \le v_0(t)$,

$$\begin{cases} u_0'(t) \le f(t, Bu_0(t), u_0(t), TBu_0(t), SBu_0(t)),\ t \ne t_k, \\ \Delta u_0(t_k) \le \bar{I}_k(Bu_0(t_k), u_0(t_k)),\ k = 1, 2, \cdots, m, \\ u_0(0) \le x_0^*, \end{cases} \tag{5.1.3}$$

并且 $v_0$ 满足(5.1.3)的反向不等式.

$(\mathrm{K}_2)$ 存在非负常数 $M$ 满足

$$f(t,x,y,u,v) - f(t,\bar{x},\bar{y},\bar{u},\bar{v}) \ge -M(y-\bar{y}),$$

$$\bar{I}_k(x,y) \ge \bar{I}_k(\bar{x},\bar{y}),$$

其中 $Bu_0(t) \le \bar{x} \le x \le Bv_0(t)$, $u_0(t) \le \bar{y} \le y \le v_0(t)$, $TBu_0(t) \le \bar{u} \le u \le TBv_0(t)$, $SBu_0(t) \le \bar{v} \le v \le Bv_0(t)$.

记$[u,v] = \{x \in PC[J,E] | u \le x \le v,\ 即u(t) \le x(t) \le v(t), t \in J\}$.

**定理5.1.1** 假设条件$(\mathrm{K}_1)$, $(\mathrm{K}_2)$成立. 则初值问题 (5.1.2) 在 $PC[J,E] \cap C^1[J',E]$ 中有最小解 $u^*$, 最大解 $v^*$, 满足 $u_0 \le u^* \le v^* \le v_0$. 此外, 定义迭代序列如下:

$$\begin{aligned} u_n(t) = & x_0^* \mathrm{e}^{-Mt} + \int_0^t \mathrm{e}^{-M(t-s)} [f(s, Bu_{n-1}(s), u_{n-1}(s), TBu_{n-1}(s), SBu_{n-1}(s)) \\ & + Mu_{n-1}(s)] \mathrm{d}s + \sum_{0<t_k<t} \mathrm{e}^{-M(t-t_k)} \bar{I}_k(Bu_{n-1}(t_k), u_{n-1}(t_k)), \end{aligned} \tag{5.1.4}$$

$$\begin{aligned} v_n(t) = & x_0^* \mathrm{e}^{-Mt} + \int_0^t \mathrm{e}^{-M(t-s)} [f(s, Bv_{n-1}(s), v_{n-1}(s), TBv_{n-1}(s), SBv_{n-1}(s)) \\ & + Mv_{n-1}(s)] \mathrm{d}s + \sum_{0<t_k<t} \mathrm{e}^{-M(t-t_k)} \bar{I}_k(Bv_{n-1}(t_k), v_{n-1}(t_k)), \end{aligned} \tag{5.1.5}$$

分别一致收敛到 $u^*(t)$ 和 $v^*(t)$, 并且满足

$$u_0(t) \le u_1(t) \le \cdots \le u^*(t) \le v^*(t) \le \cdots \le v_1(t) \le v_0(t). \tag{5.1.6}$$

**证明:** 对于任意的 $\eta \in [u_0, v_0]$, 考虑下列线性IVP:

$$
\begin{cases}
u'(t) = f(t, B\eta(t), \eta(t), TB\eta(t), SB\eta(t)) - M(u(t) - \eta(t)), \ t \neq t_k, \\
\Delta u(t_k) = \bar{I}_k(B\eta(t_k), \eta(l_k)), \ k = 1, 2, \cdots, m, \\
u(0) = x_0^*.
\end{cases}
\tag{5.1.7}
$$

IVP(5.1.7)有唯一解 $u \in PC[J, E] \cap C^1[J', E]$, 即

$$
\begin{aligned}
u(t) =& x_0^* \mathrm{e}^{-Mt} + \int_0^t \mathrm{e}^{-M(t-s)}[f(s, B\eta(s), \eta(s), TB\eta(s), SB\eta(s)) \\
&+ M\eta(s)]\mathrm{d}s + \sum_{0<t_k<t} \mathrm{e}^{-M(t-t_k)} \bar{I}_k(B\eta(t_k), \eta(t_k)).
\end{aligned}
$$

根据 $u = A\eta$, 定义算子 $A : [u_0, v_0] \to PC[J, E]$, 满足

$$
\begin{aligned}
(A\eta)(t) =& x_0^* \mathrm{e}^{-Mt} + \int_0^t \mathrm{e}^{-M(t-s)}[f(s, B\eta(s), \eta(s), TB\eta(s), SB\eta(s)) \\
&+ M\eta(s)]\mathrm{d}s + \sum_{0<t_k<t} \mathrm{e}^{-M(t-t_k)} \bar{I}_k(B\eta(t_k), \eta(t_k)).
\end{aligned}
$$

根据上式结合 $(\mathrm{K}_2)$ 可以得到 $B$ 是递增的, 所以算子 $A$ 在 $[u_0, v_0]$ 上递增.

令 $u_1 = Au_0$ 且 $p = u_1 - u_0$. 根据条件 $(\mathrm{K}_1)$ 有

$$
\begin{cases}
p'(t) = u_1'(t) - u_0'(t) \geq -M(u_1(t) - u_0(t)) = -Mp(t), \\
\Delta p(t_k) \geq \theta, \ k = 1, 2, \cdots, m, \\
p(0) \geq \theta,
\end{cases}
$$

则根据引理5.1.2可以得到 $p(t) \geq \theta, t \in J$. 即 $u_0 \leq Au_0$. 同理可得 $Av_0 \leq v_0$, 即 $A : [u_0, v_0] \to [u_0, v_0]$. 令

$$
u_n = Au_{n-1}, \qquad v_n = Av_{n-1}.
$$

可以得出式(5.1.4)和(5.1.5)成立. 此外, 有

$$
u_n'(t) = f(t, Bu_{n-1}(t), u_{n-1}(t), TBu_{n-1}(t), SBu_{n-1}(t)) - M[u_n(t) - u_{n-1}(t)].
$$

$$
\Delta u_n(t_k) = \bar{I}_k(Bu_{n-1}(t_k), u_{n-1}(t_k)),
$$

以及

$$u_0(t) \le u_1(t) \le \cdots \le u_n(t) \le \cdots v_n(t) \le \cdots \le v_1(t) \le v_0(t).$$

因此, 根据锥 $P$ 的正规性可以得到存在 $u^*, v^* \in [u_0, v_0]$ 使得

$$\lim_{n\to\infty} u_n(t) - u^*(t), \lim_{n\to\infty} v_n(t) = v^*(t),$$

以及$\{u_n|n = 1,2,\cdots\}$为$PC[J,E]$中的有界集. 令 $U = \{u_n|n = 1,2,\cdots\}$, $U(t) = \{u_n(t)|n = 1,2,\cdots\}, t \in J$, 则有

$$\alpha(U(t)) = 0.$$

根据$(\mathrm{K}_1)$和$(\mathrm{K}_2)$, 可以得到对于任意的 $\eta \in [u_0, v_0]$,

$$u_0'(t) + Mu_0(t) \le v_0'(t) + Mv_0(t).$$

根据 $P_c$ 的正规性可以得到 $\{f(t, B\eta(t), \eta(t), TB\eta(t), SB\eta(t)) + M\eta(t)|\eta \in [u_0, v_0]\}$ 在 $J$ 上是一致有界的, 即存在常数 $\beta > 0$ 使得

$$|f(t, B\eta(t), \eta(t), TB\eta(t), SB\eta(t)) + M\eta(t)| \le \beta.$$

因此, 可以得到$\{u_n'|n = 1,2,\cdots\}$也是$PC[J,E]$ 中的有界集. 根据中值定理可知$U$在$J_k, k = 0,1,\cdots,m$上是等度连续的. 所以根据引理5.1.1可以得到$\alpha(U) = \sup\limits_{t\in J} \alpha(U(t)) = 0$, 则$U$在 $PC[J,E]$ 中是相对紧的, 因此, 存在一个$\{u_n(t)\}$的子序列在 $J$ 上一致收敛到 $u^*(t)$. 由于$\{u_n\}$ 是非减的且 $P_c$ 是具有正规性的, 所以$\{u_n(t)\}$在 $J$ 上也一致收敛到$u^*(t)$, 即$u^* \in PC[J,E]$. 此外, 有

$$\begin{aligned} & f(t, Bu_{n-1}(t), u_{n-1}(t), TBu_{n-1}(t), SBu_{n-1}(t)) + Mu_{n-1}(t) \\ & \quad \to f(t, Bu^*(t), u^*(t), TBu^*(t), SBu^*(t)) + Mu^*(t),\ (n\to\infty), \forall t \in J. \end{aligned}$$

因此, 有

$$\begin{aligned} & |f(t, Bu_n(t), u_n(t), TBu_n(t), SBu_n(t)) + Mu_n(t) - f(t, Bu^*(t), u^*(t), \\ & \quad TBu^*(t), SBu^*(t)) - Mu^*(t)| \le 2\beta. \end{aligned}$$

结合上式并对式(5.1.4)取极限 $n \to \infty$, 有

$$
\begin{aligned}
u^*(t)=&x_0^*\mathrm{e}^{-Mt}+\int_0^t \mathrm{e}^{-M(t-s)}[f(s,Bu^*(s),u^*(s),TBu^*(s),SBu^*(s))\\
&+Mu^*(s)]\mathrm{d}s+\sum_{0<t_k<t}\mathrm{e}^{-M(t-t_k)}\bar{I}_k(Bu^*(t_k),u^*(t_k)).
\end{aligned}
$$

从而,

$$
\begin{cases}
(u^*)'(t)=f(t,Bu^*(t),u^*(t),TBu^*(t),SBu^*(t)), \quad t\neq t_k,\\
\Delta u^*|_{t=t_k}=\bar{I}_k(Bu^*(t_k),u^*(t_k)), \quad k=1,2,\cdots,m,\\
u^*(0)=x_0^*.
\end{cases}
$$

因此, $u^*\in PC[J,E]\cap C^1[J',E]$ 为IVP(5.1.2)在 $[u_0,v_0]$ 上的最小解. 可以得到 $\{v_n\}$ 在 $J$ 上一致收敛到 $v^*\in[u_0,v_0]$, 且 $v^*$ 为IVP(5.1.2)的最大解. □

为了方便, 给出以下条件:

($K_3$) 存在 $y_0$, $z_0\in PC^1[J,E]\cap C^2[J',E]$ 满足 $y_0(t)\leq z_0(t)$, $y_0'(t)\leq z_0'(t)$.

$$
\begin{cases}
y_0''(t)\leq f(t,y_0(t),y_0'(t),Ty_0(t),Sy_0(t)), \quad t\neq t_k,\\
\Delta y_0(t_k)=I_k(y_0(t_k),y_0'(t_k)), \quad k=1,2,\cdots,m,\\
\Delta y_0'(t_k)\leq \bar{I}_k(y_0(t_k),y_0'(t_k)), \quad k=1,2,\cdots,m,\\
y_0(0)=x_0,\ y_0'(0)\leq x_0^*,
\end{cases}
\tag{5.1.8}
$$

并且 $z_0$ 满足式(5.1.8)的反向不等式.

($K_3'$) 存在 $y_0,z_0\in PC^1[J,E]\cap C^2[J',E]$ 满足 $y_0(t)\leq z_0(t)$, $y_0'(t)\leq z_0'(t)$.

$$
\begin{cases}
y_0''(t)\leq f(t,y_0(t),y_0'(t),Ty_0(t),Sy_0(t)), \quad t\neq t_k,\\
\Delta y_0(t_k)\leq I_k(y_0(t_k),y_0'(t_k)), \quad k=1,2,\cdots,m,\\
\Delta y_0'(t_k)\leq \bar{I}_k(y_0(t_k),y_0'(t_k)), \quad k=1,2,\cdots,m,\\
y_0(0)\leq x_0,\ y_0'(0)\leq x_0^*,
\end{cases}
\tag{5.1.9}
$$

且 $z_0$ 满足式(5.1.9)的反向不等式.

$(\mathrm{K}_4)$ 存在非负常数 $M$ 使得

$$f(t,x,y,u,v)-f(t,\bar{x},\bar{y},\bar{u},\bar{v})\geq -M(y-\bar{y}),$$

$$I_k(x,y)\geq I_k(\bar{x},\bar{y}),\quad \bar{I}_k(x,y)\geq \bar{I}_k(\bar{x},\bar{y}),$$

其中 $y_0(t)\leq \bar{x}\leq x\leq z_0(t)$, $y_0'(t)\leq \bar{y}\leq y\leq z_0'(t)$, $(Ty_0)(t)\leq \bar{u}\leq u\leq (Tz_0)(t)$, $(Sy_0)(t)\leq \bar{v}\leq v\leq (Sz_0)(t)$.

$(\mathrm{K}_5)$ 存在非负常数 $a_k$, $b_k$, $(k=1,2,\cdots,m)$ 使得

$$\|I_k(x,y)-I_k(\bar{x},\bar{y})\|\leq a_k\|x-\bar{x}\|+b_k\|y-\bar{y}\|.$$

令$D=\{y\in[y_0,z_0]\cap PC^1[J,E]\mid y_0'(t)\leq y'(t)\leq z_0'(t),\ t\in J\}$.

**定理5.1.2** 假设条件 $(\mathrm{K}_3)$, $(\mathrm{K}_4)$, $(\mathrm{K}_5)$ 成立, 则IVP(5.1.1) 在 $D$ 中存在最小解 $y^*$ 和最大解 $z^*$.

**证明:** 在IVP(5.1.1)中, 令

$$x'(t)=u(t),$$

则IVP(5.1.1)等价于下列方程:

$$\begin{cases} x'(t)=u(t),t\neq t_k,\\ u'(t)=f(t,x(t),u(t),Tx(t),Sx(t)),\\ \Delta x(t_k)=I_k(x(t_k),u(t_k)),\\ \Delta u(t_k)=\bar{I}_k(x(t_k),u(t_k)),\\ x(0)=x_0,\ u(0)=x_0^*. \end{cases} \tag{5.1.10}$$

对任意的$u\in PC[J,E]$, 方程

$$\begin{cases} x'(t)=u(t),\ t\neq t_k,\\ \Delta x\mid_{t=t_k}=I_k(x(t_k),u(t_k)),\\ x(0)=x_0, \end{cases}$$

有唯一解$x \in PC[J,E] \cap C^1[J',E]$ 且满足积分方程

$$x(t) = x_0 + \int_0^t u(s)\mathrm{d}s + \sum_{0<t_k<t} I_k(x(t_k), u(t_k)). \tag{5.1.11}$$

事实上,

$$\begin{cases} x'(t) = u(t), \ t \in J_0, \\ x(0) = x_0, \end{cases}$$

有唯一的连续可微解$x_0(t), \ t \in J_0$.

令 $w_1 = x_0(t_1) + I_1(x_0(t_1), u(t_1))$ , 则

$$\begin{cases} x'(t) = u(t), \ t \in J_1, \\ x(t_1) = w_1, \end{cases}$$

有唯一的连续可微解$x_1(t), \ t \in J_1$. 因此,

$$\begin{cases} x'(t) = u(t), \ t \in J_k, \\ x(t_k) = w_k, \end{cases}$$

其中$w_k = x_{k-1}(t_k)+I_k(x_{k-1}(t_k), u(t_k))$ 有唯一的连续可微解 $x_k(t)$, $t \in J_k$, $k = 1, 2, \cdots, m$.

令

$$x(t) = \begin{cases} x_0(t), \ t \in J_0, \\ x_1(t), \ t \in J_1, \\ \cdots \\ x_m(t), \ t \in J_m, \end{cases}$$

则$x \in PC[J,E] \cap C[J',E]$ 是方程(5.1.10)的唯一解, 且满足(5.1.11).

定义算子 $B : PC[J,E] \to PC[J,E] \cap C^1[J',E]$,

$$x(t) = Bu(t), \ t \in J. \tag{5.1.12}$$

接下来证明: (a) $B$是连续的; (b) $B$ 是非减的.

首先, 证明(a). 根据 (5.1.11), 可以得到

$$
\begin{aligned}
&|By_1(t)-By_2(t)| \\
\leq &\int_0^t |y_1(s)-y_2(s)|\mathrm{d}s+\sum_{0<t_k<t}|I_k(By_1(t_k),y_1(t_k))-I_k(By_2(t_k),y_2(t_k))| \\
\leq &\|y_1-y_2\|_{PC}+\sum_{k=1}^{m}a_k|By_1(t_k)-By_2(t_k)|+\sum_{k=1}^{m}b_k\|y_1-y_2\|_{PC} \\
\leq &(1+\sum_{k=1}^{m}b_k)\|y_1-y_2\|_{PC}+(a_m+1)\sum_{k=1}^{m-1}a_k|By_1(t_k)-By_2(t_k)| \\
&+a_m\|y_1-y_2\|_{PC}t_m+a_m\sum_{k=1}^{m-1}b_k\|y_1-y_2\|_{PC} \\
\leq &[1+\sum_{k=1}^{m}b_k+a_m\sum_{k=1}^{m-1}b_k+\sum_{k=2}^{m-1}a_k\prod_{j=k+1}^{m}(a_j+1)\sum_{j=1}^{k-1}b_i \\
&+\sum_{k=1}^{m}a_kt_k\prod_{j=k+1}^{m}(a_j+1)]\|y_1-y_2\|_{PC}.
\end{aligned}
$$

此外

$$
\|By_1-By_2\|_{PC}\leq M^*\|y_1-y_2\|_{PC},
$$

其中

$$
M^*=1+\sum_{k=1}^{m}b_k+a_m\sum_{k=1}^{m-1}b_k+\sum_{k=2}^{m-1}a_k\prod_{j=k+1}^{m}(a_j+1)\sum_{j=1}^{k-1}b_i+\sum_{k=1}^{m}a_kt_k\prod_{j=k+1}^{m}(a_j+1).
$$

接下来证明(b).

设 $y_1\leq y_2$, 根据($K_4$) 和(5.1.11), 可以得到

$$
By_1(t)-By_2(t)=\int_0^{t_1}(y_1(s)-y_2(s))\mathrm{d}s\leq\theta,\ t\in J_0,
$$

即

$$
By_1(t)\leq By_2(t),\ \forall t\in J_0,
$$

且

$$
By_1(t_1)\leq By_2(t_1).
$$

此外, 由于

$$\sum_{0<t_k<t_2}[I_k(By_1(t_k),y_1(t_k))-I_k(By_2(t_k),y_2(t_k))]$$

$$=I_1(By_1(t_1),y_1(t_1))-I_1(By_2(t_1),y_2(t_1))\leq\theta,$$

有

$$By_1(t)\leq By_2(t),\ t\in J_1,$$

且

$$By_1(t_2)\leq By_2(t_2).$$

类似地, 可以得到

$$By_1(t)\leq By_2(t),\ t\in J_k,\ \text{且}By_1(t_{k+1})\leq By_2(t_{k+1}),\ k=1,2,\cdots,m-1.$$

因此, 有$By_1(t)\leq By_2(t)$, $t\in J$, 即$By_1\leq By_2$.

由(5.1.11)可知, 如果$y\in PC[J,E]\cap C^1[J',E]$, 则 $By\in PC^1[J,E]\cap C^2[J',E]$. 所以, $B:PC[J,E]\cap C^1[J',E]\to PC^1[J,E]\cap C^2[J,E]$ 是连续且单调递增的.

因此, 根据 (5.1.10)−(5.1.12), IVP(5.1.1) 可以转化为一阶初值问题(5.1.2).

令$u_0(t)=y_0'(t),v_0(t)=z_0'(t)$, 有$u_0\leq v_0$, 结合条件($K_3$), 可以得到

$$y_0(t)=x_0+\int_0^t u_0(s)\mathrm{d}s+\sum_{0<t_k<t}I_k(y_0(t_k),u_0(t_k)),$$

$$z_0(t)=x_0+\int_0^t v_0(s)\mathrm{d}s+\sum_{0<t_k<t}I_k(z_0(t_k),v_0(t_k)),$$

则 $y_0(t)=Bu_0(t)$, $z_0(t)=Bv_0(t)$, 且 $u_0$, $v_0$ 满足($K_1$).

根据条件($K_4$), 可以得到 ($K_2$)成立.

因此, 根据定理5.1.1, IVP(5.1.2) 在 $[u_0,v_0]$ 上有最小解 $u^*\in PC[J,E]\cap C^1[J',E]$ 和最大解 $v^*\in PC[J,E]\cap C^1[J',E]$.

令$y^* = Bu^*$, $z^* = Bv^*$, 则$y^*$, $z^* \in PC^1[J,E] \cap C^2[J',E]$, 且

$$y^*(t) = x_0 + \int_0^t u^*(s)\mathrm{d}s + \sum_{0<t_k<t} I_k(y^*(t_k), u^*(t_k)). \tag{5.1.13}$$

根据(5.1.13), 可以得到

$$\begin{cases} y^{*\prime}(t) - u^*(t),\ t \neq t_k, \\ \Delta y^* \mid_{t=t_k} = I_k(y^*(t_k), u^*(t_k)), \quad k = 1, 2, \cdots, m, \\ y^*(0) = x_0. \end{cases} \tag{5.1.14}$$

$u^*$ 满足IVP(5.1.2)并且 $y^*$ 满足(5.1.14), 即 $y^*$ 是 IVP(5.1.1) 的解, 同样地, $z^*$ 是 IVP(5.1.1) 的一个解. 且 $y^* \subset PC^1[J,E] \cap C^2[J',E]$ 是IVP(5.1.1)在 $D$ 中的最小解, $z^* \in PC^1[J,E] \cap C^2[J',E]$ 为最大解. □

**定理5.1.3** 假设条件 ($\mathrm{K}_3'$), ($\mathrm{K}_4$), ($\mathrm{K}_5$) 成立, 且对于任意的 $y \in E$, $f(t,x,y,u,v)$ 关于 $x,u,v$ 是单调递增的, 则初值问题 (5.1.1) 在 $D$ 中有最小解 $y^* \in PC^1[J,E] \cap C^2[J',E]$ 和最大解 $z^* \in PC^1[J,E] \cap C^2[J',E]$.

**证明:** 令IVP(5.1.1) 中的$x'(t) = u(t)$, 则 $x(t) = Bu(t)$ 且IVP(5.1.1)可以转化为一阶初值问题(5.1.2).

令

$$u_0(t) = y_0'(t), \quad v_0(t) = z_0'(t). \tag{5.1.15}$$

则$u_0 \leq v_0$.

根据上式结合($\mathrm{K}_3'$)可得

$$y_0(t) = y_0(0) + \int_0^t u_0(s)\mathrm{d}s + \sum_{0<t_k<t} \Delta y_0(t_k),$$

$$z_0(t) = z_0(0) + \int_0^t v_0(s)\mathrm{d}s + \sum_{0<t_k<t} \Delta z_0(t_k).$$

又因为

$$Bu_0(t) = x_0 + \int_0^t u_0(s)\mathrm{d}s + \sum_{0<t_k<t} I_k(Bu_0(t_k), u_0(t_k)),$$

$$Bv_0(t) = x_0 + \int_0^t v_0(s)\mathrm{d}s + \sum_{0<t_k<t} I_k(Bv_0(t_k), v_0(t_k)).$$

可以得到 $y_0(t) \le Bu_0(t)$, $Bv_0(t) \le z_0(t)$, $t \in J_0$, 且$y_0(t_1) \le Bu_0(t_1)$, $Bv_0(t_1) \le z_0(t_1)$. 此外, 可以得到 $y_0(t) \le Bu_0(t)$, $Bv_0(t) \le z_0(t)$, $t \in J_k$. 以及 $y_0(t_k) \le Bu_0(t_k)$, $Bv_0(t_k) \le z_0(t_k)$, $k = 1, 2, \cdots, m$, 即 $y_0 \le Bu_0$, $Bv_0 \le z_0$. 由于$B$ 是一个增算子, 且 $f$ 是关于$x, u, v$ 的增函数, 那么根据$(\mathrm{K}_3')$ 可以得到$(\mathrm{K}_1)$ 成立.

结合定理5.1.2可以得到结论成立. □

### 5.1.2 最大最小解的存在性

研究以下一类脉冲积微分方程:

$$\begin{cases} u''(t) = \Upsilon(t, u(t), u(\phi(t)), Xu(t), Yu(t), u(\psi(t, \mu(t)))), \quad t \in J', \\ \Delta u(t_k) = I_k(u(t_k)), \quad k = 1, 2, \cdots, m, \\ \Delta u'(t_k) = I_k^*(u(t_k), u'(t_k)), \quad k = 1, 2, \cdots, m, \\ \chi_1(u(0), u(T)) = 0, \quad \chi_2(u'(0), u'(T)) = 0, \end{cases} \tag{5.1.16}$$

其中$t \in J = [0, T](T > 0)$, $\Upsilon \in C[J \times \mathbb{R}^5, \mathbb{R}]$, $I_k \in C[\mathbb{R}, \mathbb{R}]$, $I_k^*$, $\chi_i (i = 1, 2) \in C[\mathbb{R} \times \mathbb{R}, \mathbb{R}]$, $\phi \in C[J, J]$, $\mu \in C[J, \mathbb{R}]$, $\psi \in C[J \times \mathbb{R}, J]$, $0 = t_0 < t_1 < \cdots < t_k < \cdots < t_m < t_{m+1} = T$, $J' = J \setminus \{t_1, t_2, \cdots, t_m\}$,

$$Xu(t) = \int_0^t k(t, s)u(s)\mathrm{d}s, \quad Yu(t) = \int_0^T h(t, s)u(s)\mathrm{d}s,$$

其中$k(t, s) \in C[D, \mathbb{R}^+], h(t, s) \in C[J \times J, \mathbb{R}^+], D = \{(t, s) \in \mathbb{R}^2 | 0 \le s \le t, t \in J\}$, $\mathbb{R}^+ = [0, +\infty)$. $\Delta u(t_k) = u(t_k^+) - u(t_k^-)$, 其中 $u(t_k^+)$ 为 $u(t)$ 在

$t=t_k(k=1,2,\cdots,m)$ 处的右极限, $u(t_k^-)$ 为左极限. $\Delta u'(t_k)=u'(t_k^+)-u'(t_k^-)$, $u'(t_k^+)$ 为$u'(t)$ 在 $t=t_k(k=1,2,\cdots,m)$ 处的右极限, $u'(t_k^-)$ 为左极限.

**引理5.1.3** 令$s\in[0,T)$, $c_k\geq 0,\phi_k$ $(k=1,2,\cdots,m)$ 为常数, $a$, $b\in PC[J,\mathbb{R}]$, $w\in PC^1[J,\mathbb{R}]$. 如果

$$\begin{cases} w'(t)\leq a(t)w(t)+b(t), \quad t\in[s,T),\ t\neq t_k, \\ w(t_k^+)\leq c_k w(t_k)+\phi_k, \quad t_k\in[s,T), \end{cases}$$

则

$$\begin{aligned} w(t)\leq & w(s^+)(\prod_{s<t_k<t}c_k)\exp(\int_s^t a(r)\mathrm{d}r)+\int_s^t(\prod_{r<t_k<t}c_k)\exp(\int_r^t a(\tau)\mathrm{d}\tau) \\ & b(r)\mathrm{d}r+\sum_{s<t_k<t}(\prod_{t_k<t_i<t}c_k)\exp(\int_{t_k}^t a(\tau)\mathrm{d}\tau)\phi_k. \end{aligned}$$

**引理5.1.4** 假设$u\in PC^1[J,\mathbb{R}]\cap C^2[J',\mathbb{R}]$ 满足

$$\begin{cases} u''(t)\leq -D_1(t)u(t)-D_2(t)u(\phi(t)) \\ \qquad -D_3(t)(Xu)(t)-D_4(t)(Yu)(t), \quad t\in J', \\ \Delta u(t_k)\leq -L_k u(t_k), \quad k=1,2,\cdots,m, \\ \Delta u'(t_k)\leq -L_k^* u'(t_k), \quad k=1,2,\cdots,m, \\ u(0)\leq\lambda_1 u(T), \quad u'(0)\leq\lambda_2 u'(T), \end{cases} \tag{5.1.17}$$

其中 $D_i\in C[J,\mathbb{R}^+](i=1,2,3,4)$, $0\leq L_k<1$, $0<\lambda_1,\lambda_2,L_k^*<1$, 并且

$$\begin{aligned} & \lambda_1\prod_{k=1}^m(1-L_k)^2\prod_{k=1}^m\big(1-L_k^*\big)\big(1-\lambda_2\prod_{k=1}^m\big(1-L_k^*\big)\big) \\ \geq & \int_0^T q(t)\mathrm{d}t\int_0^T\prod_{s<t_k<T}(1-L_k)\,\mathrm{d}s, \end{aligned} \tag{5.1.18}$$

其中$q(t)=D_1(t)+D_2(t)+D_3(t)\int_0^t k(t,s)\mathrm{d}s+D_4(t)\int_0^T h(t,s)\mathrm{d}s$. 则 $u(t)\leq 0$.

**证明：** 利用反证法, 设 $u(t)>0,\ t\in J$, 则存在以下两种情况:

(1) 对于$\bar{t}\in J,\ u(\bar{t})>0$, 且对于 $t\in J,\ u(t)\geq 0$.

(2) 对于$t^*,\ t_*\in J$ 使得 $u(t^*)>0$ 且 $u(t_*)<0$.

在 (1) 中, 由式(5.1.17)可知, 当 $t\neq t_k$ 且 $u'(t_k^+)\leq(1-L_k^*)u'(t_k)$ 时, $u''(t)\leq 0$. 根据引理 5.1.3, 可以得到 $u'(t)\leq u'(0)\prod\limits_{0<t_k<t}(1-L_k^*)$. 由此, 结合(5.1.17), 可以得到$u'(0)\leq\lambda_2 u'(T)\leq\lambda_2 u'(0)\prod\limits_{k=1}^{m}(1-L_k^*)$, 则 $u'(0)\leq 0$, 因此$u'(t)\leq 0$. 同时, $u(t_k^+)\leq(1-L_k)u(t_k)\leq u(t_k)$. 因此, $u(t)$在$J$中是非增的. 那么$u(0)\leq\lambda_1 u(T)\leq\lambda_1 u(0)$, 与假设矛盾.

在(2)中, 令 $\inf\limits_{t\in J}u(t)=-\gamma$ , 则 $\gamma>0$, 对于 $i\in\{1,2,\ldots,m\}$, 存在 $t_*\in(t_i,t_{i+1}]$ 使得 $u(t_*)=-\gamma$ 或 $u(t_i^+)=-\gamma$. 不失一般性, 此处仅考虑 $u(t_*)=-\gamma$.

根据(5.1.17), 可以得到

$$\begin{cases}u''(t)\leq\gamma\left[D_1(t)+D_2(t)+D_3(t)\int_0^t k(t,s)\mathrm{d}s+D_4(t)\int_0^T h(t,s)\mathrm{d}s\right]\equiv\gamma q(t),\\ u'(t_k^+)\leq(1-L_k^*)u'(t_k).\end{cases}$$

根据引理5.1.3, 有

$$u'(t)\leq u'(0)\prod_{0<t_k<t}(1-L_k^*)+\int_0^t\gamma\prod_{s<t_k<t}(1-L_k^*)\,q(s)\mathrm{d}s. \tag{5.1.19}$$

在(5.1.19)中, 令$t=T$, 则有

$$\begin{aligned}u'(0)&\leq\lambda_2 u'(T)\\&\leq\lambda_2 u'(0)\prod_{k=1}^{m}(1-L_k^*)+\lambda_2\int_0^T\gamma\prod_{s<t_k<T}(1-L_k^*)q(s)\mathrm{d}s\\&\leq\lambda_2 u'(0)\prod_{k=1}^{m}(1-L_k^*)+\lambda_2\int_0^T\gamma q(s)\mathrm{d}s,\end{aligned}$$

则

$$u'(0) \le \lambda_2 \int_0^T \gamma q(s)\mathrm{d}s\big[1-\lambda_2\prod_{k=1}^{m}\big(1-L_k^*\big)\big]^{-1}. \tag{5.1.20}$$

根据(5.1.19)式和(5.1.20)式, 可以得到

$$\begin{aligned}
u'(t) \le & \lambda_2 \int_0^T \gamma q(s)\mathrm{d}s\Big[1-\lambda_2\prod_{k=1}^{m}(1-L_k^*)\Big]^{-1}\prod_{0<t_k<t}(1-L_k^*) \\
& +\int_0^t \gamma \prod_{s<t_k<t}(1-L_k^*)q(s)\mathrm{d}s \\
\le & \int_0^T \gamma q(s)\mathrm{d}s\{\lambda_2\prod_{0<t_k<t}(1-L_k^*)\Big[1-\lambda_2\prod_{k=1}^{m}(1-L_k^*)\Big]^{-1}+1\} \\
\le & \lambda_2\prod_{0<t_k<t}(1-L_k^*)\int_0^T \gamma q(s)\mathrm{d}s \\
& \times\{\Big[1-\lambda_2\prod_{k=1}^{m}(1-L_k^*)\Big]^{-1}+\Big[\lambda_2\prod_{k=1}^{m}(1-L_k^*)\Big]^{-1}\} \\
\le & \int_0^T \gamma q(s)\mathrm{d}s\Big[\prod_{k=1}^{m}(1-L_k^*)\big(1-\lambda_2\prod_{k=1}^{m}(1-L_k^*)\big)\Big]^{-1},
\end{aligned}$$

结合 $u(t_k^+) \le (1-L_k)u(t_k)$, 可以得到对于$t\in[t_*,T]$ 有

$$\begin{aligned}
u(t) \le & u(t_*)\prod_{t_*<t_k<t}(1-L_k)+\int_{t_*}^t \prod_{s<t_k<t}(1-L_k)\int_0^T \gamma q(r)\mathrm{d}r \\
& \times\Big[\prod_{k=1}^{m}(1-L_k^*)\big(1-\lambda_2\prod_{k=1}^{m}(1-L_k^*)\big)\Big]^{-1}\mathrm{d}s \\
= & u(t_*)\prod_{t_*<t_k<t}(1-L_k)+\int_0^T \gamma q(r)\mathrm{d}r \\
& \times\Big[\prod_{k=1}^{m}(1-L_k^*)\big(1-\lambda_2\prod_{k=1}^{m}(1-L_k^*)\big)\Big]^{-1}\int_{t_*}^t \prod_{s<t_k<t}(1-L_k)\mathrm{d}s.
\end{aligned} \tag{5.1.21}$$

如果 $t^*>t_*$, 在 (5.1.21) 中令 $t=t^*$ 有

$$
\begin{aligned}
0 < & -\gamma \prod_{t_* < t_k < t^*} (1 - L_k) \\
& + \gamma \int_0^T q(r) \mathrm{d}r \Big[ \prod_{k=1}^{m} (1 - L_k^*) \big(1 - \lambda_2 \prod_{k=1}^{m} (1 - L_k^*)\big) \Big]^{-1} \\
& \times \int_{t_*}^{t^*} \prod_{s < t_k < t^*} (1 - L_k) \, \mathrm{d}s,
\end{aligned}
$$

那么

$$
\begin{aligned}
& \frac{\prod_{k=1}^{m} (1 - L_k)}{\int_0^T \prod_{s < t_k < T} (1 - L_k) \mathrm{d}s} \\
\leq & \frac{\prod_{t_* < t_k < t^*} (1 - L_k)}{\int_{t_*}^{t^*} \prod_{s < t_k < t^*} (1 - L_k) \mathrm{d}s} \\
< & \int_0^T q(r) \mathrm{d}r \Big[ \prod_{k=1}^{m} (1 - L_k^*) \, (1 - \lambda_2 \prod_{k=1}^{m} (1 - L_k^*)) \Big]^{-1},
\end{aligned}
$$

这与(5.1.18)矛盾. 因此, $u(t) \leq 0$.

若$t^* < t_*$,不失一般性,令 $t_* \in (t_{p-1}, t_p]$, $t^* \in (t_q, t_{q+1}]$, $0 \leq q \leq p-1$, $p,\ q \in \{1, 2, \cdots, m\}$. 根据引理5.1.3, 有

$$
\begin{aligned}
u(t^*) \leq & u(0) \prod_{0 < t_k < t^*} (1 - L_k) + \int_0^T \gamma q(r) \mathrm{d}r \Big[ \prod_{k=1}^{m} (1 - L_k^*) (1 - \lambda_2 \prod_{k=1}^{m} (1 - L_k^*)) \Big]^{-1} \\
& \times \int_0^{t^*} \prod_{s < t_k < t^*} (1 - L_k) \mathrm{d}s \\
= & u(0) \prod_{k=1}^{q} (1 - L_k) + \int_0^T \gamma q(r) \mathrm{d}r \Big[ \prod_{k=1}^{m} (1 - L_k^*) \\
& \times (1 - \lambda_2 \prod_{k=1}^{m} (1 - L_k^*)) \Big]^{-1} \int_0^{t^*} \prod_{s < t_k < t^*} (1 - L_k) \, \mathrm{d}s.
\end{aligned} \tag{5.1.22}
$$

又因为

$$
\begin{aligned}
u(0) \leq & \lambda_1 u(T) \\
\leq & \lambda_1 u(t_*) \prod_{t_*<t_k<T} (1-L_k) \\
& + \lambda_1 \int_0^T \gamma q(r) \mathrm{d}r \\
& \times [\prod_{k=1}^{m}(1-L_k^*)(1-\lambda_2 \prod_{k=1}^{m}(1-L_k^*)]^{-1} \int_{t_*}^{T} \prod_{s<t_k<T} (1-L_k) \mathrm{d}s \qquad (5.1.23) \\
= & -\lambda_1 \gamma \prod_{k=p}^{m}(1-L_k) \\
& + \lambda_1 \int_0^T \gamma q(r) \mathrm{d}r \\
& \times [\prod_{k=1}^{m}(1-L_k^*)(1-\lambda_2 \prod_{k=1}^{m}(1-L_k^*))]^{-1} \int_{t_*}^{T} \prod_{s<t_k<T} (1-L_k) \mathrm{d}s.
\end{aligned}
$$

由式(5.1.22)和(5.1.23)得

$$
\begin{aligned}
& \lambda_1 \prod_{k=p}^{m}(1-L_k) \prod_{j=1}^{q}(1-L_j) \\
< & \int_0^T q(r) \mathrm{d}r [\prod_{k=1}^{m}(1-L_k^*)(1-\lambda_2 \prod_{k=1}^{m}(1-L_k^*))]^{-1} \\
& \times [\lambda_1 \prod_{j=1}^{q}(1-L_j) \int_{t_*}^{T} \prod_{s<t_k<T} (1-L_k) \mathrm{d}s + \int_0^{t^*} \prod_{s<t_k<t^*} (1-L_k) \mathrm{d}s].
\end{aligned}
$$

上述不等式乘以

$$
\prod_{j=q+1}^{m} (1-L_j),
$$

可以得到

$$
\begin{aligned}
&\lambda_1 \prod_{k=p}^{m}(1-L_k)\prod_{j=1}^{m}(1-L_j)\\
&< \int_0^T q(r)\mathrm{d}r\Big[\prod_{k=1}^{m}(1-L_k^*)\big(1-\lambda_2\prod_{k=1}^{m}(1-L_k^*)\big)\Big]^{-1}\\
&\quad\times\Big[\lambda_1\prod_{j=1}^{m}(1-L_j)\int_{t_*}^{T}\prod_{s<t_k<T}(1-L_k)\mathrm{d}s+\prod_{j=q+1}^{m}(1-L_j)\int_0^{t^*}\prod_{s<t_k<t^*}\\
&\quad(1-L_k)\mathrm{d}s\Big]\\
&\le \int_0^T q(r)\mathrm{d}r\Big[\prod_{k=1}^{m}(1-L_k^*)\big(1-\lambda_2\prod_{k=1}^{m}(1-L_k^*)\big)\Big]^{-1}\\
&\quad\times\Big[\int_{t_*}^{T}\prod_{s<t_k<T}(1-L_k)\mathrm{d}s+\int_0^{t^*}\prod_{s<t_k<T}(1-L_k)\mathrm{d}s\Big]\\
&\le \int_0^T q(r)\mathrm{d}r\Big[\prod_{k=1}^{m}(1-L_k^*)\big(1-\lambda_2\prod_{k=1}^{m}(1-L_k^*)\big)\Big]^{-1}\\
&\quad\times\int_0^{T}\prod_{s<t_k<T}(1-L_k)\mathrm{d}s.
\end{aligned}
$$

因此, $\lambda_1\prod\limits_{k=1}^{m}(1-L_k)^2<\int_0^T q(r)\mathrm{d}r[\prod\limits_{k=1}^{m}(1-L_k^*)(1-\lambda_2\prod\limits_{k=1}^{m}(1-L_k))]^{-1}$ $\int_0^T\prod\limits_{s<t_k<T}(1-L_k)\mathrm{d}s$, 这与(5.1.18)矛盾, 因此在 $J$ 上$u(t)\le 0$. □

考虑如下脉冲周期边值问题:

$$
\begin{cases}
u''(t)=\sigma(t)-D_1(t)u(t)-D_2(t)u(\phi(t))\\
\qquad\qquad -D_3(t)(Xu)(t)-D_4(t)(Yu)(t),\ t\in J',\\
\Delta u(t_k)=\psi_k-L_ku(t_k),\quad k=1,2,\cdots,m,\\
\Delta u'(t_k)=\nu_k-L_k^*u'(t_k),\quad k=1,2,\cdots,m,\\
u(0)=\lambda_1u(T)+m_1,\quad u'(0)=\lambda_2u'(T)+m_2,
\end{cases}
\tag{5.1.24}
$$

其中 $\sigma\in PC(J,\mathbb{R})$, $\psi_k$, $\nu_k$, $m_1$, $m_2\in\mathbb{R}$.

**引理5.1.5** $u(t)\in PC^1[J,\mathbb{R}]\cap C^2[J',\mathbb{R}]$ 是脉冲微分方程(5.1.24)的解, 当且仅当 $u(t)\in PC^1[J,\mathbb{R}]$ 是下列脉冲积分方程的解.

$$
\begin{aligned}
u(t)=&G_1+tG_2\\
&+\int_0^t (t-s)\Big[\sigma(s)-D_1(s)u(s)-D_2(s)u\Big(\phi(s)\Big)-D_3(s)(Xu)(s)-D_4(s)\\
&(Yu)(s)\Big]\mathrm{d}s+\sum_{0<t_k<t}\left\{[\psi_k-L_ku(t_k)]+(t-t_k)\left[\nu_k-L_k^*u'(t_k)\right]\right\},
\end{aligned}
\tag{5.1.25}
$$

其中

$$
\begin{aligned}
G_1=&\frac{\lambda_1}{1-\lambda_1}\Big\{\int_0^T (T-s)\Big[\sigma(s)-D_1(s)u(s)-D_2(s)u\Big(\phi(s)\Big)-D_3(s)(Xu)(s)\\
&-D_4(s)(Yu)(s)\Big]\mathrm{d}s+\sum_{0<t_k<T}\Big\{\Big[\psi_k-L_ku(t_k)\Big]+(T-t_k)\Big[\nu_k-L_k^*u'(t_k)\Big]\Big\}\\
&+TG_2+m_1\Big\}+m_1,\\
G_2=&\frac{\lambda_2}{1-\lambda_2}\Big\{\int_0^T \Big[\sigma(s)-D_1(s)u(s)-D_2(s)u\Big(\phi(s)\Big)-D_3(s)(Xu)(s)\\
&-D_4(s)(Yu)(s)\Big]\mathrm{d}s+\sum_{0<t_k<T}\Big[v_k-L_k^*u'(t_k)\Big]+m_2\Big\}+m_2.
\end{aligned}
$$

**引理5.1.6** 对$\sigma\in PC[J,\mathbb{R}]$, $\psi_k$, $\nu_k$, $m_1$, $m_2\in\mathbb{R}$, $0\le L_k<1$, $0<\lambda_1$, $\lambda_2$, $L_k^*<1$, $M$, $K$, $N$, $L\in C[J,\mathbb{R}^+]$. 如果

$$
\begin{cases}
\dfrac{1}{1-\lambda_1}\Big\{\displaystyle\int_0^T (T-s)p(s)\mathrm{d}s+\sum_{k=1}^m[L_k+(T-t_k)L_k^*]\Big\}\\
\qquad+\dfrac{\lambda_2T}{(1-\lambda_1)(1-\lambda_2)}\times[\displaystyle\int_0^T p(s)\mathrm{d}s+\sum_{k=1}^m L_k^*]<1,\\
\dfrac{1}{1-\lambda_2}[\displaystyle\int_0^T p(s)\mathrm{d}s+\sum_{k=1}^m L_k^*]<1,
\end{cases}
\tag{5.1.26}
$$

其中

$$
p(t)=D_1(t)+D_2(t)+D_3(t)\int_0^t k(t,s)\mathrm{d}s+D_4(t)\int_0^T h(t,s)\mathrm{d}s.
$$

则方程(5.1.24)有唯一解$u(t) \in PC^1[J,\mathbb{R}] \cap C^2[J',\mathbb{R}]$.

**定理5.1.4** 假设条件 (5.1.26) 成立, 并且下列条件成立:

($K_6$) 存在$u_0(t) \le v_0(t) \in PC^1[J,\mathbb{R}] \cap C^2[J',\mathbb{R}]$ 满足

$$\begin{cases} u_0''(t) \le \Upsilon(t, u_0(t), u_0(\phi(t)), Xu_0(t), Yu_0(t), u_0(\psi(t,\mu(t)))), \\ \Delta u_0(t_k) \le I_k(u_0(t_k)), \qquad k = 1,2,\cdots,m, \\ \Delta u_0'(t_k) \le I_k^*(u_0(t_k), u_0'(t_k)), \qquad k = 1,2,\cdots,m, \\ \chi_1(u_0(0), u_0(T)) \le 0, \quad \chi_2(u_0'(0), u_0'(T)) \le 0, \end{cases}$$

和

$$\begin{cases} v_0''(t) \ge \Upsilon(t, v_0(t), v_0(\phi(t)), Xv_0(t), Yv_0(t), v_0(\psi(t,\mu(t)))), \\ \Delta v_0(t_k) \ge I_k(v_0(t_k)), \qquad k = 1,2,\cdots,m, \\ \Delta v_0'(t_k) \ge I_k^*(v_0(t_k), v_0'(t_k)), \qquad k = 1,2,\cdots,m, \\ \chi_1(v_0(0), v_0(T)) \ge 0, \quad \chi_2(v_0'(0), v_0'(T)) \ge 0. \end{cases}$$

($K_7$) $D_i \in C[J,\mathbb{R}^+](i = 1,2,3,4)$满足 (5.1.18) 且

$$\begin{aligned} &\Upsilon(t,u,v,w,z,\xi) - \Upsilon(t,\bar{u},\bar{v},\bar{w},\bar{z},\bar{\xi}) \\ \ge& -D_1(t)(u-\bar{u}) - D_2(t)(v-\bar{v}) \\ &-D_3(t)(w-\bar{w}) - D_4(t)(z-\bar{z}), \end{aligned}$$

其中

$$u_0(t) \le \bar{u} \le u \le v_0(t), u_0(\phi(t)) \le \bar{v} \le v \le v_0(\phi(t)),$$

$$Xu_0(t) \le \bar{w} \le w \le Xv_0(t), Yu_0(t) \le \bar{z} \le z \le Yv_0(t),$$

$$u_0(\psi(t,\mu(t))) \le \bar{\xi} \le \xi \le v_0(\psi(t,\mu(t))).$$

$(\mathrm{K}_8)$ 存在常数$0 \leq L_k < 1$, $0 < L_k^* < 1$ $(k=1,2,\cdots,m)$, $0 < b_1 < a_1$, $0 < b_2 < a_2$ 使得

$$I_k(u) - I_k(\bar{u}) \geq -L_k(u - \bar{u}),$$

$$I_k^*(u,u') - I_k^*(\bar{u},\bar{u}') \geq -L_k^*(u' - \bar{u}'),$$

$$\chi_1(u,v) - \chi_1(\bar{u},\bar{v}) \leq a_1(u-\bar{u}) - b_1(v-\bar{v}),$$

$$\chi_2(u',v') - \chi_1(\bar{u}',\bar{v}') \leq a_2(u'-\bar{u}') - b_2(v'-\bar{v}'),$$

其中

$$u_0(t_k) \leq \bar{u} \leq u \leq v_0(t_k),$$

$$u_0(0) \leq \bar{u} \leq u \leq v_0(0),$$

$$u_0(T) \leq \bar{v} \leq v \leq v_0(T).$$

则方程 (5.1.16) 在 $[u_0, v_0]$ 上有最小解 $u^*$ 和最大解 $v^*$. 而且存在单调迭代序列 $\{u_n(t)\}$, $\{v_n(t)\} \subset [u_0, v_0]$, $t \in J$, 使得当 $n \to \infty$ 时, $u_n$一致收敛于$u^*$, $v_n$一致收敛于$v^*$, 其中 $\{u_n(t)\}$, $\{v_n(t)\}$ 满足

$$\begin{cases}
u_n''(t) = \Upsilon(t, u_{n-1}(t), u_{n-1}(\phi(t)), Xu_{n-1}(t), Yu_{n-1}(t), u_{n-1}(\psi(t,\mu(t)))) \\
\quad -D_1(t)(u_n - u_{n-1})(t) - D_2(t)(u_n - u_{n-1})(\phi(t)) - D_3(t)X(u_n - u_{n-1})(t) \\
\quad -D_4(t)Y(u_n - u_{n-1})(t), \quad t \in J', \\
\Delta u_n(t_k) = I_k(u_{n-1}(t_k)) - L_k(u_n - u_{n-1})(t_k), \\
\Delta u_n'(t_k) = I_k^*(u_{n-1}(t_k), u_{n-1}'(t_k)) - L_k^*(u_n' - u_{n-1}')(t_k), \\
u_n(0) = u_{n-1}(0) + \lambda_1[u_n(T) - u_{n-1}(T)] - \frac{1}{a_1}\chi_1(u_{n-1}(0), u_{n-1}(T)), \\
u_n'(0) = u_{n-1}'(0) + \lambda_2[u_n'(T) - u_{n-1}'(T)] - \frac{1}{a_2}\chi_2(u_{n-1}'(0), u_{n-1}'(T)),
\end{cases} \tag{5.1.27}$$

$$
\begin{cases}
v_n''(t) = \Upsilon(t, v_{n-1}(t), v_{n-1}(\phi(t)), Xv_{n-1}(t), Yv_{n-1}(t), v_{n-1}(\psi(t,\mu(t)))) \\
\qquad -D_1(t)(v_n - v_{n-1})(t) - D_2(t)(v_n - v_{n-1})(\phi(t)) \\
\qquad -D_3(t)X(v_n - v_{n-1})(t) - D_4(t)Y(v_n - v_{n-1})(t),\ t \in J', \\
\Delta v_n(t_k) = I_k(v_{n-1}(t_k)) - L_k(v_n - v_{n-1})(t_k), \\
\Delta v_n'(t_k) = I_k^*(v_{n-1}(t_k), v_{n-1}'(t_k)) - L_k^*(v_n' - v_{n-1}')(t_k), \\
v_n(0) = v_{n-1}(0) + \lambda_1[v_n(T) - v_{n-1}(T)] - \frac{1}{a_1}\chi_1(v_{n-1}(0), v_{n-1}(T)), \\
v_n'(0) = v_{n-1}'(0) + \lambda_2[v_n'(T) - v_{n-1}'(T)] - \frac{1}{a_2}\chi_2(v_{n-1}'(0), v_{n-1}'(T)),
\end{cases}
\tag{5.1.28}
$$

和

$$u_0 \le u_1 \le \cdots \le u_n \le \cdots \le u^* \le v^* \le \cdots \le v_n \le \cdots \le v_1 \le v_0, \tag{5.1.29}$$

其中 $\lambda_i = b_i/a_i$ $(i=1,2)$, $k=1,2,\cdots,m$, $n=1,2,\cdots$.

**证明:** 根据引理 5.1.6, 可得 (5.1.27) 和 (5.1.28) 在 $PC^1[J,\mathbb{R}] \cap C^2[J',\mathbb{R}]$ 上分别有唯一解 $u_n$ 和 $v_n$.

下面证明 $u_{n-1} \le u_n \le v_n \le v_{n-1}$, $n=1,2,\cdots$.

令 $p(t) = u_0(t) - u_1(t)$, $q(t) = v_1(t) - v_0(t)$, $w(t) = u_1(t) - v_1(t)$, 根据 (5.1.27), (5.1.28) 和 $(\mathrm{K}_1)$–$(\mathrm{K}_4)$, 有

$$
\begin{cases}
p''(t) \le -D_1(t)p(t) - D_2(t)p(\phi(t)) - D_3(t)(Xp)(t) - D_4(t)(Yp)(t), \quad t \in J', \\
\Delta p(t_k) \le -L_k p(t_k), \qquad k = 1,2,\cdots,m, \\
\Delta p'(t_k) \le -L_k^* p'(t_k), \qquad k = 1,2,\cdots,m, \\
p(0) \le \lambda_1 p(T), \quad p'(0) \le \lambda_2 p'(T),
\end{cases}
$$

$$\begin{cases} q''(t) \le -D_1(t)q(t) - D_2(t)q(\phi(t)) - D_3(t)(Xq)(t) - D_4(t)(Yq)(t), \quad t \in J', \\ \Delta q(t_k) \le -L_k q(t_k), \quad k = 1, 2, \cdots, m, \\ \Delta q'(t_k) \le -L_k^* q'(t_k), \quad k = 1, 2, \cdots, m, \\ q(0) \le \lambda_1 q(T), \quad q'(0) \le \lambda_2 q'(T), \end{cases}$$

$$\begin{aligned} w''(t) =& \Upsilon(t, u_0(t), u_0(\phi(t)), Xu_0(t), Yu_0(t), u_0(\psi(t, \mu(t)))) - D_1(t)(u_1 - u_0)(t) \\ & - D_2(t)(u_1 - u_0)(\phi(t)) - D_3(t)X(u_1 - u_0)(t) - D_4(t)Y(u_1 - u_0)(t) \\ & - \Upsilon(t, v_0(t), v_0(\phi(t)), Xv_0(t), Yv_0(t), v_0(\psi(t, \mu(t)))) + D_1(t)(v_1 - v_0)(t) \\ & + D_2(t)(v_1 - v_0)(\phi(t)) + D_3(t)X(v_1 - v_0)(t) + D_4(t)Y(v_1 - v_0)(t) \\ \le & - D_1(t)w(t) - D_2(t)w(\phi(t)) - D_3(t)(Xw)(t) - D_4(t)(Yw)(t), \quad t \in J', \end{aligned}$$

$$\begin{aligned} \Delta w(t_k) &= I_k(u_0(t_k)) - I_k(v_0(t_k)) - L_k(u_1 - u_0)(t_k) + L_k(v_1 - v_0)(t_k) \\ &\le -L_k w(t_k), \\ \Delta w'(t_k) &= I_k^*(u_0(t_k), u_0'(t_k)) - I_k^*(v_0(t_k), v_0'(t_k)) \\ &\quad - L_k^*(u_1' - u_0')(t_k) + L_k^*(v_1' - v_0')(t_k) \\ &\le -L_k^* w'(t_k), \\ w(0) &= u_0(0) - v_0(0) + \lambda_1[u_1(T) - u_0(T)] - \lambda_1[v_1(T) - v_0(T)] \\ &\quad - \frac{1}{a_1}\chi_1(u_0(0), u_0(T)) + \frac{1}{a_1}\chi_1(v_0(0), v_0(T)) \\ &\le u_0(0) - v_0(0) + \lambda_1 w(T) - \lambda_1[u_0(T) - v_0(T)] \\ &\quad + [v_0(0) - u_0(0)] - \lambda_1[v_0(T) - u_0(T)] \\ &\le \lambda_1 w(T), \\ w'(0) &\le \lambda_2 w'(T). \end{aligned}$$

因此, 根据引理 5.1.4, 可以得到 $p(t) \le 0$, $q(t) \le 0$, $w(t) \le 0$, 即 $u_0 \le u_1 \le v_1 \le v_0$.

假设 $k \ge 1$时, $u_{k-1} \le u_k \le v_k \le v_{k-1}$. 因此, 根据引理 5.1.4, 可以得到 $u_k \le u_{k+1} \le v_{k+1} \le v_k$. 所以有

$$u_0 \le u_1 \le \cdots \le u_n \le \cdots \le v_n \le \cdots \le v_1 \le v_0. \tag{5.1.30}$$

则对任意的$t \in J$, 有$u_n(t)$, $v_n(t)$ 一致收敛于$u^*$ 和$v^*$ 且满足(5.1.16).

接下来证明 $u^*$, $v^*$是方程 (5.1.16) 在 $[u_0, v_0]$ 上的最小解和最大解. 如果 $w \in [u_0, v_0]$ 是 (5.1.16) 的任意解. 对任意的$t \in J$, 令 $u_{n-1}(t) \le w(t) \le v_{n-1}(t)$ $(n = 1, 2, \cdots)$. 记 $p = u_n - w$, 则

$$\begin{aligned}
p''(t) =& \Upsilon(t, u_{n-1}(t), u_{n-1}(\phi(t)), Xu_{n-1}(t), Yu_{n-1}(t), u_{n-1}(\psi(t, \mu(t)))) \\
& - D_1(t)(u_n - u_{n-1})(t) - D_2(t)(u_n - u_{n-1})(\phi(t)) \\
& - D_3(t)X(u_n - u_{n-1})(t) - D_4(t)Y(u_n - u_{n-1})(t) \\
& - \Upsilon(t, w(t), w(\phi(t)), Xw(t), Yw(t), w(\psi(t, \mu(t)))) \\
\le & D_1(t)(w - u_{n-1})(t) + D_2(t)(w - u_{n-1})(\phi(t)) \\
& + D_3(t)X(w - u_{n-1})(t) + D_4(t)Y(w - u_{n-1})(t) \\
& - D_1(t)(u_n - u_{n-1})(t) - D_2(t)(u_n - u_{n-1})(\phi(t)) \\
& - D_3(t)X(u_n - u_{n-1})(t) - D_4(t)Y(u_n - u_{n-1})(t) \\
= & - D_1(t)p(t) - D_2(t)p(\phi(t)) - D_3(t)(Xp)(t) - D_4(t)(Yp)(t), \quad t \in J', \\
\Delta p(t_k) =& I_k(u_{n-1}(t_k)) - I_k(w(t_k)) - L_k(u_n - u_{n-1})(t_k) \\
\le & - L_k p(t_k), \\
\Delta p'(t_k) =& I_k^*(u_{n-1}(t_k), u'_{n-1}(t_k)) - I_k^*(w(t_k), w'(t_k)) - L_k^*(u'_n - u'_{n-1})(t_k) \\
\le & - L_k^* p'(t_k),
\end{aligned}$$

$$
\begin{aligned}
p(0) =& u_{n-1}(0) + \lambda_1[u_n(T) - u_{n-1}(T)] - \frac{1}{a_1}\chi_1(u_{n-1}(0), u_{n-1}(T)) \\
& + \frac{1}{a_1}\chi_1(w(0), w(T)) - w(0) \\
\leq & u_{n-1}(0) + \lambda_1[u_n(T) - u_{n-1}(T)] + [w(0) - u_{n-1}(0)] \\
& - \lambda_1[w(T) - u_{n-1}(T)] - w(0) \\
=& \lambda_1 p(T), \\
p'(0) =& u'_{n-1}(0) + \lambda_2[u'_n(T) - u'_{n-1}(T)] - \frac{1}{a_2}\chi_2(u'_{n-1}(0), u'_{n-1}(T)) \\
& + \frac{1}{a_2}\chi_2(w(0), w(T)) - w(0) \\
\leq & \lambda_2 p'(T).
\end{aligned}
$$

根据引理 5.1.4, 对任意的 $t \in J$, 有 $u_n(t) \leq w(t)$, 且 $w(t) \leq v_n(t)$. 故 $u_n(t) \leq w(t) \leq v_n(t)$.

当 $n \to \infty$ 时, 有 $u_0(t) \leq u^*(t) \leq w(t) \leq v^*(t) \leq v_0(t)$. 因此, $u^*$, $v^*$分别是方程 (5.1.16) 在 $[u_0, v_0]$上的最小解和最大解. □

### 5.1.3 例子

**例5.1.1** 考虑以下二阶脉冲积微分方程初值问题:

$$
\begin{cases}
x''_n(t) = \dfrac{a_1}{n^2}(t^2 + x_{2n}(t)) + \dfrac{a_2}{n}(\dfrac{t}{n^2} - x'_n(t)) + \dfrac{a_3}{n^2}(t + \displaystyle\int_0^t k(t,s)x_n(s)\mathrm{d}s) \\
\qquad\qquad + a_4 t \displaystyle\int_0^1 h(t,s)x_{2n}(s)\mathrm{d}s, \ t \neq \dfrac{1}{2}, \\
\Delta x_n(\dfrac{1}{2}) = b_1 x_n(\dfrac{1}{2}) + \dfrac{b_2}{(n+1)^2}x'_n(\dfrac{1}{2}), \\
\Delta x'_n(\dfrac{1}{2}) = c_1 x_{2n}(\dfrac{1}{2}) + \dfrac{c_2}{n^2}x'_{2n}(\dfrac{1}{2}), \\
x_n(0) = 0, \quad x'_n(0) = 0,
\end{cases}
\tag{5.1.31}
$$

其中$a_i \geq 0$ $(i = 1,2,3,4)$, $b_j \geq 0$ $(j = 1,2)$, $c_k \geq 0$ $(k = 1,2)$ 为常数, $k \in C[D,\mathbb{R}^+]$, $D = \{(t,s) \in J \times J | t \geq s\}$, $h \in C[J \times J,\mathbb{R}^+]$, $\mathbb{R}^+ = [0,+\infty)$.

**结论:** 假设

$$80a_1 + 64a_3 + 20a_3k_0 + 5a_4h_0 \leq 128,$$

$$b_1 + b_2 \leq 1,\ c_1 + c_2 \leq 4,$$

其中$k_0 = \max\limits_{t,s\in D} k(t,s)$, $h_0 = \max\limits_{t,s\in J\times J} h(t,s)$.

初值问题(5.1.31)在$[0,\frac{1}{2})\cup(\frac{1}{2},1]$上存在最小解和最大解, 且满足

$$0 \leq x_n'(t) \leq \begin{cases} \dfrac{t}{n^2}, & t \in [0,\dfrac{1}{2}], \\ \dfrac{2t}{n^2}, & t \in (\dfrac{1}{2},1], \end{cases} \quad n = 1,2,\cdots.$$

**证明:** 令$J = [0,1]$, $E = l^1 = \left\{x = (x_1,x_2,\cdots,x_n,\cdots) | \sum\limits_{n=1}^{\infty} |x_n| \leq \infty\right\}$ 以及

$$P = \{x = (x_1,x_2,\cdots,x_n,\cdots) \in l^1 | x_n \geq 0, n = 1,2,\cdots\}.$$

令IVP(5.1.1)中$x_0 = x_0^* = (0,\cdots,0,\cdots)$, $x = (x_1,x_2,\cdots,x_n,\cdots)$, $y = (y_1,y_2,\cdots,y_n,\cdots)$, $u = (u_1,u_2,\cdots,u_n,\cdots)$, $v = (v_1,v_2,\cdots,v_n,\cdots)$, 以及$f = (f_1,f_2,\cdots,f_n,\cdots)$, 其中

$$f_n(t,x,y,u,v) = \frac{a_1}{n^2}(t^2 + x_{2n}) + \frac{a_2}{n}(\frac{t}{n^2} - y_n) + \frac{a_3}{n^2}(t + u_n) + a_4tv_{2n},$$

$m = 1, t_1 = \frac{1}{2}, I_1 = (I_{11},I_{12},\cdots,I_{1n},\cdots), \bar{I}_1 = (\bar{I}_{11},\bar{I}_{12},\cdots,\bar{I}_{1n},\cdots)$, 其中

$$I_{1n}(x,y) = b_1x_n + \frac{b_2}{(n+1)^2}y_n,\quad \bar{I}_{1n}(x,y) = c_1x_n + \frac{c_2}{(n)^2}y_{2n},$$

则$f \in C[J \times E \times E \times E \times E,E]$. 令

$$y_0(t) = (0,0,\cdots,0,\cdots),\quad t \in [0,1],$$

$$z_0(t) = \begin{cases} (\dfrac{t^2}{2},\cdots,\dfrac{t^2}{2n^2},\cdots), & t \in [0,\dfrac{1}{2}], \\ (t^2,\cdots,\dfrac{t^2}{n^2},\cdots), & t \in (\dfrac{1}{2},1], \end{cases} \quad n = 1,2,\cdots.$$

可以得到$y_0, z_0$是满足条件$(\mathrm{K}_3')$的. 由于$\|I_1(x,y)-I_1(\bar{x},\bar{y})\| \leq b_1\|x-\bar{x}\|+\frac{1}{4}b_2\|y-\bar{y}\|$. 因此, $(\mathrm{K}_4)$, $(\mathrm{K}_5)$ 成立.

根据定理5.1.3可以得到初值问题(5.1.31)在$[0,\frac{1}{2})\cup(\frac{1}{2},1]$ 上有最小解和最大解, 且满足

$$0 \leq x_n(t) \leq \begin{cases} \dfrac{t^2}{2n^2}, & t \in [0, \dfrac{1}{2}], \\ \dfrac{t^2}{n^2}, & t \in (\dfrac{1}{2}, 1], \end{cases} \quad n = 1, 2, \cdots.$$

数值模拟结果如图5.1所示.

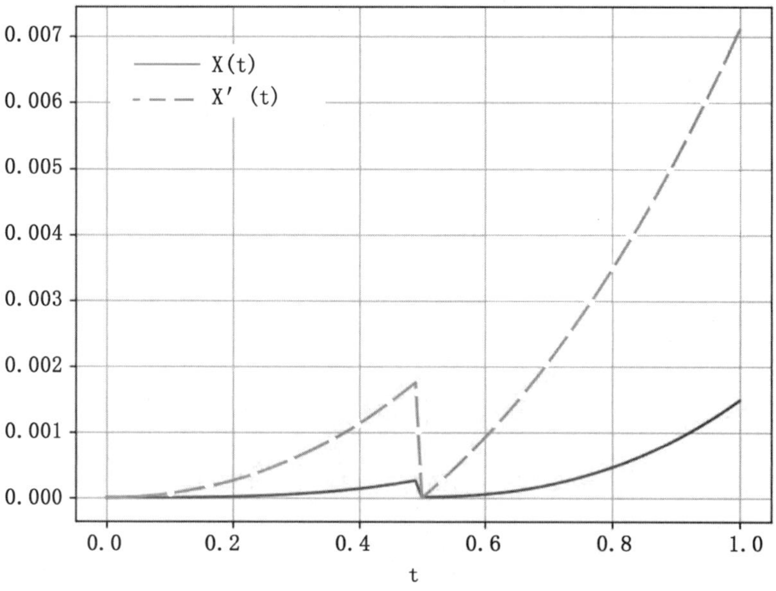


图 5.1 例5.1.1的数值模拟结果

□

## 5.2　二阶脉冲积微分方程周期边值问题

### 5.2.1　解的存在性

考察 $E$ 中二阶混合型脉冲积微分方程的周期边值问题:

$$\begin{cases} -u'' = f(t,u,Tu,Su),\ t \in J,\ t \neq t_i, \\ \Delta u|_{t=t_i} = L_i u'(t_i), \\ \Delta u'|_{t=t_i} = L_i^* u(t_i)\ (i=1,2,\cdots,m), \\ u(0)=u(2\pi),\ u'(0)=u'(2\pi), \end{cases} \tag{5.2.1}$$

其中 $f \in C[J\times E\times E\times E, E]$, $J=[0,2\pi]$, $(Tu)(t)=\int_0^t k(t,s)u(s)\mathrm{d}s$, $(Su)(t)=\int_0^{2\pi} h(t,s)u(s)\mathrm{d}s, \forall t \in J$,$k \in C[D,\mathbb{R}^+]$, $h \in C[J\times J,\mathbb{R}^+]$, $k_0=\max\{k(t,s):(t,s)\in D\}$, $h_0=\max\{h(t,s): t,s\in J\}$, $0<t_1<\cdots<t_i<\cdots<t_m<2\pi$, $L_i, L_i^*(i=1,2,\cdots,m)$ 为非负常数. 令$J'=J\setminus\{t_1,\cdots,t_m\}$, $J_0=[0,t_1]$, $J_1=(t_1,t_2]$, $\cdots$, $J_{m-1}=(t_{m-1},t_m]$, $J_m=(t_m,2\pi]$. $\tau=\max\{t_i-t_{i-1}: i=1,2,\cdots,m+1\}$.

**引理5.2.1**　设 $p \in PC^1[J,E]\cap C^2[J',E]$, 满足

$$\begin{cases} -p'' \leq -Mp-NTp-N_1Sp, \quad t\in J,\ t\neq t_i, \\ \Delta p|_{t=t_i} = L_i p'(t_i), \\ \Delta p'|_{t=t_i} \geq L_i^* p(t_i),\ i=1,2,\cdots,m, \\ p(0)=p(2\pi), \quad p'(0)\geq p'(2\pi), \end{cases}$$

其中常数 $M>0, N\geq 0, N_1\geq 0, L_i\geq 0, L_i^*\geq 0(i=1,2,\cdots,m)$, 且

$$2[\sum_{i=1}^m L_i+(m+2)\tau][\sum_{i=1}^m L_i^*+(m+1)(M+2\pi Nk_0+2\pi N_1h_0)\tau]\leq 1, \tag{5.2.2}$$

则有 $p(t)\leq\theta$.

**引理5.2.2** 设 $\sigma \in PC[J,E]$, 且 $M>0, N, N_1, L_i, L_i^*(i=1,2,\cdots,m)$ 是常数.

若 $u \in PC^1[J,E]$ 是下列线性脉冲积分方程的解

$$u(t)=\int_0^{2\pi} G(t,s)\sigma_1(s)\mathrm{d}s+z(t), \tag{5.2.3}$$

其中

$$G(t,s)=\frac{1}{2\sqrt{M}(\mathrm{e}^{2\pi\sqrt{M}}-1)}\begin{cases}\mathrm{e}^{\sqrt{M}(s-t)}+\mathrm{e}^{\sqrt{M}(2\pi-s+t)}, & t\le s,\\ \mathrm{e}^{\sqrt{M}(t-s)}+\mathrm{e}^{\sqrt{M}(2\pi-t+s)}, & s<t.\end{cases} \tag{5.2.4}$$

$$\begin{aligned}\sigma_1(t)=&\sigma(t)-N(Tu)(t)-N_1(Su)(t)-M\sum_{0<t_i<t}(L_iu'(t_i)+(t-t_i)L_i^*u(t_i))\\&+\frac{Mt}{2\pi}\sum_{i=1}^{m}L_iu'(t_i)+\frac{1}{2\pi}\sum_{i=1}^{m}(\frac{M}{2}t^2+M(\pi-t_i)t-1)L_i^*u(t_i),\\ z(t)=&\sum_{0<t_i<t}[L_iu'(t_i)+(t-t_i)L_i^*u(t_i)]\\&-\frac{t}{2\pi}\sum_{i=1}^{m}L_iu'(t_i)-\frac{1}{2\pi}\sum_{i=1}^{m}(\frac{t^2}{2}+(\pi-t_i)t)L_i^*u(t_i).\end{aligned}$$

则 $u \in PC^1[J,E]\cap C^2[J',E]$, 且 $u$ 是下列线性脉冲积微分方程周期边值问题的解:

$$\begin{cases}-u''=-Mu-NTu-N_1Su+\sigma(t), \quad t\in J,\ t\ne t_i,\\ \Delta u|_{t=t_i}=L_iu'(t_i),\\ \Delta u'|_{t=t_i}=L_i^*u(t_i),\ i=1,2,\cdots,m,\\ u(0)=u(2\pi), \quad u'(0)=u'(2\pi).\end{cases} \tag{5.2.5}$$

**引理5.2.3** 设$\sigma \in PC[J,E]$, $M>0$, $N\ge 0$, $N_1\ge 0$, $L_i\ge 0$, $L_i^*\ge 0$ $(i=1,2,\cdots,m)$是常数.

假设

$$\begin{aligned}\beta_1 =&\frac{2\pi(1+\mathrm{e}^{2\pi\sqrt{M}})}{\sqrt{M}(\mathrm{e}^{2\pi\sqrt{M}}-1)}\Big\{\pi N k_0+\pi N_1 h_0+M\sum_{i=1}^{m}[L_i+(2\pi-\frac{t_i}{2}+\frac{1}{4M\pi})L_i^*]\Big\}\\&+2\sum_{i=1}^{m}[L_i+(2\pi-\frac{t_i}{2})L_i^*]<1,\\ \beta_2 =&2\pi\Big\{\pi N k_0+\pi N_1 h_0+M\sum_{i=1}^{m}[L_i+(2\pi-\frac{t_i}{2}+\frac{1}{4M\pi})L_i^*]\Big\}\\&+\frac{1}{2\pi}\sum_{i=1}^{m}(L_i+5\pi L_i^*)<1.\end{aligned} \tag{5.2.6}$$

则脉冲积分方程(5.2.3) 在 $PC^1[J,E]$ 中有唯一解.

现提出下列条件:

($K_9$) 存在 $u_0,v_0\in PC^1[J,E]\cap C^2[J',E]$ 使$u_0(t)\le v_0(t)$, $t\in J$, 且满足

$$\begin{cases}-u_0''\le f(t,u_0,Tu_0,Su_0),\ \forall t\in J,\ t\ne t_i,\\ \Delta u_0|_{t=t_i}=L_iu_0'(t_i),\\ \Delta u_0'|_{t=t_i}\ge L_i^*u_0(t_i),\ i=1,2,\cdots,m,\\ u_0(0)=u_0(2\pi),\ u_0'(0)\ge u_0'(2\pi),\end{cases}$$

及

$$\begin{cases}-v_0''\ge f(t,v_0,Tv_0,Sv_0),\ \forall t\in J,\ t\ne t_i,\\ \Delta v_0|_{t=t_i}=L_iv_0'(t_i),\\ \Delta v_0'|_{t=t_i}\le L_i^*v_0(t_i),\ i=1,2,\cdots,m,\\ v_0(0)=v_0(2\pi),\ v_0'(0)\le v_0'(2\pi).\end{cases}$$

($K_{10}$) 存在常数 $M>0,\ N\ge 0,\ N_1\ge 0$, 使

$$u_0(t)\le\bar{u}\le u\le v_0(t),$$

$$(Tu_0)(t) \le \bar{v} \le v \le (Tv_0)(t),$$

$$(Su_0)(t) \le \bar{w} \le w \le (Sv_0)(t),$$

有

$$f(t,u,v,w) - f(t,\bar{u},\bar{v},\bar{w}) \ge -M(u-\bar{u}) - N(v-\bar{v}) - N_1(w-\bar{w}),$$

**定理5.2.1** 设 $P$ 是正则的, 条件$(K_9)$, $(K_{10})$满足, 且对任意的 $r > 0$, $f$ 在 $J \times B_r \times B_r \times B_r$ 上一致连续, 其中 $B_r = \{u \in E : \|u\| < r\}$. 假设 $L_i \ge 0, L_i^* \ge 0, (i = 1, 2, \cdots, m)$, 且式(5.2.2)与式(5.2.6) 成立, 则序列 $\{u_n\}, \{v_n\} \subset PC^1[J,E] \cap C^2[J',E]$ 在 $J$ 分别一致收敛于脉冲积微分方程 (5.2.1) 在 $[u_0, v_0]$ 中的最小解与最大解 $\bar{u}$, $u^*$. 且 $\{u_n'\}, \{v_n'\}$ 在 $J$ 上分别一致收敛于 $(\bar{u})', (u^*)'$. 并且对于方程(5.2.1) 在 $[u_0, v_0]$ 中的解$u \in PC^1[J,E] \cap C^2[J',E]$, 满足下列条件:

$$u_0(t) \le u_1(t) \le \cdots \le u_n(t) \le \cdots \le \bar{u}(t) \le u(t) \le u^*(t)$$
$$\le \cdots \le v_n(t) \le \cdots \le v_1(t) \le v_0(t).$$

**证明:** 任给 $\eta \in [u_0, v_0]$, 令

$$\sigma(t) = f(t, \eta(t), (T\eta)(t), (S\eta)(t)) + M\eta(t) + N(T\eta)(t) + N_1(S\eta)(t).$$

根据引理 5.2.2 和引理 5.2.3可知周期边值问题(5.2.5) 有解 $u \in PC^1[J,E] \cap C^2[J',E]$, 它是脉冲积分方程(5.2.3) 在$PC^1[J,E]$ 中的唯一解. 令 $u = A\eta$, 则 $A : [u_0, v_0] \to PC^1[J,E] \cap C^2[J',E] \subset PC[J,E]$. 可以得到$u_0 \le Au_0$, $Av_0 \le v_0$ 且 $A$ 是 $[u_0, v_0]$上的增算子.

令$u_n = Au_{n-1}, v_n = Av_{n-1}, (n = 1, 2, \cdots)$, 则

$$u_0(t) \le u_1(t) \le \cdots \le u_n(t) \le \cdots \le v_n(t) \le \cdots \le v_1(t) \le v_0(t). \tag{5.2.7}$$

由 $u_n$ 的定义可得

$$u_n(t)=\int_0^{2\pi}G(t,s)[\sigma_{n-1}(s)+y_n(s)]\mathrm{d}s+z_n(t), \tag{5.2.8}$$

其中

$$\begin{aligned}\sigma_{n-1}(t)=&f(t,u_{n-1}(t),(Tu_{n-1})(t),(Su_{n-1})(t))+Mu_{n-1}(t)\\&+N(Tu_{n-1})(t)+N_1(Su_{n-1})(t),\\y_n(t)=&-N(Tu_n)(t)-N_1(Su_n)(t)-M\sum_{0<t_i<t}[L_iu_n'(t_i)+(t-t_i)L_i^*u_n(t_i)]\\&+\frac{Mt}{2\pi}\sum_{i=1}^{m}L_iu_n'(t_i)+\frac{1}{2\pi}[\frac{M}{2}t^2+M(\pi-t_i)t-1]L_i^*u_n(t_i),\\z_n(t)=&\sum_{0<t_i<t}[L_iu_n'(t_i)+(t-t_i)L_i^*u_n(t_i)]-\frac{t}{2\pi}\sum_{i=1}^{m}L_iu_n'(t_i)\\&-\frac{1}{2\pi}\sum_{i=1}^{m}[\frac{t^2}{2}+(\pi-t_i)t]L_i^*u_n(t_i),\end{aligned}$$

并且

$$\|u_n\|_{PC^1}\le\frac{2\pi\gamma}{1-\beta}\|\sigma_{n-1}\|_{PC},$$
$$\|u_{n+i}-u_n\|_{PC^1}\le\frac{2\pi\gamma}{1-\beta}\|\sigma_{n+i-1}-\sigma_{n-1}\|_{PC}.$$

由 $P$ 的正规性可知 $U=\{u_n:n=0,1,\cdots\}$ 是 $PC[J,E]$ 中一个有界集. 又根据$f$在$J\times B_r\times B_r\times B_r$上的一致连续性可以推出$f$在$J\times B_r\times B_r\times B_r$上的有界性. 所以存在常数 $c>0$, 使

$$|\sigma_{n-1}(t)|\le c,\quad \forall t\in J,$$
$$\|u_n\|_{PC^1}\le\frac{2\pi\gamma c}{1-\beta}.$$

因此, $\{u_n\}$在$J_i$ $(i=0,1,\cdots,m)$上都是等度连续的. 根据(5.2.7)式结合 $P$ 的正则性可知 $\alpha(U(t))=0,\forall t\in J$, 其中$U(t)=\{u_n(t):n=0,1,\cdots\}$. 所以$U$是$PC[J,E]$ 中的一个相对紧集. 再根据(5.2.7)式及 $P$ 的正规性, 可知$\{u_n(t)\}$在$J$

上一致收敛于$\bar{u}(t)\in PC[J,E]$, 即

$$\|u_n-\bar{u}\|_{PC}\to 0,\ n\to\infty. \tag{5.2.9}$$

由上式结合$f$在$J\times B_r\times B_r\times B_r$上的一致连续性, 得

$$\|\sigma_{n-1}-\bar{\sigma}\|_{PC}\to 0,\ n\to\infty,$$

其中

$$\bar{\sigma}(t)=f(t,\bar{u}(t),(T\bar{u})(t),(S\bar{u})(t))+M\bar{u}(t)+N(T\bar{u})(t)+N_1(S\bar{u})(t).$$

因此, 序列$\{u_n\}$在$PC^1[J,E]$中收敛, 结合(5.2.9) 式可以得到$\bar{u}\in PC^1[J,E]$, 并且

$$\|u_n-\bar{u}\|_{PC^1}\to 0,\ n\to\infty.$$

在(5.2.8)式两端取极限$n\to\infty$, 得

$$\bar{u}(t)=\int_0^{2\pi}G(t,s)[\bar{\sigma}(s)+\bar{y}(s)]\mathrm{d}s+\bar{z}(t),$$

其中

$$\begin{aligned}\bar{y}(t)=&-N(T\bar{u})(t)-N_1(S\bar{u})(t)-M\sum_{0<t_i<t}[L_i\bar{u}'(t_i)+(t-t_i)L_i^*\bar{u}(t_i)]\\&+\frac{Mt}{2\pi}\sum_{i=1}^{m}L_i\bar{u}'(t_i)+\frac{1}{2\pi}\sum_{i=1}^{m}[\frac{M}{2}t^2+M(\pi-t_i)t-1]L_i^*\bar{u}(t_i),\\\bar{z}(t)=&\sum_{0<t_i<t}[L_i\bar{u}'(t_i)+(t-t_i)L_i^*\bar{u}(t_i)]-\frac{t}{2\pi}\sum_{i=1}^{m}L_i\bar{u}'(t_i)\\&-\frac{1}{2\pi}\sum_{i=1}^{m}[\frac{t^2}{2}+(\pi-t_i)t]L_i^*\bar{u}(t_i).\end{aligned}$$

根据引理 5.2.2 可以得到 $\bar{u}\in PC^1[J,E]\cap C^2[J',E]$ 且 $\bar{u}(t)$ 是周期边值问题 (5.2.1) 的解. $\|v_n-u^*\|_{PC^1}\to 0(n\to\infty)$ 对 $u^*\in PC^1[J,E]\cap C^2[J',E]$ 成立, 且 $u^*(t)$ 是周期边值问题(5.2.1)的解.

根据条件 ($\mathrm{K}_{10}$), ($\mathrm{K}_{11}$) 及引理 5.2.1, 可以得到周期边值问题(5.2.1)在 $[u_0,v_0]$

中的解 $u \in PC^1[J,E] \cap C^2[J',E]$, 且下式成立:

$$u_0(t) \leq u_1(t) \leq \cdots \leq u_n(t) \leq \cdots \leq \bar{u}(t) \leq u(t) \leq u^*(t)$$

$$\leq \cdots \leq v_n(t) \leq \cdots \leq v_1(t) \leq v_0(t), \ \forall t \in J.$$

### 5.2.2 解的存在唯一性

考虑线性二阶脉冲积-微分方程周期边值问题:

$$\begin{cases} -x'' + Mx + NTx = -N_1Sx + z(t), \quad t \in J, \quad t \neq t_k, \\ \Delta x \mid_{t=t_k} = L_k x'(t_k), \\ \Delta x' \mid_{t=t_k} = L_k^* x(t_k) \quad (k = 1, 2, \cdots, m), \\ x(0) = x(2\pi), \quad x'(0) = x'(2\pi), \end{cases} \tag{5.2.10}$$

其中$M > 0$, $N$, $N_1$, $L_k$, $L_k^*$ $(k = 1, 2, \cdots, m)$ 是常数.

**引理5.2.4** 令 $z \in PC[J,E]$, 若 $x \in PC^1[J,E]$ 为下列线性脉冲积分方程的解

$$x(t) = \int_0^{2\pi} G(t,s) z_1(s) \mathrm{d}s + y(t), \tag{5.2.11}$$

其中

$$G(t,s) = \begin{cases} \dfrac{1}{2\sqrt{M}(\exp[2\pi\sqrt{M}] - 1)} \exp[\sqrt{M}(s-t)] + \exp[\sqrt{M}(2\pi - s + t)], \\ \qquad\qquad\qquad\qquad t \leq s, \\ \dfrac{1}{2\sqrt{M}(\exp[2\pi\sqrt{M}] - 1)} \exp[\sqrt{M}(t-s)] + \exp[\sqrt{M}(2\pi - t + s)], \\ \qquad\qquad\qquad\qquad t > s, \end{cases}$$

$$z_1(t) = z(t) - N(Tx)(t) - N_1(Sx)(t) - M \sum_{0<t_k<t} [L_k x'(t_k) + (t - t_k) L_k^* x(t_k)]$$

$$+\frac{M_t}{2\pi}\sum_{k=1}^{m}L_kx'(t_k)+\frac{1}{2\pi}\sum_{k=1}^{m}(\frac{M}{2}t^2+M(\pi-t_k)-1)L_k^*x(t_k),$$

$$y(t)=\sum_{0<t_k<t}[L_kx'(t_k)+(t-t_k)L_k^*x(t_k)]-\frac{t}{2\pi}\sum_{k=1}^{m}L_kx'(t_k)$$

$$-\frac{1}{2\pi}\sum_{k=1}^{m}(\frac{t^2}{2}+(\pi-t_k)t)L_k^*x(t_k).$$

则 $x\in PC^1[J,E]\cap C^2[J',E]$, 且 $x$ 为方程(5.2.10)的一个解.

**证明:** 令 $x\in PC^1[J,E]$ 为方程(5.2.11)的解, 所以

$$\Delta x|_{t=t_k}=\Delta y|_{t=t_k}=L_kx'(t_k).$$

对方程(5.2.11)进行两次微分, 可以得到

$$x'(t)=\int_0^{2\pi}G_t'(t,s)z_1(s)\mathrm{d}s+\sum_{0<t_k<t}L_k^*x(t_k)-\frac{1}{2\pi}\sum_{k=1}^{m}L_kx'(t_k)$$

$$-\frac{1}{2\pi}\sum_{k=1}^{m}(t+\pi-t_k)L_k^*x(t_k),\quad t\neq t_k,$$

以及

$$x''(t)=M\int_0^{2\pi}G(t,s)z_1(s)\mathrm{d}s-z_1(t)-\frac{1}{2\pi}\sum_{k=1}^{m}L_k^*x'(t_k),$$

其中

$$G_t'(t,s)=\begin{cases}\dfrac{1}{2(\exp[2\pi\sqrt{M}]-1)}\{-\exp[\sqrt{M}(s-t)]+\exp[\sqrt{M}(2\pi-s+t)]\}, \\ \qquad\qquad t<s, \\ \dfrac{1}{2(\exp[2\pi\sqrt{M}]-1)}\{\exp[\sqrt{M}(t-s)]-\exp[\sqrt{M}(2\pi-t+s)]\}, \\ \qquad\qquad t>s.\end{cases}$$

因此, 可以得到 $t\neq t_k$ 时, 有

$$-x''(t)=z(t)-Mx(t)-N(Tx)(t)-N_1(Sx)(t).$$

此外, 还可以验证得到

$$x(2\pi) = x(0), \qquad x'(2\pi) = x'(0),$$

并且

$$\Delta x'|_{t=t_k} = L_k^* x(t_k).$$

因此, $x \in PC^1[J,E] \cap C^2[J',E]$, 且为方程(5.2.11)的解. □

**定理5.2.2**　令$M > 0$, $N \geq 0$, $N_1 \geq 0$, $L_k \geq 0$, $L_k^* \geq 0$ $(k = 1,2,\cdots,m)$ 是常数, $z \in PC[J,E]$.

如果

$$\begin{aligned} r_1 =& \frac{2\pi(1+\exp(2\pi\sqrt{M}))}{\sqrt{M}(\exp(2\pi\sqrt{M})-1)}\{\pi N k_0 + \pi N_1 h_0 \\ &+ M\sum_{k=1}^{m}[L_k + (2\pi - \frac{t_k}{2} + \frac{1}{4M\pi})L_k^*]\} + 2\sum_{k=1}^{m}[L_k + (2\pi - \frac{t_k}{2})L_k^*] < 1, \end{aligned}$$

且

$$\begin{aligned} r_2 =& 2\pi\{\pi N k_0 + \pi N_1 h_0 + M\sum_{k=1}^{m}[L_k + (2\pi - \frac{t_k}{2} + \frac{1}{4M\pi})L_k^*]\} \\ &+ \frac{1}{2\pi}\sum_{k=1}^{m}[L_k + 5\pi L_k^*] < 1, \end{aligned}$$

则方程(5.2.11) 在 $PC^1[J,E]$ 上有唯一解 $x$.

**证明**　定义算子 $F: PC^1[J,E] \to PC^1[J,E]$,

$$(Fx)(t) = \int_0^{2\pi} G(t,s) z_1(s) \mathrm{d}s + y(t), \ \forall t \in J,$$

其中 $G(t,s), z_1(t), y(t)$ 都已给出.

进行两次微分可以得到

$$(Fx)'(t) = \int_0^{2\pi} G_t'(t,s) z_1(s) \mathrm{d}s + \sum_{0<t_k<t} L_k^* x(t_k) - \frac{1}{2\pi}\sum_{k=1}^{m} L_k x'(t_k)$$

$$-\frac{1}{2\pi}\sum_{k=1}^{m}(t+\pi-t_k)L_k^*x(t_k),\ \forall t\in J'.$$

因此, 有

$$\max_{t,s\in J}G(t,s)=\frac{1+\exp(2\pi\sqrt{M})}{2\sqrt{M}(\exp(2\pi\sqrt{M})-1)}=G_0,$$

以及

$$\sup_{t,s\in J,t\neq s}|G_t'(t,s)|=\frac{1}{2}.$$

对于任意的 $x,y\in PC^1[J,E]$, 可以得到

$$\begin{aligned}\|Fx-Fy\|\le&2\pi G_0\{2\pi Nk_0\|x-y\|_{PC}+2\pi N_1h_0\|x-y\|_{PC}\\&+2M(\sum_{k=1}^{m}L_k)\|x'-y'\|_{PC}\\&+2M[\sum_{k=1}^{m}(2\pi-\frac{t_k}{2}+\frac{1}{4M\pi})L_k^*]\|x-y\|_{PC}\}\\&+2(\sum_{k=1}^{m}L_k)\|x'-y'\|_{PC}\\&+\{\sum_{k=1}^{m}(4\pi-t_k)L_k^*\}\|x-y\|_{PC}\le r_1\|x-y\|_{PC^1},\end{aligned}$$

即

$$\|Fx-Fy\|_{PC}\le r_1\|x-y\|_{PC^1}.$$

类似地, 可以得到

$$\|(Fx)'-(Fy)'\|_{PC}\le r_2\|x-y\|_{PC^1}.$$

因此, 有

$$\|Fx-Fy\|_{PC^1}\le r\|x-y\|_{PC^1},$$

其中$r=\max\{r_1,r_2\}<1$.

因此, 根据压缩映射原理, 可以得到 $F$ 在 $PC^1[J,E]$ 中有唯一的不动点 $x$, 即方程(5.2.10) 有唯一解. □

### 5.2.3 例子

下面介绍二阶脉冲积微分方程的周期边值问题相关例子.

**例5.2.1** 考虑无限维空间中二阶积微分方程的周期边值问题如下:

$$\begin{cases} -u_n''(t)=\dfrac{1}{100\pi^2}(\dfrac{\pi}{n^2}-u_n+u_{2n})+\dfrac{t}{200\pi^4n^2}(\displaystyle\int_0^t \mathrm{e}^{-ts}u_{n+1}(s)\mathrm{d}s) \\ \qquad\qquad -\dfrac{1}{10^8\pi^5(n+1)^3}(\displaystyle\int_0^t \mathrm{e}^{-ts}u_n(s)\mathrm{d}s)^2 \\ \qquad\qquad -\dfrac{1}{10^9\pi^9(n+2)^4}(\displaystyle\int_0^{2\pi}\dfrac{u_n(s)}{1+ts}\mathrm{d}s)^3,\ 0\le t\le 2\pi,\ t\ne\pi, \\ \Delta u_n\mid_{t=\pi}=\dfrac{2\pi}{10^3}u_n'(\pi), \\ \Delta u_n'\mid_{t=\pi}=\dfrac{4}{10^3}u_n(\pi), \\ u_n(0)=u_n(2\pi),\quad u_n'(0)=u_n'(2\pi),\quad n=1,2,\cdots, \end{cases} \tag{5.2.12}$$

**结论:** 周期边值问题(5.2.12)在$[0,\pi)\cup(\pi,2\pi]$ 上有属于$C^2$的最小解, 最大解, 且满足

$$0\le u_n(t)\le\begin{cases}\dfrac{-t}{n^2}+\dfrac{200\pi}{n^2},\quad 0\le t\le\pi, \\ \dfrac{1.002t}{n^2}+\dfrac{197.996\pi}{n^2},\quad \pi<t\le 2\pi,\quad n=1,2,\cdots.\end{cases}$$

**证明:** 令$E=l^1=\{u=(u_1,u_2,\cdots,u_n,\cdots):\sum\limits_{n=1}^{\infty}|u_n|<\infty\}$, (范数为$\|u\|=\sum\limits_{n=1}^{\infty}|u_n|$), $P=\{u=(u_1,u_2,\cdots,u_n,\cdots)\in l^1:u_n\ge 0,n=1,2,\cdots\}$ 为$E$中的正规锥. 由于$l^1$ 是弱序列完备的, 所以$P$ 是正则的. 方程(5.2.12)可以

看作$E$中形如(5.2.1)的一个周期边值问题. 此时,

$$k(t,s)=\mathrm{e}^{-ts}, h(t,s)=\frac{1}{1+ts},$$

$$u=(u_1,u_2,\cdots,u_n,\cdots), v=(v_1,v_2,\cdots,v_n,\cdots),$$

$$f=(f_1,f_2,\cdots,f_n,\cdots), w=(w_1,w_2,\cdots,w_n,\cdots),$$

其中

$$f_n(t,u,v,w)=\frac{1}{100\pi^2}(\frac{\pi}{n^2}-u_n+u_{2n})$$
$$+\frac{t}{200\pi^4n^2}v_{n+1}-\frac{1}{10^8\pi^5(n+1)^3}v_n^2-\frac{1}{10^9\pi^9(n+2)^4}w_n^3,$$

$m=1, t_1=\pi, L_1=\frac{2\pi}{10^3}$, $L_1^*=4\times10^{-3}$.

验证可知满足定理5.2.1中的所有条件, 所以根据定理5.2.1 可以得到周期边值问题(5.2.12)在$[0,\pi)\cup(\pi,2\pi]$ 上有连续可微的最小解, 最大解. □

## 5.3 小结

本章主要围绕二阶脉冲积微分方程进行了研究.

5.1节研究了二阶脉冲积微分方程的初值问题, 探讨了其解的存在性和唯一性. 定理5.1.3利用锥理论和单调迭代技术, 研究了二阶脉冲微分方程初值问题解的存在性, 内容选自王文霞, 张玲玲和梁展东论文结果[18]. 定理5.1.4讨论了解的存在唯一性问题, 利用比较原理证明了在某些条件下, 该初值问题最大解与最小解的存在性, 内容选自侯英敏, 张丽红和王国涛论文中的结论[19].

在5.2节中, 研究了二阶脉冲积微分方程的周期边值问题, 得出了在特定条件下, 两类周期边值问题的解的存在性与存在唯一性. 定理5.2.1 利用比较结果和迭代逼近技巧研究了一类二阶脉冲方程的解的存在性, 内容选自郭大钧所著《非线性分析中的半序方法》[3]. 定理5.2.2 中证明了脉冲微分方程周期边值问题解的存在唯一性, 内容选自郭大钧论文结果[20].

# 第 6 章　高阶脉冲(积)微分方程

高阶脉冲(积)微分方程可以模拟和预测在特定时刻发生瞬时变化（脉冲）的系统动态行为, 如生物学中的种群波动、物理学中的振动系统响应、经济学中的市场价格波动以及地球科学中的地震波的传播和地壳变形等.

本章主要介绍了四阶脉冲(积)微分方程初边值问题解的存在性和唯一性, 并且简单介绍了$n$阶脉冲微分方程, 给出了其解的存在性定理.

## 6.1　四阶脉冲微分方程初值问题

考虑一类具有变系数非线性项的四阶脉冲微分方程初值问题:

$$\begin{cases} x^{(4)}(t) = a(t)f(t, x(t), x(t)) + u(t), \quad t \in (0,1)\backslash\{t_1, t_2, \cdots, t_m\}, \\ \Delta x|_{t=t_k} = I_k(x(t_k), x(t_k)), \quad k = 1, 2, \cdots, m, \\ x(0) = b_0, \quad x'(0) = b_1, \quad x''(0) = x'''(0) = 0, \end{cases} \tag{6.1.1}$$

其中$\tilde{J} = [0,1]$, $f \in C[\tilde{J} \times \mathbb{R} \times \mathbb{R}, \mathbb{R}]$, $a \in C[\tilde{J}, \mathbb{R}]$且在$\tilde{J}$ 的任意子区间上满足$a(t) \not\equiv 0$. $u$ 为给定区间$[0,1]$上的函数, $t_k$ 是脉冲点, 满足$0 < t_1 < t_2 < \cdots < t_m < 1$, $\Delta x|_{t=t_k} = x(t_k^+) - x(t_k^-)$, 其中$x(t_k^+)$和$x(t_k^-)$分别表示$x(t)$在$t = t_k$处的右极限和左极限. $I_k$是给定的$C[\mathbb{R} \times \mathbb{R}, \mathbb{R}]$中的函数, $k = 1, 2, \cdots, m$. $b_0 > 0$且$b_1 \geq 0$为给定常数.

### 6.1.1　解的存在唯一性

为叙述方便, 给出以下假设条件:

($\mathrm{L}_1$) $f : \tilde{J} \times \mathbb{R}^+ \times \mathbb{R}^+ \to \mathbb{R}^+$, 满足固定$t \in \tilde{J}$, $y \in \mathbb{R}^+$, $f(t, x, y)$关于$x$

是非减的, 固定$t \in \tilde{J}$, $x \in \mathbb{R}^+$, $f(t,x,y)$ 关于$y$ 是非增的, 且对任意$t \in \tilde{J}$, 有$f(t,\frac{1}{2},1) > 0$;

($L_2$) 对任意的$k = 1,2,\cdots m$, $I_k : \mathbb{R}^+ \times \mathbb{R}^+ \to \mathbb{R}^+$, 且固定$y \in \mathbb{R}^+$, $I_k(x,y)$ 关于$x$是非减的, 固定$x \in \mathbb{R}^+$, $I_k(x,y)$关于$y$ 是非增的;

($L_3$) 对任意的$\gamma \in (0,1)$, 存在$\varphi_1(\gamma)$, $\varphi_2(\gamma) \in (\gamma, 1]$ 使得

$$f(t,\gamma x,\gamma^{-1}y) \geq \varphi_1(\gamma) f(t,x,y), \quad \forall x,y \in \mathbb{R}^+,\ t \in \tilde{J},$$

$$I_k(\gamma x,\gamma^{-1}y) \geq \varphi_2(\gamma) I_k(x,y), \quad \forall x,y \in \mathbb{R}^+, \quad k = 1,2,\cdots m.$$

**引理6.1.1** $x \in PC[\tilde{J},\mathbb{R}] \cap C^4[\tilde{J}',\mathbb{R}]$ 是问题(6.1.1) 在$\tilde{J}$ 上的解当且仅当$x \in PC[\tilde{J},\mathbb{R}]$ 满足如下积分方程:

$$\begin{aligned} x(t) =& b_0 + b_1 t + \int_0^t \frac{1}{6}(t-s)^3[a(s)f(s,x(s),x(s)) + u(s)]\mathrm{d}s \\ &+ \sum_{0<t_k<t} I_k(x(t_k),x(t_k)). \end{aligned} \tag{6.1.2}$$

**证明:** (充分性) 假定$x \in PC[\tilde{J},\mathbb{R}] \cap C^4[\tilde{J}',\mathbb{R}]$ 是问题(6.1.1) 在$\tilde{J}$ 上的解, 对

$$x^{(4)}(t) = a(t)f(t,x(t),x(t)) + u(t).$$

从0到$t$积分, 可得

$$x'''(t) = x'''(0) + \int_0^t [a(s)f(s,x(s),x(s)) + u(s)]\mathrm{d}s. \tag{6.1.3}$$

对(6.1.3)式从0到$t$积分得

$$x''(t) = x''(0) + \int_0^t (t-s)[a(s)f(s,x(s),x(s)) + u(s)]\mathrm{d}s. \tag{6.1.4}$$

再对(6.1.4)式从0到$t$积分得

$$x'(t) = x'(0) + \int_0^t \frac{1}{2}(t-s)^2[a(s)f(s,x(s),x(s)) + u(s)]\mathrm{d}s. \tag{6.1.5}$$

考虑到$\Delta x|_{t=t_k} = I_k(x(t_k), x(t_k))$, $k = 1, 2, \cdots, m$, 对(6.1.5) 式从0到$t$积分得

$$\begin{aligned} x(t) = x(0) + x'(0)t + \int_0^t \frac{1}{6}(t-s)^3[a(s)f(s, x(s), x(s)) + u(s)]\mathrm{d}s \\ + \sum_{0<t_k<t} I_k(x(t_k), x(t_k)). \end{aligned} \tag{6.1.6}$$

将$x(0) = b_0$, $x'(0) = b_1$ 代入(6.1.6)式即得(6.1.2).

(必要性) 假设$x$是(6.1.2)式的解, 则有

$$\Delta x|_{t=t_k} = I_k(x(t_k), x(t_k)).$$

当$t \neq t_k$时, 对(6.2.12)式直接求导可得

$$x^{(4)}(t) = a(t)f(t, x(t), x(t)) + u(t),$$

且容易验证$x(0) = b_0$, $x'(0) = b_1$, $x''(0) = x'''(0) = 0$. □

定义算子$A : PC[\tilde{J}, \mathbb{R}] \times PC[\tilde{J}, \mathbb{R}] \to PC[\tilde{J}, \mathbb{R}]$如下:

$$\begin{aligned} A(x, y)(t) =& b_0 + b_1 t + \int_0^t \frac{1}{6}(t-s)^3[a(s)f(s, x(s), y(s)) + u(s)]\mathrm{d}s \\ &+ \sum_{0<t_k<t} I_k(x(t_k), y(t_k)). \end{aligned} \tag{6.1.7}$$

**引理6.1.2**　$x \in PC[\tilde{J}, \mathbb{R}] \cap C^4[\tilde{J}', \mathbb{R}]$ 是问题(6.1.1) 在$\tilde{J}$上的解当且仅当$x \in PC[\tilde{J}, \mathbb{R}]$ 是算子$A : PC[\tilde{J}, \mathbb{R}] \times PC[\tilde{J}, \mathbb{R}] \to PC[\tilde{J}, \mathbb{R}]$ 的不动点.

**定理6.1.1**　假定条件$(\mathrm{L}_1)-(\mathrm{L}_3)$ 成立, $M$ 为固定正数, 对任意$u \in \mathcal{W}_M$, 问题(6.1.1) 在$\tilde{J}$ 上存在唯一解$x^* \in \mathring{P}_h$, 其中$\mathcal{W}_M = \{u \in L^2(0,1) | 0 \le u(t) \le M,\ t \in [0,1]\}$, $\mathring{P} = \{x \in PC[\tilde{J}, \mathbb{R}] | x(t) \ge 0,\ \forall t \in \tilde{J}\}$, $h(t) = \dfrac{t^4}{24} + \dfrac{1}{2}$, $t \in \tilde{J}$. 且对任意初始值$x_0$, $y_0 \in \mathring{P}_h$, 构造迭代序列

$$\begin{aligned} x_n(t) =& b_0 + b_1 t + \int_0^t \frac{1}{6}(t-s)^3[a(s)f(s, x_{n-1}(s), y_{n-1}(s)) + u(s)]\mathrm{d}s \\ &+ \sum_{0<t_k<t} I_k(x_{n-1}(t_k), y_{n-1}(t_k)), \end{aligned}$$

$$y_n(t) = b_0 + b_1 t + \int_0^t \frac{1}{6}(t-s)^3[a(s)f(s, y_{n-1}(s), x_{n-1}(s)) + u(s)]\mathrm{d}s$$
$$+ \sum_{0<t_k<t} I_k(y_{n-1}(t_k), x_{n-1}(t_k)),$$

有$\|x_n - x^*\| \to 0$, $\|y_n - x^*\| \to 0$, $n \to \infty$.

**证明：** 令

$$\mathring{P} = \{x \in PC[\tilde{J}, \mathbb{R}] | x(t) \geq 0, \forall t \in \tilde{J}\}.$$

显然, $\mathring{P}$是$PC[\tilde{J}, \mathbb{R}]$中的一个正规锥, 且正规常数为1.

由条件($L_1$), ($L_2$)及$u \in \mathcal{W}_M$ 可知, 算子$A$ 满足

$$A(x, y)(t) \geq 0, \quad \forall x, y \in \mathring{P}, \ t \in \tilde{J}.$$

即$A : \mathring{P} \times \mathring{P} \to \mathring{P}$.

进一步, 由($L_1$), ($L_2$)及(6.1.7)易知$A : \mathring{P} \times \mathring{P} \to \mathring{P}$ 是混合单调的.

定义函数$h : \tilde{J} \to \mathbb{R}$ 如下

$$h(t) = \frac{1}{2} + \frac{1}{6}\int_0^t (t-s)^3 \mathrm{d}s.$$

接下来, 证明算子$A$满足$A(h, h) \in \mathring{P}_h$. 计算可得, $h(t) = \frac{t^4}{24} + \frac{1}{2}$, $t \in \tilde{J}$, 进而对任意$t \in \tilde{J}$, $\frac{1}{2} \leq h(t) < 1$, 令

$$r_1 = \min_{t \in \tilde{J}} f\left(t, \frac{1}{2}, 1\right), \quad r_2 = \max_{t \in \tilde{J}} f\left(t, 1, \frac{1}{2}\right),$$

则由($L_1$)可知$0 < r_1 \leq r_2$.

注意到$a(t) \in C[\tilde{J}, \mathbb{R}^+]$, 且在$\tilde{J}$ 的任意子区间有$a(t) \neq 0$, 故其在区间$\tilde{J}$上有最大最小值, 令

$$a_{\min} = \min_{t \in \tilde{J}} a(t), \quad a_{\max} = \max_{t \in \tilde{J}} a(t),$$
$$r_3 = \min\{2b_0, r_1 a_{\min}\}.$$

则由条件($L_1$),($L_2$)及$u \in \mathcal{W}_M$知

$$\begin{aligned}
A(h,h)(t) =& b_0 + b_1 t + \int_0^t \frac{1}{6}(t-s)^3[a(s)f(s,h(s),h(s)) + u(s)]\mathrm{d}s \\
&+ \sum_{0<t_k<t} I_k(h(t_k),h(t_k)) \\
\geq& b_0 + a_{\min}\int_0^t \frac{1}{6}(t-s)^3 f\left(s,\frac{1}{2},1\right)\mathrm{d}s \\
\geq& b_0 + r_1 a_{\min}\int_0^t \frac{1}{6}(t-s)^3\mathrm{d}s \\
\geq& 2b_0\cdot\frac{1}{2} + r_1 a_{\min}\int_0^t \frac{1}{6}(t-s)^3\mathrm{d}s \\
\geq& r_3 h(t).
\end{aligned}$$

并且

$$\begin{aligned}
&A(h,h)(t) \\
=& b_0 + b_1 t + \int_0^t \frac{1}{6}(t-s)^3[a(s)f(s,h(s),h(s)) + u(s)]\mathrm{d}s \\
&+ \sum_{0<t_k<t} I_k(h(t_k),h(t_k)) \\
\leq& b_0 + b_1 + a_{\max}\int_0^t \frac{1}{6}(t-s)^3 f\left(s,1,\frac{1}{2}\right)\mathrm{d}s + M\int_0^t \frac{1}{6}(t-s)^3\mathrm{d}s \\
&+ \sum_{0<t_k<t} I_k\left(1,\frac{1}{2}\right) \\
\leq& \left[2b_0 + 2b_1 + r_2 a_{\max} + M + 2\sum_{k=1}^m I_k\left(1,\frac{1}{2}\right)\right] h(t).
\end{aligned}$$

因此

$$r_3 h \leq A(h,h) \leq \left[2b_0 + 2b_1 + r_2 a_{\max} + M + 2\sum_{k=1}^m I_k\left(1,\frac{1}{2}\right)\right] h,$$

即$A(h,h) \in \mathring{P}_h$.

最后，证明算子$A$满足$A(tu,t^{-1}v) \geq \varphi(t)A(u,v)$. 令$\varphi(\gamma) = \min\{\varphi_1(\gamma), \varphi_2(\gamma)\}$，$\gamma \in (0,1)$，由条件($L_3$) 可知$\varphi(\gamma) \in (\gamma,1]$. 因此，对任意$\gamma \in (0,1)$,

$x, y \in \mathring{P}$, 有

$$\begin{aligned}
&A(\gamma x, \gamma^{-1}y)(t)\\
&= b_0 + b_1 t + \int_0^t \frac{1}{6}[a(s)f(s, \gamma x(s), \gamma^{-1}y(s)) + u(s)]\mathrm{d}s\\
&\quad + \sum_{0<t_k<t} I_k(\gamma x(t_k), \gamma^{-1}y(t_k))\\
&\geq b_0 + b_1 t + \varphi_1(\gamma)\int_0^t \frac{1}{6}[a(s)f(s, x(s), y(s)) + u(s)]\mathrm{d}s\\
&\quad + \varphi_2(\gamma)\sum_{0<t_k<t} I_k(x(t_k), y(t_k))\\
&\geq \varphi(\gamma)A(x, y)(t),
\end{aligned}$$

即得

$$A(\gamma x, \gamma^{-1}y) \geq \varphi(\gamma)A(x, y), \quad \forall x, y \in \mathring{P}, \gamma \in (0, 1).$$

根据定理1.3.18可知结论成立. □

### 6.1.2 例子

**例6.1.1** 考虑如下具有混合单调项的四阶脉冲微分方程初值问题:

$$\begin{cases}
x^{(4)}(t) = 2t(t^2 + \sqrt{x(t)+1} + \dfrac{1}{\sqrt{x(t)+1}}) + u(t), \quad 0 < t < 1, \ t \neq \dfrac{1}{2},\\
\Delta x|_{t=\frac{1}{2}} = \sqrt{x(\dfrac{1}{2}) + 1} + \dfrac{1}{\sqrt{x(\frac{1}{2})+1}},\\
x(0) = b_0, \ x'(0) = b_1, \ x''(0) = x'''(0) = 0,
\end{cases} \tag{6.1.8}$$

其中$b_0 > 0$, $b_1 \geq 0$是给定的常数.

**结论:** 问题(6.1.8)有唯一正解$x^* \in \mathring{P}_h$, 其中$h(t) = \dfrac{t^4}{24} + \dfrac{1}{2}$, $t \in [0, 1]$.

**证明:** 根据方程(6.1.8)可知$f: [0,1] \times [0, +\infty) \times [0, +\infty) \to [0, +\infty)$,

$I_1:[0,+\infty)\times[0,+\infty)\to[0,+\infty)$, 定义如下

$$f(t,x,y)=t^2+\sqrt{x+1}+\frac{1}{\sqrt{y+1}},I_1(x,y)=\sqrt{x+1}+\frac{1}{\sqrt{y+1}},$$

其中$t\in[0,1],x,y\in[0,+\infty)$. 则问题(6.1.8)的形式等价于问题(6.1.1).

显然, 对固定的$t\in[0,1]$及$y\in\mathbb{R}^+$, $f$ 关于$x$ 是非减的, 且对固定的$t\in[0,1]$及$x\in\mathbb{R}^+$, $f$ 关于$y$ 是非增的. 计算可知, $f(t,\frac{1}{2},1)=t^2+\frac{\sqrt{3}+1}{\sqrt{2}}>0,t\in[0,1]$, 故假设条件($\mathrm{L}_1$)是满足的, 且条件($\mathrm{L}_2$)容易验证. 现令$\gamma\in(0,1),t\in[0,1]$, $x,y\geq 0$, 有

$$\begin{aligned}f(t,\gamma x,\gamma^{-1}y)&=t^2+\sqrt{\gamma x+1}+\frac{1}{\sqrt{\gamma^{-1}y+1}}\\&=t^2+\sqrt{\gamma x+1}+\frac{\sqrt{\gamma}}{\sqrt{y+\gamma}}\\&\geq\sqrt{\gamma}(t^2+\sqrt{x+1}+\frac{1}{\sqrt{y+1}})=\sqrt{\gamma}f(t,x,y),\end{aligned}$$

$$I_1(\gamma x,\gamma^{-1}y)=\sqrt{\gamma x+1}+\frac{1}{\sqrt{\gamma^{-1}y+1}}\geq\sqrt{\gamma}(\sqrt{x+1}+\frac{1}{\sqrt{y+1}})=\sqrt{\gamma}I_1(x,y).$$

取$\varphi_1(\gamma)=\varphi_2(\gamma)=\sqrt{\gamma}$, 进而可知条件($\mathrm{L}_3$)成立. 由定理6.1.1可知问题(6.1.8)有唯一正解$x^*\in\mathring{P}_h$, 其中$h(t)=\frac{t^4}{24}+\frac{1}{2}$, $\forall t\in[0,1]$. □

## 6.2 四阶脉冲微分方程边值问题

### 6.2.1 两点边值问题解的存在唯一性

考虑如下具有混合单调项的四阶脉冲微分方程:

$$\begin{cases}u^{(4)}(t)=f(t,u(t),u(t))+g(t,u(t)),\ t\in(0,1)\backslash\{t_1,t_2,\cdots,t_m\},\\ \Delta u|_{t=t_k}=I_k(u(t_k),u(t_k)),\ k=1,2,\cdots,m,\\ u(0)=u'(0)=u''(1)=0,u'''(1)=-\zeta.\end{cases}\tag{6.2.1}$$

其中$\tilde{J}=[0,1]$, $f\in C[\tilde{J}\times\mathbb{R}\times\mathbb{R}],g\in C[\tilde{J}\times\mathbb{R}]$, 脉冲点满足$0<t_1<t_2<\cdots<$

$t_m < 1$, $\Delta u|_{t=t_k} = u(t_k^+) - u(t_k^-)$, 其中$u(t_k^+)$ 和$u(t_k^-)$分别表示$u(t)$在$t = t_k$处的右极限和左极限. $I_k$是给定的$C[\mathbb{R} \times \mathbb{R}, \mathbb{R}]$中的函数, $k = 1, 2, \cdots, m$, $\zeta > 0$ 为给定常数.

假设$D - \{t_1, t_2, \cdots, t_m\}$是区间$(0, 1)$的一个子集.

**引理6.2.1** $u \in PC^1[J, \mathbb{R}] \cap C^4[J', \mathbb{R}]$ 是问题(6.2.1)的解当且仅当$u \in PC^1[J, \mathbb{R}]$ 是如下积分方程的解

$$\begin{aligned} u(t) = & \int_0^1 G(t,s)[f(s,u(s),u(s)) + g(s,u(s))]\mathrm{d}s \\ & + \zeta\Phi(t) + \sum_{0<t_k<t} I_k(u(t_k), u(t_k)), \ \forall t \in \tilde{J}, \end{aligned} \tag{6.2.2}$$

其中$\Phi(t) = \dfrac{t^2}{2} - \dfrac{t^3}{6}$, $G(t,s) : [0,1] \times [0,1] \to \mathbb{R}$定义如下:

$$G(t,s) = \frac{1}{6}\begin{cases} s^2(3t - s), \ s \le t, \\ t^2(3s - t), \ t \le s. \end{cases}$$

**证明:** (充分性) 假设$u$是问题(6.2.1)的解, 对$u^{(4)}(t) = f(t, u(t), u(t)) + g(t, u(t))$从$t$ 到1积分可得

$$u'''(t) = -\zeta - \int_t^1 f(s,u(s),u(s)) + g(s,u(s))\,\mathrm{d}s.$$

再对上式从$t$到1积分得

$$u''(t) = \zeta(1-t) - \int_t^1 (s-t)[f(s,u(s),u(s)) + g(s,u(s))]\,\mathrm{d}s.$$

进一步, 对上式从0到$t$积分得

$$\begin{aligned} u'(t) = & \zeta(t - \frac{t^2}{2}) + \int_0^t \frac{s^2}{2}[f(s,u(s),u(s)) + g(s,u(s))]\,\mathrm{d}s \\ & + \int_t^1 (st - \frac{t^2}{2})[f(s,u(s),u(s)) + g(s,u(s))]\,\mathrm{d}s. \end{aligned}$$

考虑到

$$\Delta u|_{t=t_k} = I_k(u(t_k), u(t_k)),$$

对上式从0到$t$积分得

$$\begin{aligned}u(t)=&\zeta(\frac{t^2}{2}-\frac{t^3}{6})+\int_0^t(\frac{s^2t}{2}-\frac{s^3}{6})[f(s,u(s),u(s))+g(s,u(s))]\,\mathrm{d}s\\&+\int_t^1(\frac{st^2}{2}-\frac{t^3}{6})[f(s,u(s),u(s))+g(s,u(s))]\,\mathrm{d}s+\sum_{0<t_k<t}I_k(u(t_k),u(t_k)).\end{aligned}$$

令

$$\Phi(t)=\frac{t^2}{2}-\frac{t^3}{6},$$

$$G(t,s)=\frac{1}{6}\begin{cases}s^2(3t-s),\ s\le t,\\ t^2(3s-t),\ t\le s,\end{cases}$$

即得(6.2.2)式.

(必要性) 假设$u$是(6.2.2)式的解, 可得$\Delta u|_{t=t_k}=I_k(u(t_k),\,u(t_k))$, 当$t\neq t_k$时, 对(6.2.2) 式直接求导即得

$$u^{(4)}(t)=f(t,u(t),u(t))+g(t,u(t)),$$

且有, $u(0)=u'(0)=u''(1)=0,\ u'''(1)=-\zeta.$ □

**引理6.2.2** 对任意$t,s\in[0,1]$, 有

$$\frac{1}{3}s^2t^2\le G(t,s)\le\frac{1}{2}st^2,\quad \frac{1}{3}t^2\le\Phi(t)\le\frac{1}{2}t^2,$$
$$\frac{1}{2}s^2t\le\frac{\partial G(t,s)}{\partial t}\le st,\quad \frac{1}{2}t\le\Phi'(t)\le 2t.$$

定义锥$P$如下

$$P=\{u\in PC^1[\tilde{J},\mathbb{R}]|u(t)\ge 0,u'(t)\ge 0,\ t\in[0,1]\},$$

$P$是一个正规锥且正规常数为1.

给出如下假设条件:

$(\mathrm{M}_1)$ $f:[0,1]\times[0,+\infty)\times[0,+\infty)\to[0,+\infty)$及$g:[0,1]\times[0,+\infty)\to$

$[0,+\infty)$, 满足

$$\int_0^1 s^2[f(s,0,1)+g(s,0)]\mathrm{d}s>0.$$

$(\mathrm{M}_2)$ 对固定的$t\in[0,1]$, $y\in[0,+\infty)$, $f(t,x,y)$ 关于$x\in[0,+\infty)$是单调递增的; 对固定的$t\in[0,1]$, $x\in[0,+\infty)$, $f(t,x,y)$ 关于$y\in[0,+\infty)$ 是单调递减的; 对固定的$t\in[0,1]$, $g(t,x)$ 关于$x\in[0,+\infty)$ 是单调递增的.

$(\mathrm{M}_3)$ 对$k=1,2,\cdots m$, $I_k:[0,+\infty)\times[0,+\infty)\to[0,+\infty)$, 对固定的$y\in[0,+\infty)$, $I_k(x,y)$ 关于$x\in[0,+\infty)$是单调递增的; 对固定的$x\in[0,+\infty)$, $I_k(x,y)$ 关于$y\in[0,+\infty)$ 是单调递减的.

$(\mathrm{M}_4)$ 对任意的$\lambda\in(0,1)$, $x,\ y\in[0,+\infty)$, 存在$\alpha_f(\lambda)$, $\alpha_g(\lambda)$, $\alpha_I(\lambda)\in(\lambda,1]$ 使得

$$f(t,\lambda x,\lambda^{-1}y)\geq\alpha_f(\lambda)f(t,x,y),$$

$$g(t,\lambda x)\geq\alpha_g(\lambda)g(t,x),$$

$$I_k(\lambda x,\lambda^{-1}y)\geq\alpha_I(\lambda)I_k(x,y),\ k=1,2,\cdots,m.$$

**定理6.2.1** 假定条件$(\mathrm{M}_1)$—$(\mathrm{M}_4)$ 成立, 则问题(6.2.1)存在唯一正解$u^*\in P_h$, 其中$P=\big\{u\in PC^1[\tilde{J},\mathbb{R}]|\ u(t)\geq0,\ u'(t)\geq0,\ t\in[0,1]\big\}$, $h(t)=t^2$, $t\in[0,1]$. 对任意初值$x_0,y_0\in P_h$, 构造迭代序列

$$x_n=\int_0^1 G(t,s)[f(s,x_{n-1}(s),y_{n-1}(s))+g(s,x_{n-1}(s))]\mathrm{d}s$$
$$+\zeta\Phi(t)+\sum_{0<t_k<t}I_k(x_{n-1}(t_k),y_{n-1}(t_k)),$$

$$y_n=\int_0^1 G(t,s)[f(s,y_{n-1}(s),x_{n-1}(s))+g(s,y_{n-1}(s))]\mathrm{d}s$$
$$+\zeta\Phi(t)+\sum_{0<t_k<t}I_k(y_{n-1}(t_k),x_{n-1}(t_k)),$$

当$n\to\infty$时, 有$\|x_n-u^*\|\to0$, $\|y_n-u^*\|\to0$.

**证明:** 定义算子$A: P\times P\to E$如下:

$$\begin{aligned}A(u,v)(t)=&\int_0^1 G(t,s)[f(s,u(s),v(s))+g(s,u(s))]\mathrm{d}s\\&+\zeta\Phi(t)+\sum_{0<t_k<t}I_k(u(t_k),u(t_k)).\end{aligned}\tag{6.2.3}$$

则有

$$\begin{aligned}(A(u,v))'(t)=&\int_0^1 G_t(t,s)[f(s,u(s),v(s))+g(s,u(s))]\mathrm{d}s\\&+\zeta\Phi'(t).\end{aligned}\tag{6.2.4}$$

根据引理6.2.1, $u$是问题(6.2.1)的解当且仅当$A(u,u)=u$. 证明分为三个部分.

第一步, 证明$A: P\times P\to P$是混合单调的.

由$u,v\in P$可知

$$u(t)\geq 0, v(t)\geq 0, u'(t)\geq 0, v'(t)\geq 0.$$

由($\mathrm{M}_1$), ($\mathrm{M}_3$), 引理6.2.2及(6.2.3), (6.2.4) 知, $A(u,v)(t)\geq 0, (A(u,v))'(t)\geq 0$, $t\in[0,1]$. 因此

$$A(u,v)\in P, A: P\times P\to P.$$

进一步, 对任意的$u_1$, $u_2$, $v_1$, $v_2\in P$, $u_1\leq u_2$, $v_2\leq v_1$, 有

$$u_1(t)\leq u_2(t), u_1'(t)\leq u_2'(t), v_1(t)\geq v_2(t), v_1'(t)\geq v_2'(t).$$

故由($\mathrm{M}_1$), ($\mathrm{M}_2$), ($\mathrm{M}_3$), 引理6.2.2 及(6.2.3), (6.2.4)可知

$$A(u_1,v_1)(t)\leq A(u_2,v_2)(t),\ (A(u_1,v_1))'(t)\leq (A(u_2,v_2))'(t).$$

即$A(u_1,v_1)\leq A(u_2,v_2)$. 所以, $A: P\times P\to P$ 是混合单调的.

定义函数$h:[0,1]\to\mathbb{R}$,

$$h(t)=t^2.$$

第二步, 证明$A(h,h)\in P_h$. 即存在常数$c_1$, $c_2>0$, 使得$c_1h\leq A(h,h)\leq$

$c_2 h$. 由引理6.2.2, ($\mathrm{M}_2$), ($\mathrm{M}_3$) 及(6.2.3) 知

$$\begin{aligned}
&A(h,h)(t)\\
=&\int_0^1 G(t,s)[f(s,h(s),h(s))+g(s,h(s))]\mathrm{d}s+\zeta\Phi(t)\\
&+\sum_{0<t_k<t} I_k(h(t_k),h(t_k))\\
=&\int_0^1 G(t,s)[f(s,s^2,s^2)+g(s,s^2)]\mathrm{d}s+\zeta\Phi(t)\\
&+\sum_{0<t_k<t} I_k(t_k^2,t_k^2)\\
\geq&\int_0^1 G(t,s)[f(s,s^2,s^2)+g(s,s^2)]\mathrm{d}s\\
\geq&\frac{t^2}{3}\int_0^1 s^2[f(s,0,1)+g(s,0)]\mathrm{d}s\\
=&(\frac{1}{3}\int_0^1 s^2[f(s,0,1)+g(s,0)]\mathrm{d}s)h(t).
\end{aligned} \tag{6.2.5}$$

并且有

$$\begin{aligned}
&A(h,h)(t)\\
=&\int_0^1 G(t,s)[f(s,h(s),h(s))+g(s,h(s))]\mathrm{d}s+\zeta\Phi(t)\\
&+\sum_{0<t_k<t} I_k(h(t_k),h(t_k))\\
=&\int_0^1 G(t,s)[f(s,s^2,s^2)+g(s,s^2)]\mathrm{d}s+\zeta\Phi(t)+\sum_{0<t_k<t} I_k(t_k^2,t_k^2)\\
\leq&\frac{t^2}{2}\int_0^1 s[f(s,1,0)+g(s,1)]\mathrm{d}s+\zeta\frac{t^2}{2}+\sum_{k=1}^m I_k(1,0)\\
\leq&(\frac{1}{2}\int_0^1 s[f(s,1,0)+g(s,1)]\mathrm{d}s+\frac{1}{2}\zeta\\
&+2\sum_{k=1}^m I_k(1,0))h(t).
\end{aligned} \tag{6.2.6}$$

类似地, 由引理6.2.2, (M$_2$), (M$_3$) 及(6.2.4) 知

$$\begin{aligned}(A(h,h))'(t) &= \int_0^1 G_t(t,s)[f(s,h(s),h(s))+g(s,h(s))]\mathrm{d}s+\zeta\Phi'(t)\\ &= \int_0^1 G_t(t,s)[f(s,s^2,s^2)+g(s,s^2)]\mathrm{d}s+\zeta\Phi'(t)\\ &\geq \int_0^1 G_t(t,s)[f(s,s^2,s^2)+g(s,s^2)]\mathrm{d}s\\ &\geq \frac{t}{2}\int_0^1 s^2[f(s,s^2,s^2)+g(s,s^2)]\mathrm{d}s\\ &\geq \frac{1}{4}(\int_0^1 s^2[f(s,0,1)+g(s,0)]\mathrm{d}s)2t\\ &= (\frac{1}{4}\int_0^1 s^2[f(s,0,1)+g(s,0)]\mathrm{d}s)h'(t).\end{aligned} \tag{6.2.7}$$

且有

$$\begin{aligned}(A(h,h))'(t) &= \int_0^1 G_t(t,s)[f(s,h(s),h(s))+g(s,h(s))]\mathrm{d}s+\zeta\Phi'(t)\\ &= \int_0^1 G_t(t,s)[f(s,s^2,s^2)+g(s,s^2)]\mathrm{d}s+\zeta\Phi'(t)\\ &\leq \int_0^1 st[f(s,1,0)+g(s,1)]\mathrm{d}s+2t\zeta\\ &\leq (\frac{1}{2}\int_0^1 s[f(s,1,0)+g(s,1)]\mathrm{d}s+\zeta)2t\\ &= (\frac{1}{2}\int_0^1 s[f(s,1,0)+g(s,1)]\mathrm{d}s+\zeta)h'(t).\end{aligned} \tag{6.2.8}$$

令

$$c_1=\frac{1}{4}\int_0^1 s^2[f(s,0,1)+g(s,0)]\mathrm{d}s,$$

$$c_2=\frac{1}{2}\int_0^1 s[f(s,1,0)+g(s,1)]\mathrm{d}s+\zeta+2\sum_{k=1}^m I_k(1,0).$$

$c_1h(t)\leq A(h,h)(t)\leq c_2h(t)$, $(c_1h)'(t)=c_1h'(t)\leq (A(h,h))'(t)\leq c_2h'(t)$, $t\in [0,1]$. 因此有$c_1h\leq A(h,h)\leq c_2h$, 即$A(h,h)\in P_h$.

第三步, 证明对于任意的$u,\ v\in P,\ \lambda\in(0,1)$, 存在$\alpha(\lambda)\in(\lambda,1]$, 使

$$A(\lambda u,\lambda^{-1}v)\geq\alpha(\lambda)A(u,v).$$

令$\alpha(\lambda)=\min\{\alpha_f(\lambda),\ \alpha_g(\lambda),\ \alpha_I(\lambda),\ \lambda\in(0,1)\}$. 由$(\mathrm{M}_4)$知$\alpha(\lambda)\in(\lambda,1]$ 且有

$$\begin{aligned}A(\lambda u,\lambda^{-1}v)(t)=&\int_0^1G(t,s)[f(s,\lambda u(s),\lambda^{-1}v(s))+g(s,\lambda u(s))]\mathrm{d}s\\&+\zeta\Phi(t)+\sum_{0<t_k<t}I_k(\lambda u(t_k),\lambda^{-1}v(t_k))\\\geq&\int_0^1G(t,s)[\alpha_f(\lambda)f(s,u(s),v(s))+\alpha_g(\lambda)g(s,u(s))]\mathrm{d}s\\&+\zeta\Phi(t)+\alpha_I(\lambda)\sum_{0<t_k<t}I_k(u(t_k),v(t_k))\\\geq&\alpha(\lambda)(\int_0^1G(t,s)[f(s,u(s),v(s))+g(s,u(s))]\mathrm{d}s\\&+\zeta\Phi(t))+\sum_{0<t_k<t}I_k(u(t_k),v(t_k))\\=&\alpha(\lambda)A(u,v)(t),\end{aligned}\tag{6.2.9}$$

及

$$\begin{aligned}&(A(\lambda u,\lambda^{-1}v))'(t)\\=&\int_0^1G_t(t,s)[f(s,\lambda u(s),\lambda^{-1}v(s))+g(s,\lambda u(s))]\mathrm{d}s+\zeta\Phi'(t)\\\geq&\int_0^1G_t(t,s)[\alpha_f(\lambda)f(s,u(s),v(s))+\alpha_g(\lambda)g(s,u(s))]\mathrm{d}s+\zeta\Phi'(t)\\\geq&\alpha(\lambda)(\int_0^1G_t(t,s)[f(s,u(s),v(s))+g(s,u(s))]\mathrm{d}s+\zeta\Phi'(t))\\=&\alpha(\lambda)(A(u,v))'(t).\end{aligned}\tag{6.2.10}$$

由(6.2.9), (6.2.10)可得$A(\lambda u,\lambda^{-1}v)\geq\alpha(\lambda)A(u,v),\ \forall u,\ v\in P,\ \lambda\in(0,1)$.

综上, 根据定理1.3.18可知, 算子$A$在$P_h$中有唯一解, 问题(6.2.1) 在$P_h$ 中有唯一解$u^*$. □

### 6.2.2 非线性项含导数情形

考虑如下四阶脉冲微分方程边值问题：

$$\begin{cases} u^{(4)}(t)=f(t,u(t),u'(t))+g(t,u(t)), & t\in J', \\ \Delta u(t_k)=I_k(u(t_k),u'(t_k)), \quad t=t_k,\ k=1,2,\cdots m, \\ u(0)=a, \quad u'(0)=u''(1)=0, \\ u'''(1)=-q(u(1)), \end{cases} \tag{6.2.11}$$

其中脉冲点$t_k$满足$0<t_1<\cdots<t_k<\cdots<t_m<1$, $J=[0,1]$, $J'=J\backslash\{t_1,t_2,\cdots,t_m\}$, $f\in C[J\times\mathbb{R}\times\mathbb{R}]$, $g\in C[J\times\mathbb{R}]$, $q\in C[\mathbb{R}]$, 且$I_k\in C[\mathbb{R}\times\mathbb{R}]$ $(k=1,2,\cdots,m)$. $\Delta u(t_k)=u\left(t_k^+\right)-u\left(t_k^-\right)$, $u\left(t_k^+\right)=\lim\limits_{t\to t_k^+}u(t)$, $u\left(t_k^-\right)=\lim\limits_{t\to t_k^-}u(t)$. $a>0$是常数.

**引理6.2.3** 若$f$, $g$, $q$连续, 则$u\in PC^1[J,\mathbb{R}]\cap C^4[J',\mathbb{R}]$ 是问题(6.2.11)的解当且仅当$u\in PC^1[J,\mathbb{R}]$是如下积分方程的解

$$\begin{aligned} u(t)=&a+\int_0^1 G(t,s)[f(s,u(s),u'(s))g(s,u(s))]\mathrm{d}s \\ &+q(u(1))\psi(t)+\sum_{0<t_k<t}I_k(u(t_k),u'(t_k)), \end{aligned} \tag{6.2.12}$$

其中

$$G(t,s)=\frac{1}{6}\begin{cases} s^2(3t-s), & 0\le s\le t\le 1, \\ t^2(3s-t), & 0\le t\le s\le 1. \end{cases} \tag{6.2.13}$$

$$\psi(t)=\frac{t^2}{2}-\frac{t^3}{6}. \tag{6.2.14}$$

**证明:** （充分性）假设$u\in PC^1[J,\mathbb{R}]\cap C^4[J',\mathbb{R}]$是问题(6.2.11)的解, 对于$u^{(4)}(t)=f(t,u(t),u'(t))+g(t,u(t))$, 从$t$ 到1 积分，并结合$u'''(1)=-q(u(1))$可得:

$$u'''(t)=-q(u(1))-\int_t^1[f(s,u(s),u'(s))+g(s,u(s))]\mathrm{d}s.$$

接下来, 从$t$到1积分:

$$u''(t)=q(u(1))(1-t)+\int_t^1[f(s,u(s),u'(s))+g(s,u(s))](s-t)\,\mathrm{d}s.$$

结合$u'(0)=0$, 将上述公式从0到$t$积分:

$$\begin{aligned}u'(t)=&q(u(1))(t-\frac{t^2}{2})+\int_0^t\frac{s^2}{2}[f(s,u(s),u'(s))+g(s,u(s))]\,\mathrm{d}s\\&+\int_t^1(ts-\frac{t^2}{2})[f(s,u(s),u'(s))+g(s,u(s))]\,\mathrm{d}s.\end{aligned}$$

最后, 将$u'(t)$从0到$t$积分, 并且结合$u(0)=a$, $\Delta u|_{t=t_k}=I_k(u(t_k),u'(t_k))$, 有

$$\begin{aligned}u(t)=&a+q(u(1))(\frac{t^2}{2}-\frac{t^3}{6})+\int_0^t(\frac{s^2t}{2}-\frac{s^3}{6})[f(s,u(s),u'(s))+g(s,u(s))]\,\mathrm{d}s\\&+\int_t^1(\frac{st^2}{2}-\frac{t^3}{6})[f(s,u(s),u'(s))+g(s,u(s))]\,\mathrm{d}s+\sum_{0<t_k<t}I_k(u(t_k),u'(t_k))\\=&a+\int_0^1G(t,s)[f(s,u(s),u'(s))+g(s,u(s))]\,\mathrm{d}s\\&+q(u(1))\psi(t)+\sum_{0<t_k<t}I_k(u(t_k),u'(t_k)).\end{aligned}$$

其中$G(t,s)$和$\psi(t)$由式(6.2.13)和(6.2.14)给出.

（必要性）假设 $u(t)$ 是积分方程(6.4.2)的解, 显然

$$\Delta u|_{t=t_k}=I_k(u(t_k),u'(t_k)).$$

对等式(6.2.12)直接求导可得, 当$t\neq t_k$时, $u^{(4)}(t)=f(s,u(s),u'(s))+g(s,u(s))$. 并且有$u(0)=a$, $u'(0)=u''(1)=0$, $u'''(1)=-q(u(1))$成立. □

**引理6.2.4** 对任意$t,s\in[0,1]$, 有

$$\begin{aligned}&\frac{1}{3}s^2t^2\le G(t,s)\le\frac{1}{2}st^2,\qquad \frac{1}{3}t^2\le\psi(t)\le\frac{1}{2}t^2,\\&\frac{1}{2}s^2t\le\frac{\partial G(t,s)}{\partial t}\le st,\qquad \frac{1}{2}t\le\psi'(t)\le 2t.\end{aligned}$$

在Banach空间$E=PC^1[J,\mathbb{R}]$上进行研究, 定义其范数为

$$\|x\|=\max\{\sup_{t\in J}|x(t)|,\ \sup_{t\in J}|x'(t)|\},$$

定义$E$中的锥$P$:

$$P=\{x\in PC^1[J,\mathbb{R}]:x(t)\geq 0,x'(t)\geq 0,t\in J\},$$

锥$P$是$PC^1[J,\mathbb{R}]$中的正规锥且正规常数为1.

**定理6.2.2** 假设如下条件成立:

($L_4$) $f:[0,1]\times[0,+\infty)\times[0,+\infty)\to[0,+\infty)$ 是连续的, $f(t,x,y)$ 对于固定的$t\in J$, $y\in[0,+\infty)$, 关于$x\in[0,+\infty)$ 单调递增, 且对于固定的$t\in J$, $x\in[0,+\infty)$, 关于$y\in[0,+\infty)$ 单调递减;

($L_5$) $g:[0,1]\times[0,+\infty)\to[0,+\infty)$ 是连续的, $g(t,x)$ 对于固定的$t\in J$, 关于$x\in[0,+\infty)$ 单调递增; $q:[0,+\infty)\to[0,+\infty)$ 是连续的, 且$q(y)$ 关于$y\in[0,+\infty)$ 单调递减;

($L_6$) 对任意$k=1,2,\cdots,m$, $I_k:[0,+\infty)\times[0,+\infty)\to[0,+\infty)$ 是连续的. $I_k(x,y)$ 对于固定的$y\in[0,+\infty)$, 关于$x\in[0,+\infty)$ 非减, 且对于固定的$x\in[0,+\infty)$, 关于$y\in[0,+\infty)$非增;

($L_7$) 对$\lambda\in(0,1)$, $t\in J$, $x\in[0,+\infty)$ 有$g(t,\lambda x)\geq\lambda g(t,x)$, $q(\lambda^{-1}y)\geq\lambda q(y)$, 且存在常数$\alpha_1,\alpha_2\in(0,1)$, 使得

$$f(t,\lambda x,\lambda^{-1}y)\geq\lambda^{\alpha_1}f(t,x,y),\ I_k(\lambda x,\lambda^{-1}y)\geq\lambda^{\alpha_2}I_k(x,y);$$

($L_8$) 存在常数$\sigma>0$, $\delta>0$, 使得$f(t,x,y)$, $g(t,x)\geq\sigma\geq q(y)>0$ 且$f(t,x,y)\geq\delta g(t,x)$, $\forall t\in J$, $x,y\in[0,+\infty)$.

则有

(1) 问题(6.2.11)在$P_h$中有唯一正解$u^*$, 其中$h(t)=t^2+\frac{1}{2}$, $t\in J$;

(2) 对任意$x_0$, $y_0 \in P_h$, $t \in J$, 构造迭代序列

$$\begin{aligned} x_n(t) = a + \int_0^1 G(t,s)[f(s, x_{n-1}(s), y'_{n-1}(s)) + g(s, x_{n-1}(s))]\,\mathrm{d}s \\ + q(y_{n-1}(1))\psi(t) + \sum_{0<t<t_k} I_k(x_{n-1}(t_k), y'_{n-1}(t_k)), \end{aligned} \tag{6.2.15}$$

$$\begin{aligned} y_n(t) = a + \int_0^1 G(t,s)[f(s, y_{n-1}(s), x'_{n-1}(s)) + g(s, y_{n-1}(s))]\,\mathrm{d}s \\ + q(x_{n-1}(1))\psi(t) + \sum_{0<t<t_k} I_k(y_{n-1}(t_k), x'_{n-1}(t_k)), \end{aligned} \tag{6.2.16}$$

当$n \to \infty$时, 有$x_n(t) \to u^*(t)$和$y_n(t) \to u^*(t)$.

**证明:** 对任意$u, v \in P$, 定义算子$A : P \to X$, $B : P \to X$, $C : P \times P \to X$如下

$$Au(t) = \frac{a}{4} + \int_0^1 G(t,s)g(s,u(s))\,\mathrm{d}s,$$

$$Bv(t) = \frac{a}{4} + q(v(1))\psi(t),$$

$$C(u,v)(t) = \frac{a}{2} + \int_0^1 G(t,s)f(s,u(s),v'(s))\,\mathrm{d}s + \sum_{0<t_k<t} I_k(u(t_k), v'(t_k)).$$

那么

$$(Au)'(t) = \int_0^1 G_t(t,s)g(s,u(s))\,\mathrm{d}s, \quad (Bv)'(t) = q(v(1))\psi'(t),$$

$$(C(u,v))'(t) = \int_0^1 G_t(t,s)f(s,u(s),v'(s))\,\mathrm{d}s.$$

由引理6.2.3可知, $u \in PC^1[J,\mathbb{R}] \cap C^4[J',\mathbb{R}]$ 是问题(6.2.11) 的解当且仅当$u \in PC^1[J,\mathbb{R}]$是算子方程$u = Au + Bu + C(u,u)$ 的解. 由($L_4$)—($L_6$) 和引理6.2.4 可知, $A : P \to P$, $B : P \to P$, $C : P \times P \to P$.

接下来分四步来验证算子$A$, $B$, $C$满足引理的条件.

首先证明$C$是混合单调算子, $A$是增算子, $B$是减算子.

对任意的 $u_i$, $v_i \in P$ , $i = 1, 2$ 且 $u_1 \geq u_2$, $v_1 \leq v_2$, 有 $u_1(t) \geq u_2(t)$,

$v_1(t) \le v_2(t)$, $u_1'(t) \ge u_2'(t)$ , $v_1'(t) \le v_2'(t)$. 由条件$(L_4)$, $(L_6)$ 和引理6.2.4 可得

$$\begin{aligned} C(u_1,v_1)(t) &= \frac{a}{2} + \int_0^1 G(t,s)[f(s,u_1(s),v_1'(s))]\,\mathrm{d}s + \sum_{0<t_k<t} I_k(u_1(t_k),v_1'(t_k)) \\ &\ge \frac{a}{2} + \int_0^1 G(t,s)f(s,u_2(s),v_2'(s))\,\mathrm{d}s + \sum_{0<t_k<t} I_k(u_2(t_k),v_2'(t_k)) \\ &= C(u_2,v_2)(t). \end{aligned} \tag{6.2.17}$$

$$\begin{aligned} (C(u_1,v_1))'(t) &= \int_0^1 G_t(t,s)[f(s,u_1(s),v_1'(s))]\,\mathrm{d}s \\ &\ge \int_0^1 G_t(t,s)f(s,u_2(s),v_2'(s))\,\mathrm{d}s \\ &= (C(u_2,v_2))'(t). \end{aligned} \tag{6.2.18}$$

因此, $C(u_1,v_1) \ge C(u_2,v_2)$, $C$是混合单调算子.

对任意的$u,v \in P$且满足$u \le v$, 有$u(t) \le v(t)$, $u'(t) \le v'(t)$, $t \in J$, 与式(6.2.17)和式(6.2.18)一样, 由条件$(L_5)$ 和引理6.2.4 可知, $Au \le Av$, $A$是增算子, $Bu \ge Bv$, $B$是减算子.

第二步: 证明$A$是次齐次算子, 且算子$B$, $C$满足

$$B(t^{-1}y) \ge tBy,\ C(tx,t^{-1}y) \ge t^{\alpha}C(x,y),\ \forall t \in (0,1), x,y \in P.$$

首先, 对任意$\lambda \in (0,1)$, 根据条件$(L_4)$有

$$\begin{aligned} A(\lambda u)(t) &= \frac{a}{4} + \int_0^1 G(t,s)g(s,\lambda u(s))\,\mathrm{d}s \\ &\ge \lambda\Big(\frac{a}{4} + \int_0^1 G(t,s)g(s,u(s))\,\mathrm{d}s\Big) = \lambda Au(t), \\ (A(\lambda u))'(t) &= \int_0^1 G_t(t,s)g(s,\lambda u(s))\,\mathrm{d}s \\ &\ge \lambda\Big(\int_0^1 G_t(t,s)g(s,u(s))\,\mathrm{d}s\Big) = (\lambda Au)'(t). \end{aligned}$$

所以, 对$\lambda \in (0,1)$, $u \in P$有$A(\lambda u) \ge \lambda Au$, 即$A$ 是次齐次算子.

另外, 对任意$\lambda\in(0,1)$, $v\in P$, 由($L_7$) 可知

$$B(\lambda^{-1}v)(t)=\frac{a}{4}+q(\lambda^{-1}v(1))\psi(t)\geq\frac{a}{4}\lambda+\lambda q(v(1))\psi(t)=\lambda Bv(t),$$

$$(B(\lambda^{-1}v))'(t)=q(\lambda^{-1}v(1))\psi'(t)\geq\lambda q(v(1))\psi'(t)=(\lambda Bv)'(t).$$

即对任意的$\lambda\in(0,1)$, $v\in P$, 有$B(\lambda^{-1}v)\geq\lambda Bv$. 同样地, 对任意的$\lambda\in(0,1)$, $u,v\in P$, 若令$\alpha=\max\{\alpha_1,\alpha_2\}$, 由($L_7$) 有

$$\begin{aligned}C(\lambda u,\lambda^{-1}v)(t)&=\frac{a}{2}+\int_0^1G(t,s)f(s,\lambda u(s),\lambda^{-1}v'(s))\,\mathrm{d}s\\&\quad+\sum_{0<t_k<t}I_k(\lambda u(t_k),\lambda^{-1}v'(t_k))\\&\geq\frac{a}{2}+\lambda^{\alpha_1}\int_0^1G(t,s)f(s,u(s),v'(s))\,\mathrm{d}s\\&\quad+\lambda^{\alpha_2}\sum_{0<t_k<t}I_k(u(t_k),v'(t_k))\\&\geq\lambda^{\alpha}(\frac{a}{2}+\int_0^1G(t,s)f(s,u(s),v'(s))\,\mathrm{d}s\\&\quad+\sum_{0<t_k<t}I_k(u(t_k),v'(t_k)))\\&=\lambda^{\alpha}C(u,v)(t),\end{aligned}$$

$$\begin{aligned}(C(\lambda u,\lambda^{-1}v))'(t)&=\int_0^1G_t(t,s)f(s,\lambda u(s),\lambda^{-1}v'(s))\,\mathrm{d}s\\&\geq\lambda^{\alpha_1}\int_0^1G_t(t,s)f(s,u(s),v'(s))\,\mathrm{d}s\\&\geq\lambda^{\alpha}\int_0^1G_t(t,s)f(s,u(s),v'(s))\,\mathrm{d}s\\&=(\lambda^{\alpha}C(u,v))'(t),\end{aligned}$$

即对任意的$\lambda\in(0,1)$, $u,v\in P$, 有$C(\lambda u,\lambda^{-1}v)\geq\lambda^{\alpha}C(u,v)$.

第三步: 证明$Ah\in P_h$, $Bh\in P_h$, $C(h,h)\in P_h$. 令$h(t)=t^2+\frac{1}{2}$, 根据($L_5$) 和引理6.2.4, 对任意的$t\in J$ 有

$$\begin{aligned} Ah(t) &= \frac{a}{4} + \int_0^1 G(t,s)g(s,s^2+\frac{1}{2})\,\mathrm{d}s \\ &\le \frac{a}{4} + \int_0^1 \frac{1}{2}st^2 g(s,\frac{3}{2})\,\mathrm{d}s \\ &\le [\frac{a}{2} + \frac{1}{2}\int_0^1 sg(s,\frac{3}{2})\,\mathrm{d}s]\cdot h(t), \\ Ah(t) &\ge \frac{a}{4} + \int_0^1 \frac{1}{3}s^2t^2 g(s,\frac{1}{2})\,\mathrm{d}s \ge \min\{\frac{a}{2}, \frac{1}{3}\int_0^1 s^2 g(s,\frac{1}{2})\,\mathrm{d}s\}\cdot h(t), \\ (Ah)'(t) &= \int_0^1 G_t(t,s)g(s,s^2+\frac{1}{2})\,\mathrm{d}s \le \int_0^1 stg(s,\frac{3}{2})\,\mathrm{d}s \\ &= \frac{1}{2}\int_0^1 sg(s,\frac{3}{2})\,\mathrm{d}s\cdot h'(t), \\ (Ah)'(t) &\ge \int_0^1 \frac{1}{2}s^2tg(s,\frac{1}{2})\,\mathrm{d}s = \frac{1}{4}\int_0^1 s^2g(s,\frac{1}{2})\,\mathrm{d}s\cdot h'(t). \end{aligned}$$

令$c_1 = \min\{\frac{a}{2}, \frac{1}{4}\int_0^1 s^2 g(s,\frac{1}{2})\,\mathrm{d}s\}$, $c_2 = \frac{a}{2} + \frac{1}{2}\int_0^1 sg(s,\frac{3}{2})\,\mathrm{d}s$, 根据($L_5$)和($L_8$), 有$c_2 \ge c_1 > 0$. 因此, $c_1h(t) \le Ah(t) \le c_2h(t)$, $(c_1h)'(t) \le (Ah)'(t) \le (c_2h)'(t)$, $t \in J$. 因此$c_1h \le Ah \le c_2h$, 即$Ah \in P_h$.

同样地, 由($L_5$)和引理6.2.4, 对任意$t \in J$ 有

$$\begin{aligned} Bh(t) = \frac{a}{4} + q(h(1))\psi(t) \le \frac{a}{4} + q(\frac{3}{2})\cdot\frac{1}{2}t^2 \le \max\{\frac{a}{2}, \frac{1}{2}q(\frac{3}{2})\}\cdot h(t), \\ Bh(t) \ge \frac{a}{4} + q(\frac{3}{2})\cdot\frac{1}{3}t^2 \ge \min\{\frac{a}{2}, \frac{1}{3}q(\frac{3}{2})\}\cdot h(t), \\ \frac{1}{4}q(\frac{3}{2})\cdot h'(t) = q(\frac{3}{2})\cdot\frac{1}{2}t \le (Bh)'(t) = q(h(1))\psi'(t) \le q(\frac{3}{2})\cdot 2t = q(\frac{3}{2})\cdot h'(t). \end{aligned}$$

令$c_3 = \min\{\frac{a}{2}, \frac{1}{4}q(\frac{3}{2})\}$, $c_4 = \max\{\frac{a}{2}, q(\frac{3}{2})\}$. 由($L_5$), ($L_8$), 有$c_4 \ge c_3 > 0$, 因此, $c_3h(t) \le Bh(t) \le c_4h(t)$, $(c_3h)'(t) \le (Bh)'(t) \le (c_4h)'(t)$, $t \in J$. 因此$c_3h \le Bh \le c_4h$, 即$Bh \in P_h$.

根据$(\mathrm{L}_4)$, $(\mathrm{L}_6)$和引理6.2.4, 对任意$t \in J$ 有

$$
\begin{aligned}
C(h,h) &= \frac{a}{2} + \int_0^1 G(t,s)f(s,h(s),h'(s))\,\mathrm{d}s + \sum_{0<t_k<t} I_k(h(t_k),h'(t_k)) \\
&= \frac{a}{2} + \int_0^1 G(t,s)f(s,s^2+\frac{1}{2},2s)\,\mathrm{d}s + \sum_{0<t_k<t} I_k(t_k^2+\frac{1}{2},2t_k) \\
&\le \frac{a}{2} + \int_0^1 \frac{1}{2}t^2 sf(s,\frac{3}{2},0)\,\mathrm{d}s + \sum_{k=1}^{m} I_k(\frac{3}{2},0) \\
&\le (a+\frac{1}{2}\int_0^1 sf(s,\frac{3}{2},0)\,\mathrm{d}s + 2\sum_{k=1}^{m} I_k(\frac{3}{2},0))\cdot h(t), \\
C(h,h)(t) &\ge \frac{a}{2} + \int_0^1 \frac{1}{3}t^2 s^2 f(s,\frac{1}{2},2)\,\mathrm{d}s \\
&\ge \min\{a,\frac{1}{3}\int_0^1 s^2 f(s,\frac{1}{2},2)\,\mathrm{d}s\}\cdot h(t), \\
(C(h,h))'(t) &= \int_0^1 G_t(t,s)f(s,s^2+\frac{1}{2},2s)\,\mathrm{d}s \\
&\le \int_0^1 stf(s,\frac{3}{2},0)\,\mathrm{d}s \\
&= \frac{1}{2}\int_0^1 sf(s,\frac{3}{2},0)\,\mathrm{d}s\cdot h'(t), \\
(C(h,h))'(t) &\ge \int_0^1 \frac{1}{2}s^2 tf(s,\frac{1}{2},2)\,\mathrm{d}s = \frac{1}{4}\int_0^1 s^2 f(s,\frac{1}{2},2)\,\mathrm{d}s\cdot h'(t).
\end{aligned}
$$

令

$$
c_5 = \min\{a,\frac{1}{4}\int_0^1 s^2 f(s,\frac{1}{2},2)\,\mathrm{d}s\},\quad c_6 = a + \frac{1}{2}\int_0^1 sf(s,\frac{3}{2},0)\,\mathrm{d}s + 2\sum_{k=1}^{m} I_k(\frac{3}{2},0).
$$

应用条件$(\mathrm{L}_4)$, $(\mathrm{L}_6)$, $(\mathrm{L}_8)$, 有$c_6 \ge c_5 > 0$. 因此, $c_5 h(t) \le C(h,h)(t) \le c_6 h(t)$, $(c_5 h)'(t) \le (C(h,h))'(t) \le (c_6 h)'(t)$, $t \in J$. 所以, $c_5 h \le C(h,h) \le c_6 h$, $C(h,h) \in P_h$, 即$C(h,h) \in P_h$.

第四步: 证明存在常数$\delta_0 > 0$, 使得对于任意的$u,v \in P$, 有$C(u,v) \ge \delta_0(Au+Bv)$.

对任意$u$, $v\in P$, $t\in J$, 考虑($\mathrm{L}_4$), ($\mathrm{L}_6$), ($\mathrm{L}_8$)和引理6.2.4, 有

$$\begin{aligned}
C(u,v)(t)&=\frac{a}{2}+\int_0^1 G(t,s)f(s,u(s),v'(s))\,\mathrm{d}s+\sum_{0<t_k<t}I_k(u(t_k),v'(t_k))\\
&\geq \frac{a}{2}+\frac{1}{2}\int_0^1 G(t,s)\delta g(s,u(s))\,\mathrm{d}s+\frac{1}{2}\int_0^1\frac{1}{3}t^2s^2f(s,u(s),v'(s))\,\mathrm{d}s\\
&\geq \min\left\{1,\frac{\delta}{2}\right\}\left(\frac{a}{4}+\int_0^1 G(t,s)g(s,u(s))\,\mathrm{d}s\right)+\frac{1}{6}t^2\int_0^1 s^2\sigma\,\mathrm{d}s+\frac{a}{4}\\
&=\min\left\{1,\frac{\delta}{2}\right\}Au(t)+\frac{1}{18}\sigma t^2+\frac{a}{4}\\
&\geq \min\left\{1,\frac{\delta}{2}\right\}Au(t)+\frac{t^2}{18}q(v(1))+\frac{a}{4}\\
&\geq \min\left\{1,\frac{\delta}{2}\right\}Au(t)+\frac{1}{9}\left(q(v(1))\psi(t)+\frac{a}{4}\right)\\
&=\min\left\{1,\frac{\delta}{2}\right\}Au(t)+\frac{1}{9}Bv(t).
\end{aligned}$$

$$\begin{aligned}
(C(u,v))'(t)&=\int_0^1 G_t(t,s)f(s,u(s),v'(s))\,\mathrm{d}s\\
&\geq \frac{1}{2}\int_0^1 G_t(t,s)\delta g(s,u(s))\,\mathrm{d}s+\frac{1}{2}\int_0^1\frac{1}{2}ts^2f(s,u(s),v'(s))\,\mathrm{d}s\\
&\geq \frac{\delta}{2}(Au)'(t)+\frac{1}{4}t\int_0^1 s^2\sigma\,\mathrm{d}s=\frac{\delta}{2}(Au)'(t)+\frac{1}{12}\sigma t\\
&\geq \frac{\delta}{2}(Au)'(t)+\frac{t}{12}q(v(1))\geq\frac{\delta}{2}(Au)'(t)+\frac{1}{24}q(v(1))\psi'(t)\\
&=\frac{\delta}{2}(Au)'(t)+\frac{1}{24}(Bv)'(t).
\end{aligned}$$

令$\delta_0=\min\left\{\frac{\delta}{2},\frac{1}{24}\right\}$, 则

$$C(u,v)(t)\geq\delta_0[Au(t)+Bv(t)],\ (C(u,v))'(t)\geq\delta_0[(Au)'(t)+(Bv)'(t)].$$

即, 对于 $u,v\in P$, 有$C(u,v)\geq\delta_0(Au+Bv)$.

因此, 根据和算子的不动点定理, 可得算子方程$u=Au+Bu+C(u,u)$在$P_h$ 中有唯一正解$u^*$. 因此, 问题(6.2.11)有唯一正解$u^*(t)\in P_h$, 其中$h(t)=t^2+\frac{1}{2}$. 并且对于任意$x_0$, $y_0\in P_h$, $t\in J$, 构造迭代序列(6.2.15) 和(6.2.16),

当$n\to\infty$时, 有$x_n(t)\to u^*(t)$和$y_n(t)\to u^*(t)$. □

**定理6.2.3** 设$f$, $g$, $q$满足假设$(L_4)$－$(L_5)$, 并且下面假设条件也成立,

$(L_9)$ 对任意的 $k=1,2,\cdots,m$, $I_k\in C[[0,+\infty),[0,+\infty)]$, 且 $I_k(y)$ 关于 $y$ 不增, 其中 $y\in[0,+\infty)$.

$(L_{10})$ 对于任意的$t\subset J$, $\lambda\subset(0,1)$, 以及$x$, $y\subset[0,\infty)$, 有$f(t,\lambda x,\lambda^{-1}y)\geq\lambda f(t,x,y)$, $g(t,\lambda x)\geq\lambda g(t,x)$, 且存在常数$\alpha_1$, $\alpha_2\in(0,1)$, 满足

$$q(\lambda^{-1}y)\geq\lambda^{\alpha_1}q(y),\ I_k(\lambda^{-1}y)\geq\lambda^{\alpha_2}I_k(y).$$

$(L_{11})$ 存在常数$\delta'>0$, 满足$f(t,x,y)+g(t,x)\leq\delta'\leq q(y)$, 而且$f,g$满足$f(t,\frac{1}{2},2)\not\equiv0$, $g(t,\frac{1}{2})\not\equiv0$.

则

(1) 问题(6.2.12)在$P_h$ 上有唯一正解$u^*$, 其中$h(t)=t^2+\frac{1}{2}$, $t\in J$.

(2) 对任意初值$x_0$, $y_0\in P_h$, $t\in J$, 构造序列$\{x_n\}$, $\{y_n\}$, $n=1,2,\cdots$,

$$\begin{aligned}x_n(t)=&a+\int_0^1G(t,s)[f(s,x_{n-1}(s),y'_{n-1}(s))+g(s,x_{n-1}(s))]\,\mathrm{d}s\\&+q(y_{n-1}(1))\psi(t)+\sum_{0<t<t_k}I_k(y'_{n-1}(t_k)),\\y_n(t)=&a+\int_0^1G(t,s)[f(s,y_{n-1}(s),x'_{n-1}(s))+g(s,y_{n-1}(s))]\,\mathrm{d}s\\&+q(x_{n-1}(1))\psi(t)+\sum_{0<t<t_k}I_k(x'_{n-1}(t_k)),\end{aligned}$$

当$n\to\infty$时, 有$x_n(t)\to u^*(t)$, $y_n(t)\to u^*(t)$.

**证明:** 定义算子$A:P\to X$, $B:P\to X$, $C:P\times P\to X$如下:

$$Au(t)=\frac{a}{4}+\int_0^1G(t,s)g(s,u(s))\,\mathrm{d}s,$$

$$Bv(t)=\frac{a}{2}+q(v(1))\psi(t)+\sum_{0<t<t_k}I_k(v'(t_k)),$$

$$C(u,v)(t)=\frac{a}{4}+\int_0^1G(t,s)f(s,u(s),v'(s))\,\mathrm{d}s,\forall u,v\in P,$$

则有

$$(Au)'(t)=\int_0^1 G_t(t,s)g(s,u(s))\mathrm{d}s,\quad (Bv)'(t)=q(v(1))\psi'(t),$$

$$(C(u,v))'(t)=\int_0^1 G_t(t,s)f(s,u(s),v'(s))\mathrm{d}s.$$

由引理6.2.3可知, $u\in PC^1[J,\mathbb{R}]\cap C^4[J',\mathbb{R}]$ 是问题(6.2.12)的解当且仅当$u\in PC^1[J,\mathbb{R}]$ 是算子方程$u=Au+Bu+C(u,u)$的解, 由$(\mathrm{L}_4)$, $(\mathrm{L}_5)$, $(\mathrm{L}_9)$, $(\mathrm{L}_{10})$ 和引理6.2.4可知算子$A:P\to P$ 是一个次齐次增算子, $B:P\to P$ 是一个减算子, $C:P\times P\to P$是混合单调算子, 且算子$B$, $C$ 满足$B(t^{-1}y)\geq tBy$, $C(tx,t^{-1}y)\geq tC(x,y)$, $\forall t\in J$, $x,y\in P$.

接下来, 证明$Ah\in P_h$, $Bh\in P_h$, $C(h,h)\in P_h$, 令$h(t)=t^2+\frac{1}{2}$, 由$(\mathrm{L}_1)$, $(\mathrm{L}_5)$, $(\mathrm{L}_9)$ 和引理6.2.4, 可知

$$\min\left\{\frac{a}{2},\frac{1}{3}\int_0^1 s^2g(s,\frac{1}{2})\,\mathrm{d}s\right\}\cdot h(t)\leq Ah(t)\leq\left(\frac{a}{2}+\frac{1}{2}\int_0^1 sg(s,\frac{3}{2})\,\mathrm{d}s\right)\cdot h(t),$$

$$\frac{1}{4}\int_0^1 s^2g(s,\frac{1}{2})\mathrm{d}s\cdot h'(t)\leq (Ah)'(t)\leq\frac{1}{2}\int_0^1 sg(s,\frac{3}{2})\mathrm{d}s\cdot h'(t),$$

$$\min\left\{a,\frac{1}{3}q(\frac{3}{2})\right\}\cdot h(t)\leq Bh(t)\leq\left(a+\frac{1}{2}q(\frac{3}{2})+2\sum_{k=1}^m I_k(0)\right)\cdot h(t),$$

$$\frac{1}{4}q(\frac{3}{2})\cdot h'(t)\leq (Bh)'(t)\leq q(\frac{3}{2})\cdot h'(t),$$

$$\begin{aligned}\min\left\{\frac{a}{2},\frac{1}{3}\int_0^1 s^2f(s,\frac{1}{2},2)\,\mathrm{d}s\right\}\cdot h(t)&\leq C(h,h)(t)\\&\leq\left(\frac{a}{2}+\frac{1}{2}\int_0^1 sf(s,\frac{3}{2},0)\,\mathrm{d}s\right)\cdot h(t),\end{aligned}$$

$$\frac{1}{4}\int_0^1 s^2f(s,\frac{1}{2},2)\,\mathrm{d}s\cdot h'(t)\leq (C(h,h))'(t)\leq\frac{1}{2}\int_0^1 sg(s,\frac{3}{2},0)\,\mathrm{d}s\cdot h'(t),$$

设

$$c_1=\min\left\{\frac{a}{2},\frac{1}{4}\int_0^1 s^2g(s,\frac{1}{2})\,\mathrm{d}s\right\},c_2=\frac{a}{2}+\frac{1}{2}\int_0^1 sg(s,\frac{3}{2})\,\mathrm{d}s.$$

$$c_7=\min\left\{a,\frac{1}{4}q(\frac{3}{2})\right\},\ c_8=a+q(\frac{3}{2})+2\sum_{k=1}^{m}I_k(0),$$

$$c_9=\min\left\{\frac{a}{2},\frac{1}{4}\int_0^1 s^2f(s,\frac{1}{2},2)\mathrm{d}s\right\},\ c_{10}=\frac{a}{2}+\frac{1}{2}\int_0^1 sf(s,\frac{3}{2},0)\mathrm{d}s.$$

由$(\mathrm{L}_4),(\mathrm{L}_5),(\mathrm{L}_9)$ 和$(\mathrm{L}_{11})$, 可知, $c_2\ge c_1>0$, $c_8\ge c_7>0$, $c_{10}\ge c_9>0$, 因此, $c_1h\le Ah\le c_2h$, $c_7h\le Bh\le c_8h$, $c_9h\le C(h,h)\le c_{10}h$, 即$Ah\in P_h$, $Bh\in P_h$, $C(h,h)\in P_h$.

最后, 证明存在常数$\delta_0$, 使得对任意的$u,v\in P$ 算子$A$, $B$, $C$ 满足$Au+C(u,v)\le\delta_0By$. 由$(\mathrm{L}_{11})$ 和引理6.2.4, 可得

$$\begin{aligned}
&C(u,v)(t)+Au(t)\\
=&\frac{a}{2}+\int_0^1 G(t,s)f(s,u(s),v'(s))\mathrm{d}s+\int_0^1 G(t,s)g(s,u(s))\mathrm{d}s\\
\le&\frac{a}{2}+\int_0^1\frac{1}{2}st^2\delta'\mathrm{d}s=\frac{a}{2}+\frac{1}{4}t^2\delta'\le\frac{a}{2}+\frac{1}{4}t^2q(v(1))\\
\le&\frac{a}{2}+q(v(1))\psi(t)+\sum_{0<t_k<t}I_k(v'(t_k))=(Bv)(t),
\end{aligned}$$

$$\begin{aligned}
&(C(u,v))'(t)+(Au)'(t)\\
=&\int_0^1 G_t(t,s)f(s,u(s),v'(s))\mathrm{d}s+\int_0^1 G_t(t,s)g(s,u(s))\mathrm{d}s\\
\le&\int_0^1 G_t(t,s)\delta'\mathrm{d}s\le\int_0^1 st\delta'\mathrm{d}s=\frac{1}{2}t\delta'\\
\le&\frac{1}{2}tq(v(1))\le\psi'(t)q(v(1))=(Bv)'(t).
\end{aligned}$$

令$\delta_0=1$, 可知$C(u,v)(t)+Au(t)\le\delta_0Bv(t)$, $(C(u,v))'(t)+(Au)'(t)\le\delta_0(Bv)'(t)$, 且 $C(u,v)+Au\le\delta_0Bv$ 对所有 $u,v\in P$ 都成立, 表明 $u^*$ 是问题(6.2.14)的一个正解, 序列 $\{x_n\},\{y_n\}$ 收敛到 $u^*$. □

**推论6.2.1** 假设条件 $(\mathrm{L}_4)$, $(\mathrm{L}_6)$成立, 且下列条件也成立,

$(\mathrm{L}_1')$ $q:[0,+\infty)\to[0,+\infty)$ 是连续函数, 且$q(x)$ 关于$x\in[0,+\infty)$递增.

($L_2'$) 对任意的$\lambda \in (0,1)$, 都有$x \in [0,\infty)$, $q(\lambda x) \geq \lambda q(x)$, 且存在常数$\alpha_1$, $\alpha_2 \in (0,1)$, $\lambda \in (0,1)$, $x$, $y \in [0,+\infty)$ 满足

$$f(t,\lambda x,\lambda^{-1}y) \geq \lambda^{\alpha_1} f(t,x,y),\ I_k(\lambda x,\lambda^{-1}y) \geq \lambda^{\alpha_2} I_k(x,y).$$

($L_3'$) 存在常数$\sigma > 0$, 满足 $f(t,x,y) \geq \sigma \geq q(x) > 0$.

则四阶脉冲微分方程

$$\begin{cases} u^{(4)}(t) = f(t,u(t),u'(t)), \quad t \in J', \\ \Delta u(t_k)|_{t=t_k} = I_k(u(t_k),u'(t_k)), \quad k = 1,2,\cdots m, \\ u(0) = a, \quad u'(0) = u''(1) = 0, \\ u'''(1) = -q(u(1)), \end{cases}$$

在$P_h$上有唯一正解$u^*$, $h(t) = t^2 + \frac{1}{2}$. 此外, 对任意初值$x_0$, $y_0 \in P_h$, $t \in J$, 构造序列

$$\begin{aligned} x_n(t) =& a + \int_0^1 G(t,s)f(s,x_{n-1}(s),y'_{n-1}(s))\mathrm{d}s + q(x_{n-1}(1))\psi(t) \\ &+ \sum_{0<t<t_k} I_k(x_{n-1}(t_k),y'_{n-1}(t_k)), \\ y_n(t) =& a + \int_0^1 G(t,s)f(s,y_{n-1}(s),x'_{n-1}(s))\mathrm{d}s + q(y_{n-1}(1))\psi(t) \\ &+ \sum_{0<t<t_k} I_k(y_{n-1}(t_k),x'_{n-1}(t_k)), \end{aligned}$$

当$n \to \infty$时, $\|x_n - u^*\| \to 0$, $\|y_n - u^*\| \to 0$.

**推论6.2.2** 假设条件($L_4$), ($L_1'$)成立, 且下列假设条件也成立,

($L_4'$) $I_k \in C([0,+\infty),[0,+\infty))$, $k = 1,2,\cdots,m$, 且对任意的$x \in [0,+\infty)$ 有$I_k$ 关于$x$ 非减;

($L_5'$) $f(t,\lambda x,\gamma^{-1}y) \geq \lambda f(t,x,y)$, $\forall\lambda \in (0,1)$, $x \in [0,\infty)$, 且存在常数$\alpha_1$, $\alpha_2 \in (0,1)$, $\lambda \in (0,1)$, $x \in [0,+\infty)$满足

$$q(\lambda x) \geq \lambda^{\alpha_1} q(x),\ I_k(\lambda x) \geq \lambda^{\alpha_2} I_k(x);$$

($L_6'$) 存在常数$\sigma \geq 0$, 满足$f(t,x,y) \leq \sigma \leq q(x)$.

则四阶脉冲微分方程

$$\begin{cases} u^{(4)}(t) = f(t, u(t), u'(t)), \quad t \in J'; \\ \Delta u(t_k) = I_k(u(t_k)), \quad k = 1, 2, \cdots m, \\ u(0) = a, \\ u'(0) = u''(1) = 0, \ u'''(1) = -q(u(1)), \end{cases}$$

在$P_h$上有唯一正解$u^*$, $h(t) = t^2 + \frac{1}{2}$. 此外, 对任意初值$x_0$, $y_0 \in P_h$, $t \in J$, 构造序列

$$\begin{aligned} x_n(t) =& a + \int_0^1 G(t,s) f(s, x_{n-1}(s), y'_{n-1}(s)) \mathrm{d}s + q(x_{n-1}(1))\psi(t) \\ &+ \sum_{0<t<t_k} I_k(x_{n-1}(t_k)), \\ y_n(t) =& a + \int_0^1 G(t,s) f(s, y_{n-1}(s), x'_{n-1}(s)) \mathrm{d}s + q(y_{n-1}(1))\psi(t) \\ &+ \sum_{0<t<t_k} I_k(y_{n-1}(t_k)), \end{aligned}$$

当 $n \to \infty$时, $\|x_n - u^*\| \to 0$, $\|y_n - u^*\| \to 0$.

### 6.2.3 例子

**例6.2.1** 考虑如下四阶脉冲微分方程两点边值问题:

$$\begin{cases} u^{(4)}(t) = 2(t^2 + \sqrt{u(t)}) + \frac{1}{\sqrt{u(t)+1}}, \ 0 < t < 1, t \neq \frac{1}{2}, \\ \Delta u|_{t=\frac{1}{2}} = \sqrt{u(\frac{1}{2})} + \frac{1}{\sqrt{u(\frac{1}{2})+1}}, \\ u(0) = u'(0) = 0, \ u''(1) = 0, \ u'''(1) = -\zeta, \end{cases} \tag{6.2.19}$$

其中$\zeta > 0$.

**结论:** 问题(6.2.19)存在唯一正解$u^* \in P_h$, 其中$h(t) = t^2$, $t \in [0,1]$.

**证明:** 考虑$f : [0,1] \times [0,+\infty) \times [0,+\infty) \to [0,+\infty)$, $g : [0,+\infty) \times$

$[0,+\infty)\to[0,+\infty)$及$I_1:[0,+\infty)\times[0,+\infty)\to[0,+\infty)$, 定义为

$$f(t,x,y)=t^2+\sqrt{x}+\frac{1}{\sqrt{y+1}},$$

$$g(t,x)=t^2+\sqrt{x}$$

$$I_1(x,y)=\sqrt{x}+\frac{1}{\sqrt{y+1}}.$$

则有

$$\int_0^1 s^2[f(s,0,1)+g(s,0)]\mathrm{d}s=\int_0^1 s^2(2s^2+\frac{1}{\sqrt{2}})\mathrm{d}s=\frac{12+5\sqrt{2}}{30}>0.$$

即条件($\mathrm{M}_1$)满足.易知条件($\mathrm{M}_2$), ($\mathrm{M}_3$)也满足. 对于条件($\mathrm{M}_4$), 令$\lambda\in(0,1)$, $t\in[0,1]$, $x,y\in[0,+\infty)$, 则有

$$\begin{aligned}f(t,\lambda x,\lambda^{-1}y)&=t^2+\sqrt{\lambda x}+\frac{1}{\sqrt{\lambda^{-1}y+1}}=t^2+\sqrt{\lambda x}+\frac{\sqrt{\lambda}}{\sqrt{y+\lambda}}\\&\geq\sqrt{\lambda}(t^2+\sqrt{x}+\frac{1}{\sqrt{y+1}})=\sqrt{\lambda}f(t,x,y),\\g(t,\lambda x)&=\sqrt{\lambda x}+t^2=\sqrt{\lambda}\sqrt{x}+t^2\geq\sqrt{\lambda}(\sqrt{x}+t^2)=\sqrt{\lambda}g(t,x),\end{aligned}$$

$$I_1(\lambda x,\lambda^{-1}y)=\sqrt{\lambda x}+\frac{1}{\sqrt{\lambda^{-1}y+1}}\geq\sqrt{\lambda}(\sqrt{x}+\frac{1}{\sqrt{y+1}})=\sqrt{\lambda}I_1(x,y).$$

取$\alpha_f(\lambda)=\alpha_g(\lambda)=\alpha_I(\lambda)=\sqrt{\lambda}$, 则条件($\mathrm{M}_4$)满足. 由定理6.2.1可知, 问题(6.2.19) 存在唯一正解$u^*\in P_h$, 其中$h(t)=t^2$, $t\in[0,1]$. □

**例6.2.2** 考虑如下四阶脉冲微分方程:

$$\begin{cases}u^{(4)}(t)=u^{\frac{1}{3}}(t)+(u'(t)+1)^{-\frac{1}{3}}+t^2+3+\frac{u(t)}{1+u(t)}\mathrm{e}^t,\\ \Delta u|_{t=\frac{1}{2}}=u^{\frac{1}{2}}(\frac{1}{2})+(u'(\frac{1}{2})+1)^{-\frac{1}{3}},\\ u(0)=2,\quad u'(0)=u''(1)=0,\quad u'''(1)=-\frac{1}{1+u(1)},\end{cases}\tag{6.2.20}$$

其中$J=[0,1]$, $t_1=\frac{1}{2}$, $a=2$.

**结论:** 方程(6.2.20)在$P_h$上有唯一正解$u^*$, 其中$h(t)=t^2+\frac{1}{2}$.

**证明:** 令

$$f(t,x,y)=x^{\frac{1}{3}}+(y+1)^{-\frac{1}{3}}+t^2+2,\quad I_1(x,y)=x^{\frac{1}{2}}+(y+1)^{-\frac{1}{3}},$$

$$g(t,x)=1+\frac{x}{1+x}\mathrm{e}^t,\qquad q(y)=\frac{1}{y+1}.$$

显然$f:[0,1]\times[0,+\infty)\times[0,+\infty)\to[0,+\infty)$, $I:[0,+\infty)\times[0,+\infty)\to[0,+\infty)$, $g:[0,1]\times[0,+\infty)\to[0,+\infty)$, $q:[0,+\infty)\to[0,+\infty)$是连续函数. 计算可得$f(t,x,y)$, $I(x,y)$, $g(t,x)$, $q(y)$关于$x$ 递增, 关于$y$ 递减.

此外, 存在常数$\alpha_1=\frac{1}{3}$, $\alpha_2=\frac{1}{2}$ 使得

$$\begin{aligned}f(t,\lambda x,\lambda^{-1}y)&=(\lambda x)^{\frac{1}{3}}+(\lambda^{-1}y+1)^{-\frac{1}{3}}+t^2+2\\&\geq\lambda^{\frac{1}{3}}(x^{\frac{1}{3}}+(y+1)^{-\frac{1}{3}}+t^2+2)=\lambda^{\alpha_1}f(t,x,y),\end{aligned}$$

$$I_1(\lambda x,\lambda^{-1}y)=(\lambda x)^{\frac{1}{2}}+(\lambda^{-1}y+1)^{-\frac{1}{3}}\geq\lambda^{\frac{1}{2}}(x^{\frac{1}{2}}+(y+1)^{-\frac{1}{3}})=\lambda^{\alpha_2}I_1(x,y),$$

$$g(t,\lambda x)=1+\frac{\lambda x}{1+\lambda x}\mathrm{e}^t\geq\lambda(1+\frac{x}{1+x}\mathrm{e}^t)=\lambda g(t,x),$$

$$q(\lambda^{-1}y)=\frac{1}{\lambda^{-1}y+1}\geq\lambda(\frac{1}{y+1})=\lambda q(y),$$

令$\sigma=1$, $\delta\in(0,\frac{1}{\mathrm{e}}]$, 有

$$f(t,x,y)=x^{\frac{1}{3}}+(y+1)^{-\frac{1}{3}}+t^2+2\geq\sigma\geq\frac{1}{y+1}=q(y)>0,$$

$$g(t,x)=1+\frac{x}{1+x}\mathrm{e}^t\geq\sigma\geq q(y)>0,$$

$$f(t,x,y)=x^{\frac{1}{3}}+(y+1)^{-\frac{1}{3}}+t^2+2\geq 2=\frac{1}{\mathrm{e}}\mathrm{e}+1\geq\delta+\delta\frac{x}{1+x}\mathrm{e}^t=\delta g(t,x).$$

满足定理6.2.2条件, 因此方程(6.2.20)在$P_h$上有唯一正解$u^*$. 图6.1给出了数值模拟结果.

□

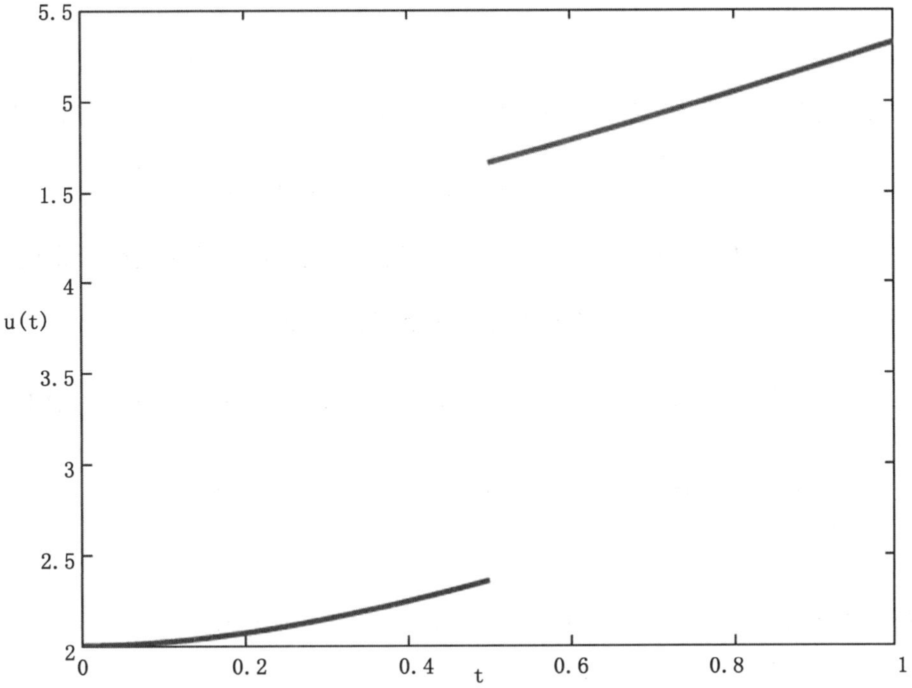


图 6.1 例6.2.2的数值模拟结果

## 6.3 四阶脉冲积微分方程初值问题

### 6.3.1 解的存在性

考虑四阶非线性混合型脉冲积微分方程解的存在性:

$$\begin{cases} u^{(4)}(t)=f(t,u(t),(Tu)(t),(Su)(t)), \quad \forall t\in J, t\neq t_k, \\ \Delta u|_{t=t_k}=I_k(u(t_k)), \\ \Delta u'|_{t=t_k}=\bar{I}_k(u(t_k),u'(t_k)), \quad k=1,2,\cdots,m, \\ u(0)=x_0, u'(0)=x_1, u''(0)=x_2, u'''(0)=x_3, \end{cases} \tag{6.3.1}$$

其中

$$(Tu)(t)=\int_0^t k(t,s)u(s)\mathrm{d}s, \quad (Su)(t)=\int_0^1 h(t,s)u(s)\mathrm{d}s, \tag{6.3.2}$$

$k \in C\,[D\,,\mathbb{R}^+\,]$ ( $D = \{\ (t,s) \in J \times J : t \geq s\}$ ) ,$h \in C\,[J \times J\ ,\ \mathbb{R}^+]$ ( $\mathbb{R}^+ = [\ 0, +\infty\ )$.

令$k^* = \max\{k(t,s)|(t,s) \in D\}$, $h_* = \max\{h(t,s)|(t,s) \in J \times J\}$, $J_0 = [0,t_1]$, $J_1 = (t_1,t_2], \cdots$, $J_{m-1} = (t_{m-1},t_m]$, $J_m = (t_m,1]$.

**引理6.3.1** $u \in PC^1[J,E] \cap C^4[J',E]$ 是脉冲积微分方程初值问题(6.3.1)的解, 当且仅当$u \in PC^1[J,E]$是下面脉冲积分方程的解,

$$
\begin{aligned}
u_t =& x_0 + tx_1 + \frac{t^2}{2}x_2 + \frac{t^3}{6}x_3 + \frac{1}{6}\int_0^t (t-s)^3 f(s,u(s),(Tu)(s),(Su)(s))\mathrm{d}s, \\
&+ \sum_{0<t_k<t} (u(t_k^+) - u(t_k^-)) + \sum_{0<t_k<t} (t-t_k)(u'(t_k^+) - u'(t_k^-)).
\end{aligned} \tag{6.3.3}
$$

**证明:** 对$u^{(4)}(t) = f(t,u(t),(Tu)(t),(Su)(t))$, $\forall t \in J$, 积分得

$$
u'''(t) = u'''(0) + \int_0^t f(s,u(s),(Tu)(s),(Su)(s))\mathrm{d}s.
$$

又因为$u(0) = x_0, u'(0) = x_1, u''(0) = x_2, u'''(0) = x_3$, 所以

$$
\begin{aligned}
u'''(t) &= x_3 + \int_0^t f(s,u(s),(Tu)(s),(Su)(s))\mathrm{d}s, \\
u''(t) &= x_2 + tx_3 + \int_0^t (t-s) f(s,u(s),(Tu)(s),(Su)(s))\mathrm{d}s, \\
u'(t) &= x_1 + tx_2 + \frac{t^2}{2}x_3 + \frac{1}{2}\int_0^t (t-s)^2 f(s,u(s),(Tu)(s),(Su)(s))\mathrm{d}s \\
&\quad + \sum_{0<t_k<t} (u'(t_k^+) - u'(t_k^-)), \\
u(t) &= x_0 + tx_1 + \frac{t^2}{2}x_2 + \frac{t^3}{6}x_3 + \frac{1}{6}\int_0^t (t-s)^3 f(s,u(s),(Tu)(s),(Su)(s))\mathrm{d}s \\
&\quad + \sum_{0<t_k<t} (u(t_k^+) - u(t_k^-)) + \sum_{0<t_k<t} (t-t_k)(u'(t_k^+) - u'(t_k^-)).
\end{aligned}
$$

□

定义算子$A$:

$$\begin{aligned}(Au)(t)=&x_0+tx_1+\frac{t^2}{2}x_2+\frac{t^3}{6}x_3+\frac{1}{6}\int_0^t(t-s)^3f(s,u(s),(Tu)(s),(Su)(s))\mathrm{d}s\\&+\sum_{0<t_k<t}(u(t_k^+)-u(t_k))+\sum_{0<t_k<t}(t-t_k)(u'(t_k^+)-u'(t_k)).\end{aligned}\tag{6.3.4}$$

**引理6.3.2** 如果$H\subset PC^1[J,E]$是有界的, 且$H'$在每个$J_k, k=0,1,\cdots,m$上都等度连续, 则

$$\alpha_{PC^1}(H)=\max\{\sup_{t\in J}\alpha(H(t)),\sup_{t\in J}\alpha(H'(t))\},$$

其中$\alpha$ 表示Kuratowski非紧性测度.

**引理6.3.3**[21](Mönch 不动点定理) 设$E$ 是Banach空间, $D\subset E$是闭子集, $u_0\in D$, $A:D\to D$ 连续, $B\subset D$可数, $\bar{B}=\bar{co}(u_0\cup A(B))$, 如果$B$ 相对紧, 则$A$ 在$D$ 中至少有一个不动点.

为了方便，先做出下列假设:

($M_5$) 存在$b_0,b_1,b_2,b_3,\in C[J,\mathbb{R}^+]$ 满足

$$\|f(t,x,y,z)\|\le b_0(t)+b_1(t)\|x\|+b_2(t)\|y\|+b_3(t)\|z\|,\ \forall x,y,z\in E.$$

存在非负常数$q_{k1}$，$q_{k2}$，$p_{k11}$，$p_{k21}$，$p_{k22}$ $(k=1,2,\cdots,m)$ 使得

$$\|I_k(x)\|\le q_{k1}+p_{k11}\|x\|,\quad \forall x\in E,$$

$$\left\|\bar{I}_k(x,y)\right\|\le q_{k2}+p_{k21}\|x\|+p_{k22}\|y\|,\quad \forall x,y\in E;$$

($M_6$) 对任意 $r>0$, 对于任何可数集$B\subset B_r=\{u\in PC[J,E]:\|u\|_{PC}\le r\}$, 存在常数$M_{ri}\ge 0$ $(i=1,2,3)$满足

$$\begin{aligned}\alpha(f(t,B(t),(TB)(t),(SB)(t)))\le&M_{r1}\alpha(B(t))+M_{r2}\alpha((TB)(t))\\&+M_{r3}\alpha((SB)(t))\end{aligned}$$

并存在常数$N_{k11}, N_{k21}, N_{k22} \geq 0$, 使得

$$\alpha(I_k(B(t_k))) \leq N_{k11}\alpha(B(t_k)),$$

$$\alpha(\bar{I}_k(B(t_k), B'(t_k))) \leq N_{k21}\alpha(B(t_k)) + N_{k22}\alpha(B'(t_k)).$$

为了方便, 引入以下符号, 令$b_i^* = \int_0^1 b_i(s)\mathrm{d}s \ (i = 0, 1, 2, 3)$,

$$\widetilde{D} = \mathrm{e}\max_{i=0,1,2,3}\{\|x_i\|\} + \frac{1}{6}b_0^* + \sum_{k=1}^{m}(q_{k1} + q_{k2}),$$

$$\widetilde{C} = \frac{1}{6}(b_1^* + b_2^*k^* + b_3^*h^*) + \sum_{k=1}^{m}(p_{k11} + p_{k21} + p_{k22}),$$

$$\hat{D} = \mathrm{e}\max_{i=0,1,2,3}\{\|x_i\|\} + \frac{1}{2}b_0^* + \sum_{k=1}^{m}q_{k2},$$

$$\hat{C} = \frac{1}{2}(b_1^* + b_2^*k^* + b_3^*h^*) + \sum_{k=1}^{m}(p_{k21} + p_{k22}),$$

$$Q_1 = \frac{1}{3}(M_{r1} + M_{r2}k^* + M_{r3}h^*) + \sum_{k=1}^{m}N_{k11} + \sum_{k=1}^{m}(1 - t_k)(N_{k21} + N_{k22}),$$

$$Q_2 = M_{r1} + M_{r2}k^* + M_{r3}h^* + \sum_{k=1}^{m}(N_{k21} + N_{k22}).$$

**定理6.3.1** 如果条件$(\mathrm{M}_5)$, $(\mathrm{M}_6)$成立, 并且$C = \max\{\bar{C}, \hat{C}\} < 1$, $Q = \max\{Q_1, Q_2\} < 1$, 则脉冲积微分方程初值问题(6.3.1)至少有一个解.

**证明:** 首先, 证明$A: T_R \to T_R$, 其中$T_R = \{u \in PC^1[J, E] | \|u\|_{PC^1} \leq R\}$. 令$R > \max\{\frac{\hat{D}}{1-\hat{C}}, \frac{\tilde{D}}{1-\tilde{C}}\}$, 则$\forall u \in T_R$, 都有$\|u\|_{PC^1} \leq R$, 由算子$A$ 的定义可知$(Au)(t) \in PC[J, E]$, 由

$$\begin{aligned}(Au)'(t) =& x_1 + tx_2 + \frac{t^2}{2}x_3 \\ &+ \frac{1}{2}\int_0^{t_i}(t-s)^3 f(s, u(s), (Tu)(s), (Su)(s))\mathrm{d}s \\ &+ \sum_{0<t_k<t}[u'(t_k^+) - u'(t_k)].\end{aligned} \tag{6.3.5}$$

显然, $(Au)'(t_i^+)(k=1,2,\cdots,m)$存在, 并且

$$(Au)'(t_i^+) = x_1 + tx_2 + \frac{t^2}{2}x_3 + \frac{1}{2}\int_0^{t_i}(t-s)^3 f(s,u(s),(Tu)(s),(Su)(s))\mathrm{d}s + \sum_{0<t_k<t}[u'(t_k^+)-u'(t_k)], \tag{6.3.6}$$

显然, $(Au)'(t_i^-)(k=1,2,\cdots,m)$存在, 因此$Au\in PC^1[J,E]$.

下面证明$\|Au\|_{PC^1}\le R$.

根据算子$A$ 的定义以及条件$(\mathrm{M}_5)$有

$$\begin{aligned}
&|(Au)(t)|\\
\le&\sum_{i=1}^{3}\frac{t^i}{i!}\|x_i\| + \frac{1}{6}\left|\int_0^t (t-s)^3 f(s,u(s),(Tu)(s),(Su)(s))\mathrm{d}s\right|\\
&+\sum_{0<t_k<t}|I_k(u(t_k))| + \sum_{0<t_k<t}(t-t_k)|\bar{I}_k(u(t_k),u'(t_k))|\\
\le&\mathrm{e}\max_{i=0,1,2,3}\{\|x_i\|\} + \frac{1}{6}\int_0^1 |f(s,u(s),(Tu)(s),(Su)(s))|\mathrm{d}s\\
&+\sum_{k=1}^{m}|\bar{I}_k(u(t_k),u'(t_k))|\\
\le&\mathrm{e}\max_{i=0,1,2,3}\{\|x_i\|\} + \frac{1}{6}\int_0^1 b_0(s)\mathrm{d}s + \frac{1}{6}\int_0^1 (b_1(s)+b_2(s)k^*+b_3(s)h^*)|u(s)|\mathrm{d}s\\
&+\sum_{k=1}^{m}(q_{k1}+p_{k11}|u(t_k)|) + \sum_{k=1}^{m}(q_{k2}+p_{k21}|u(t_k)|+p_{k22}|u'(t_k)|)\\
\le&\mathrm{e}\max_{i=0,1,2,3}\{\|x_i\|\} + \frac{1}{6}b_0^* + \frac{1}{6}(b_1^*+b_2^*k^*+b_3^*h^*)\|u\|_{PC^1}\\
&+\sum_{k=1}^{m}(q_{k1}+q_{k2}) + \sum_{k=1}^{m}(p_{k11}+p_{k21}+p_{k22})\|u\|_{PC^1}\\
=&\widetilde{D}+\widetilde{C}R\le R.
\end{aligned} \tag{6.3.7}$$

$$
\begin{aligned}
&|(Au)'(t)|\\
\le&\mathrm{e}\max_{i=1,2,3}\{\|x_i\|\}+\frac{1}{2}\int_0^t(t-s)^2|f(s,u(s),(Tu)(s),(Su)(s))\mathrm{d}s|\\
&+\sum_{k=1}^{m}|\bar{I}_k(u(t_k),u'(t_k))|\\
\le&\mathrm{e}\max_{i=0,1,2,3}\{\|x_i\|\}+\frac{1}{2}\int_0^1 b_0(s)\mathrm{d}s+\frac{1}{2}\int_0^1(b_1(s)+b_2(s)k^*+b_3(s)h^*)|u(s)|\mathrm{d}s\\
&+\sum_{k=1}^{m}(q_{k2}+p_{k21}|u(t_k)|+p_{k22}|u'(t_k)|)\\
\le&\mathrm{e}\max_{i=0,1,2,3}\{x_i\}+\frac{1}{2}b_0^*+\frac{1}{2}(b_1^*+b_2^*k^*+b_3^*h^*)\|u\|_{PC^1}\\
&+\sum_{k=1}^{m}q_{k2}+\sum_{k=1}^{m}(p_{k11}+p_{k21}+p_{k22})\|u\|_{PC^1}\\
=&\hat{D}+\hat{C}R\le R.
\end{aligned}
\tag{6.3.8}
$$

因此, $\|Au\|_{PC^1}\le R$, 故有$A:T_R\to T_R$.

其次, 证明$A:T_R\to T_R$ 为连续算子.

对任意的 $u_0\in T_R$ , 假设存在$\{u_m\}$ 满足$\|u_m-u_0\|_{PC^1}\to 0\ (m\to 0)$. 根据$f$及$A$ 的定义, 由Lebesgue 控制收敛定理可得:

$$
|(Au_m)^{(i)}(t)-(Au_0)^{(i)}(t)|\to 0\ (m\to 0). \tag{6.3.9}
$$

于是可得对于任意固定的$t$, 有$\alpha((Au_m)^{(i)}(t))=0,(i=0,1)$ 进一步可得

$$
\alpha_{PC^1}(Au_m)=\max\{\sup_{t\in J}\alpha((Au_m)(t)),\sum_{t\in J}\alpha((Au_m)'(t))\}=0. \tag{6.3.10}
$$

即$Au_m$在$E$中是相对紧的, 因此有

$$
\|Au_m-Au_0\|_{PC^1}\to 0,n\to\infty. \tag{6.3.11}
$$

得到算子$A:T_R\to T_R$为连续算子.

令任意可数集$B\subset T_R$ 满足$\bar{B}=\bar{co}(\{u_0\}\cup A(B))$. 下证 $B$ 是相对紧集. 根

据可数集的性质, 有

$$\bar{B}(t)=\bar{co}(\{u_0(t)\}\cup A(B)(t)),$$

$$\bar{B}'(t)=\bar{co}(\{u_0(t)\}\cup A(B)'(t)).$$

根据非紧性测度性质有$\alpha_{PC^1}(B)=\alpha_{PC^1}(A(B))$, 因此,

$$\alpha(B(t))=\alpha(\bar{B(t)})=\alpha((A(B))(t)),$$

$$(B'(t))=\alpha(\bar{B'(t)})=\alpha((A(B))'(t)).$$

对于任意的$t\in J$, 根据引理6.3.2有

$$\begin{aligned}\alpha((A(B))(t))\leq&\alpha(\{\frac{1}{6}\int_0^t(t-s)^3f(s,u(s),(Tu)(s),(Su)(s))\mathrm{d}s:u\in B\})\\&+\sum_{0<t_k<t}\alpha(\{I_k(u(t_k)):u\in B\})\\&+\sum_{0<t_k<t}(t-t_k)\alpha(\{\bar{I}_k(u(t_k),u'(t_k)):u\in B\})\\\leq&\frac{1}{3}\int_0^t(t-s)^3\alpha(f(s,u(s),(Tu)(s),(Su)(s))\mathrm{d}s)\\&+\sum_{k=1}^m\alpha(\{I_k(B(t_k))\})\\&+\sum_{k=1}^m(1-t_k)\alpha(\{\bar{I}_k(B(t_k),B'(t_k))\}).\end{aligned}\tag{6.3.12}$$

这里$(TB(s))=(Tu_m)(s),\ (SB(s))=(Su_m)(s)$.

因为 $B$ 是$PC^1[J,E]$ 中的有界集, 且$B'(t)$有界, 故$B(t)$ 在每个$J_k$ 上都是等度连续的, 由等度连续的性质可得:

$$\begin{aligned}\alpha((TB)(s))\leq\int_0^s\alpha(k(s,\tau)B(\tau))\mathrm{d}\tau\leq k^*\int_0^s\alpha(B(\tau))\mathrm{d}\tau,\\\alpha((SB)(s))\leq\int_0^1\alpha(h(s,\tau)B(\tau))\mathrm{d}\tau\leq h^*\int_0^s\alpha(B(\tau))\mathrm{d}\tau.\end{aligned}\tag{6.3.13}$$

由(6.3.12),(6.3.13)式以及条件($\mathrm{M}_6$)可得

$$\begin{aligned}\alpha((A(B))(t)) \leq & \frac{1}{3}\int_0^1 M_{r1}\alpha(B(\tau))\mathrm{d}\tau + M_{r2}k^*\int_0^t \alpha(B(\tau))\mathrm{d}\tau + M_{r3}k^*\int_0^1 \alpha(B(\tau))\mathrm{d}\tau \\ & + \sum_{k=1}^{m} N_{k11}\alpha(B(t_k)) + \sum_{k=1}^{m}(1-t_k)(N_{k21}\alpha(B(t_k)) + N_{k22}\alpha(B(t_k))) \\ = & Q_1\alpha_{PC^1}(B).\end{aligned} \tag{6.3.14}$$

同理可得

$$\begin{aligned}\alpha((A(B))'(t)) \leq & \int_0^1 M_{r1}\alpha(B(\tau))\mathrm{d}\tau + M_{r2}k^*\int_0^t \alpha(B(\tau))\mathrm{d}\tau + M_{r3}k^*\int_0^1 \alpha(B(\tau))\mathrm{d}\tau \\ & + \sum_{k=1}^{m}(1-t_k)(N_{k21}\alpha(B(t_k)) + N_{k22}\alpha(B(t_k))) \\ = & Q_2\alpha_{PC^1}(B).\end{aligned} \tag{6.3.15}$$

令$\alpha_{PC^1}(B) = \max\limits_{i=0,1}\{\sup \alpha((A(B))^i(t))\}$, 由(6.3.12), (6.3.14) 和(6.3.15) 可得

$$\alpha_{PC^1}(B) \leq Q\alpha_{PC^1}(B).$$

由于$Q = \max\{Q_1, Q_2\} < 1$, 故可得$\alpha_{PC^1}(B) = 0$, 从而$B$ 是相对紧集, 由引理6.2.3可得算子$A$在$T_R$ 中至少有一个不动点, 根据引理6.3.1可得问题(6.3.1)至少有一个解. □

### 6.3.2 例子

**例6.3.1** 考虑下列四阶无穷脉冲积微分方程初值问题:

$$\begin{cases} u_n^{(4)}(t) = \frac{t^5}{2n}u_{n+1}^{\frac{1}{3}} - \frac{t^9}{3}\int_0^t \frac{1}{4+s+t}u_{2n}(s)\mathrm{d}s \\ \qquad\qquad + \frac{t^7}{4n}\int_0^t \sin^2(t+s)u_{2n+1}(s)\mathrm{d}s, \forall t \in J, t \neq \frac{1}{2}, \\ \Delta u_n|_{t=\frac{1}{2}} = \frac{1}{7}u_n(\frac{1}{2}) + \frac{1}{n+1}, \\ \Delta u_n'|_{t=\frac{1}{2}} = \frac{1}{20n}u_{n+2}(\frac{1}{2}) - \frac{1}{10n}u_{3n}'(\frac{1}{2}), \\ u_n(0) = 0, u_n'(0) = \frac{1}{n+1}, u_n''(0) = \frac{1}{(n+2)^2}, u_n'''(0) = \frac{1}{n^2+1}. \end{cases} \tag{6.3.16}$$

**结论：** 方程(6.3.16) 在$[0,\frac{1}{2})\cup(\frac{1}{2},1]$至少存在一个解.

**证明：** 令$E=C_0=\{u=(u_1,u_2,\cdots,u_n,\cdots)|u_n\to 0\}$, $J=[0,1]$, 范数为$||u||=\sup\limits_n|u_n|$, 令$P=\{u=(u_1,u_2,\cdots,u_n,\cdots)\in C_0|u_n\geq 0,n=1,2,\cdots\}$, 则$P$是$E$中的一个正规锥. 根据方程可知

$$k(t,s)=\frac{1}{4+s+t},\quad h(t,s)=\sin^2(t+s).$$

令$v=(v_1,v_2,\cdots,v_n,\cdots)$, $w=(w_1,w_2,\cdots,w_n,\cdots)$, $f=(uf_1,f_2,\cdots,f_n,\cdots)$, 即有$f_n(t,u,v,w)=\frac{t^5}{2n}u_{n+1}^{\frac{1}{3}}-\frac{t^9}{3}v_{2n}+\frac{t^7}{4n}w_{2n+1}$. 且$t_k=\frac{1}{2}$, 令$I_1=(I_{11},I_{12},\cdots,I_{1n},\cdots)$, $\bar{I}_1=(\bar{I}_{11},\bar{I}_{12},\cdots,\bar{I}_{1n},\cdots)$, 即有

$$I_{1n}(u)=\frac{1}{7}u_n+\frac{1}{n+1},\ \bar{I}_{1n}(u,u')=\frac{1}{20n}u_{n+2}-\frac{1}{10n}u'_{3n}.$$

通过计算可得

$$\widetilde{D}=\frac{1}{2}\mathrm{e}+\frac{1}{2},\ \hat{D}=\frac{1}{2}\mathrm{e},$$

$$\widetilde{C}=\frac{6\ 317}{20\ 160}<1,\ \hat{C}=\frac{203}{960}<1,\ Q_1=\frac{1\ 249}{2\ 520}<1,\ Q_2=\frac{59}{60}<1,$$

因此, 根据定理6.3.1可知, 方程(6.3.16)至少存在一个解. □

## 6.4 $n$ 阶脉冲积微分方程

### 6.4.1 解的存在性

考虑实Banach 空间中 $n$ 阶混合型脉冲积微分方程:

$$\begin{cases}x^{(n)}(t)=f(t,x(t),x'(t),\cdots,x^{(n-1)}(t),(Tx)(t),(Sx)(t)),\ \forall t\in J',\\ \Delta x^{(i)}|_{t=t_k}=I_{ik}(x(t_k),x'(t_k),\cdots,x^{(n-1)}(t_k)),\ i=0,1,\cdots,n-1,k=1,2,\cdots,\\ x^{(i)}(0)=\beta_i x^{(i+1)}(0)\ (i=0,1,\cdots,n-2),\ x^{(n-1)}(\infty)=\beta x^{(n-1)}(0),\end{cases}\tag{6.4.1}$$

其中$(Tx)(t)=\int_0^t k(t,s)x(s)\mathrm{d}s$, $(Sx)(t)=\int_0^\infty h(t,s)x(s)\mathrm{d}s$, $\forall t\in J$, $k\in$

$C[D,\mathbb{R}^+](D=\{(t,s)\in J\times J: t\geq s\})$, $h\in C[D_0,\mathbb{R}^+]$, $D_0=\{(t,s)\in J\times J|0\leq t,s\leq 1\}$, $\Delta x^{(i)}|_{t=t_k}=x^{(i)}(t_k^+)-x^{(i)}(t_k^-)$.

令$BPC[J,E]=\{x\in PC[J,E]\mid \mathrm{e}^{-t}|x(t)|\to 0当t\to\infty\}$. 显然, $BPC[J,E]$ 在范数$\|x\|_B=\sup\limits_{t\in J}(\mathrm{e}^{-t}\|x\|)$下是一个 Banach 空间.

令$DPC^{n-1}[J,E]=\{x\in PC^{n-1}[J,E]\mid x^{(i)}\in BPC[J,E], i=1,2,\cdots,n-1\}$. 易知$DPC^{n-1}[J,E]$ 在范数$\|x\|_D=\max\{\|x\|_B,\|x'\|_B,\cdots,\|x^{(n-1)}\|_B\}$下成为一个Banach 空间. 令$P(D)=\{x\in DPC^{n-1}[J,E]\mid x(t)\geq\theta, x^{(i)}(t)\geq\theta,(i=1,2,\cdots,n-1),\forall\ t\in J\}$, $P(B)$ 是 $BPC[J,E]$ 中的一个锥, $P(D)$ 是 $BPC^{n-1}[J,E]$中的一个锥.

为了方便, 首先给出一些条件:

($\mathrm{M}_7$)

$$\lim_{t\to\infty}(\mathrm{e}^{-t}\int_0^t k(t,s)\mathrm{e}^s\mathrm{d}s)=0,\ \int_0^t h(t,s)\mathrm{e}^s\mathrm{d}s<\infty,$$

并且满足

$$\lim_{t\to\infty}(\mathrm{e}^{-t}\int_0^t h(t,s)\mathrm{e}^s\mathrm{d}s)=0,\ \lim_{t'\to t}(\int_0^\infty |h(t',s)-h(t,s)|\mathrm{e}^s\mathrm{d}s)=0.$$

令

$$k^*=\sup_{t\in J}(\mathrm{e}^{-t}\int_0^t k(t,s)\mathrm{e}^s\mathrm{d}s),\ h^*=\sup_{t\in J}(\mathrm{e}^{-t}\int_0^t k(t,s)\mathrm{e}^s\mathrm{d}s).$$

($\mathrm{M}_8$) 存在非负函数$a,b_i(i=0,1,\cdots,n+1)\in C[J,\mathbb{R}^+]$ 满足

$$\|f(t,u_0,u_1\cdots,u_{n+1})\|\leq a(t)+\sum_{i=0}^{n+1}b_i(t)\|u_i\|.$$

$$a^*=\int_0^\infty a(t)\mathrm{d}t<\infty,\ b_i^*=\int_0^\infty b(t)\mathrm{e}^t\mathrm{d}t<\infty.$$

并且存在非负常数 $d_{ik}$, $c_{ikj}(i,j=0,1,\cdots,n-1;\ k=1,2,\cdots)$ 使得

$$\|I_{ik}(u_0,u_1,\cdots,u_{n-1})\| \le d_{ik}+\sum_{j=0}^{n-1}c_{ikj}\|u_j\|.$$

$$d^*=\sum_{k=1}^{\infty}d_k^*,\ c^*=\sum_{k=1}^{\infty}\mathrm{e}^{t_k}(\sum_{j=0}^{n-1}c_{kj}^*)<\infty,$$

其中

$d_k^*=\max\{\ d_{ik}\ ,i=0,1,\cdots,n-1\ \}$，$c_{kj}^*=\max\{\ c_{ikj},i=0,1,\cdots,n-1\ \}$.

$(\mathrm{M}_9)$ 若 $\theta\le u_0\le\bar{u}_0$，$u_1\le\bar{u}_1\le\ \cdots\le u_{n+1}\le\bar{u}_{n+1}$，$\theta\le v_0\le\bar{v}_0$，$v_1\le\bar{v}_1\le\cdots\le\ v_{n-1}\le\bar{v}_{n-1}$, 则

$$\theta\le f(t,u_0,u_1,\cdots,u_{n+1})\le f(t,\bar{u}_0,\bar{u}_1,\cdots,\bar{u}_{n+1}),$$

$$\theta\le I_{ik}(v_0,v_1,\cdots,v_{n-1})\le I_{ik}(\bar{v}_0,\bar{v}_1,\cdots,\bar{v}_{n-1}),$$

$$(i=0,1,\cdots,n-1,\ k=1,2,\cdots).$$

将方程转换成$E$中的等价脉冲积分方程, 为此首先考虑下式定义的算子$A$

$$\begin{aligned}(Au)(t)=&\frac{1}{\beta-1}\{\sum_{j=0}^{n-2}(\prod_{s=j}^{n-2}\beta_s)\frac{t^j}{j!}+\frac{t^{n-1}}{(n-1)!}\}\\&\times\{\int_0^{\infty}f(s,u(s),u'(s),\cdots,u^{(n-1)}(s),(Tu)(s),(Su)(s))\mathrm{d}s\\&+\sum_{k=1}^{\infty}I_{n-1k}(u(t_k),u'(t_k),\cdots,u^{(n-1)}(t_k))\}\\&+\frac{1}{(n-1)!}\int_0^t(t-s)^{(n-1)}f(s,u(s),u'(s),\cdots,u^{(n-1)}(s),(Tu)(s),(Su)(s))\mathrm{d}s\\&+\sum_{0<t_k<t}\sum_{j=0}^{n-1}\frac{(t-t_k)^j}{j!}I_{jk}(u(t_k),u'(t_k),\cdots,u^{(n-1)}(t_k)).\end{aligned}\tag{6.4.2}$$

**引理6.4.1**[22] 如果条件$(\mathrm{M}_7)$, 条件$(\mathrm{M}_8)$成立, 则 $u\in DPC^{n-1}[J,E]\cap C^n[J',E]$ 是BVP(6.4.1) 的一个正解当且仅当 $u\in P(D)$ 是下列脉冲积分方

程的一个解,

$$
\begin{aligned}
u(t) =&\frac{1}{\beta-1}\{\sum_{j=0}^{n-2}(\prod_{s=j}^{n-2}\beta_s)\frac{t^j}{j!}+\frac{t^{n-1}}{(n-1)!}\}\\
&\times\{\int_0^{\infty}f(s,u(s),u'(s),\cdots,u^{(n-1)}(s),(Tu)(s),(Su)(s))\mathrm{d}s\\
&+\sum_{k=1}^{\infty}I_{n-1k}(u(t_k),u'(t_k),\cdots,u^{(n-1)}(t_k))\}\\
&+\frac{1}{(n-1)!}\int_0^t(t-s)^{(n-1)}f(s,u(s),u'(s),\cdots,u^{(n-1)}(s),(Tu)(s),(Su)(s))\mathrm{d}s\\
&+\sum_{0<t_k<t}\sum_{j=0}^{n-1}\frac{(t-t_k)^j}{j!}I_{jk}(u(t_k),u'(t_k),\cdots,u^{(n-1)}(t_k)).
\end{aligned}
\tag{6.4.3}
$$

**引理6.4.2**[22] 假设条件($M_7$), ($M_8$)和($M_9$)满足, 则由(6.4.2) 式定义的算子$A:P(D)\to P(D)$ 是连续有界的. 进一步, 有

$$\|Au\|_D\leq\gamma\|u\|_D+\delta,$$

其中 $\gamma=(\frac{\beta^*+\beta}{\beta-1})[(\sum\limits_{i=0}^{n-1}b_i^*)+k^*b_n^*+h^*b_{n+1}^*+c^*]$, $\delta=(\frac{\beta^*+\beta}{\beta-1})(a^*+d^*)$, $\beta^*=\max\{\prod\limits_{s=j}^{n-2}\beta_s,j=0,1,\cdots,n-2\}$.

此外有$u,v\in P(D),u(t)\leq v(t),u^{(i)}(t)\leq v^{(i)}(t),(i=1,2,\cdots,n-1),\forall t\in J\Rightarrow(Au)(t)\leq(Av)(t)$, $(Au)^{(i)}(t)\leq(Av)^{(i)}(t),(i=1,2,\cdots,n-1),\forall t\in J$.

**定理6.4.1** 假设$P$是全正则锥, 条件($M_7$), ($M_8$) 和 ($M_9$) 都成立, 且

$$\gamma=(\frac{\beta^*+\beta}{\beta-1})\{(\sum_{i=0}^{n-1}b_i^*)+k^*b_n^*+h^*b_{n+1}^*+c^*\}<1,$$

则方程(6.4.1)具有最小正解$\bar{u}$, 并且$\|\bar{u}\|\leq\frac{\delta}{1-r}$, 其中$\delta=\frac{\beta^*+\beta}{\beta-1}(a^*+d^*)$. 最小的意义为, 对无穷边值问题方程(6.4.1)的任何正解$u(t)$, 必有

$$u(t)\geq\bar{u}(t),u^{(i)}(t)\geq\bar{u}^{(i)}(t).$$

**证明:** 对任意$\bar{u} \in P(D)$, 由(6.4.2) 式, 令$v_0(t)=\theta$, 且

$$
\begin{aligned}
v_m =& Av_{m-1} = \frac{1}{\beta-1}\{\sum_{j=0}^{n-2}(\prod_{s=j}^{n-2}\beta_s)\frac{t^j}{j!}+\frac{t^{n-1}}{(n-1)!}\} \\
& \times \{\int_0^{\infty} f(s, v_{m-1}(s), v'_{m-1}(s), \cdots, v_{m-1}^{(n-1)}(s), (Tv_{m-1})(s), (Sv_{m-1})(s))\mathrm{d}s \\
& + \sum_{k=1}^{\infty} I_{n-1k}(v_{m-1}(t_k), v'_{m-1}(t_k), \cdots, v_{m-1}^{(n-1)}(t_k))\} \\
& + \frac{1}{(n-1)!}\int_0^t (t-s)^{n-1} f(s, v_{m-1}(s), v'_{m-1}(s), \cdots, v_{m-1}^{(n-1)}(s), \\
& \qquad (Tv_{m-1})(s), (Sv_{m-1})(s))\mathrm{d}s \\
& + \sum_{0<t_k<t}\sum_{j=1}^{n-1}\frac{(t-t_k)^j}{j!} I_{jk}(v_{m-1}(t_k), v'_{m-1}(t_k), \cdots, v_{m-1}^{(n-1)}(t_k)).
\end{aligned} \tag{6.4.4}
$$

由引理6.4.2, 有$\{v_m\} \subset P(D)$.

$$\| v_m \|_D \leq \gamma \| v_{m-1} \|_D + \delta, \ m=1,2,\cdots, \tag{6.4.5}$$

$$\theta \leq v_0(t) \leq v_1(t) \leq \cdots \leq v_m(t) \leq \cdots, \tag{6.4.6}$$

$$\theta \leq v_0^i(t) \leq v_1^i(t) \leq \cdots \leq v_m^i(t) \leq \cdots, \tag{6.4.7}$$

由于$\|v_0\|_D=0$, 故由(6.4.5)式得:

$$\|v_m\|_D \leq \delta+\gamma\delta+\cdots+\gamma^{(m-1)}\delta = \frac{\delta(1-\gamma^m)}{1-\gamma} \leq \frac{\delta}{1-\gamma}, \ m=1,2,\cdots. \tag{6.4.8}$$

由(6.4.5)—(6.4.8)式及$P$的全正则性知, 下列极限存在,

$$\lim_{m\to\infty} v_m(t) = \bar{u}(t), \tag{6.4.9}$$

$$\lim_{m\to\infty} v_m^{(i)}(t) = \bar{u}_i(t), \ i=1,2,\cdots,n-1. \tag{6.4.10}$$

对(6.4.4)式求各阶导数得:

$$\begin{aligned}v_m^{(i)}=&A(v_{m-1})^{(i)}(t)=\frac{1}{\beta-1}\{\sum_{j=i}^{n-2}(\prod_{s=j}^{n-2}\beta_s)\frac{t^{j-i}}{(j-i)!}+\frac{t^{n-i-1}}{(n-i-1)!}\}\\&\times\{\int_0^{\infty}f(s,v_{m-1}(s),v'_{m-1}(s),\cdots,v_{m-1}^{(n-1)}(s),(Tv_{m-1})(s),(Sv_{m-1})(s))\mathrm{d}s\\&+\sum_{k=1}^{\infty}I_{n-1k}(v_{m-1}(t_k),v'_{m-1}(t_k),\cdots,v_{m-1}^{(n-1)}(t_k))\}\\&+\frac{1}{(n-i-1)!}\int_0^t(t-s)^{(n-i-1)}f(s,v_{m-1}(s),v'_{m-1}(s),\cdots,v_{m-1}^{(n-1)}(s),\\&\qquad(Tv_{m-1})(s),(Sv_{m-1})(s))\mathrm{d}s\\&+\sum_{0<t_k<t}\sum_{j=i}^{n-1}\frac{(t-t_k)^{j-i}}{(j-i)!}I_{jk}(v_{m-1}(t_k),v'_{m-1}(t_k),\cdots,v_{m-1}^{(n-1)}(t_k)).\end{aligned}\tag{6.4.11}$$

及

$$v_m^{(n)}=f(t,v_{m-1}(t),v'_{m-1}(t),\cdots,v_{m-1}^{(n-1)}(t),(Tv_{m-1})(t),(Sv_{m-1})(t)).\tag{6.4.12}$$

由(6.4.8)式有

$$\mathrm{e}^{-t}|v_m^{(i)}(t)|\le\frac{\delta}{1-\gamma}.\tag{6.4.13}$$

由(6.4.13)式知函数列$\{v_m(t)\}$在每个$J_i(i=0,1,\cdots)$上是等度连续的, 注意到(6.4.9)式, 利用Arzela-Ascoli定理和对角线法, 即知存在子序列$\{v_{m_k}(t)\}\subset\{v_m(t)\}$使$\{v_{m_k}(t)\}$在每个$J_i(i=0,1,\cdots)$上都一致收敛于$\bar{u}(t)$, 再由(6.4.6)式及$P$的正规性知, 整个函数列$\{v_m(t)\}$在每个$J_i(i=0,1,\cdots)$都一致收敛于$\bar{u}(t)$, 于是$\bar{u}\in PC[J,E]$, 并且由(6.4.13)式知, $\bar{u}\in BPC[J,E]$且

$$\|\bar{u}\|_B\le\frac{\delta}{1-\gamma}.\tag{6.4.14}$$

由(6.4.15)式,(6.4.8)式及引理6.4.2 可得

$$\begin{aligned}\|v_m^{(n)}\| &= \|f(t, v_{m-1}, v'_{m-1}, \cdots, v_{m-1}^{(n-1)}, Tv_{m-1}, Sv_{m-1})\| \\ &\le a(t) + \mathrm{e}^t \sum_{i=0}^{n+1} b_i(t) \frac{\delta}{1-\gamma} \\ &= \sigma(t) \in C[J, \mathbb{R}^+].\end{aligned} \tag{6.4.15}$$

由于$\sigma(t)$及$\frac{\delta}{1-\gamma}\mathrm{e}^t$在任何区间$[0,\tau](\tau > 0)$上有界, 故由(6.4.13) 和(6.4.15) 知, 函数$v_m^{(i)}(t)$ 在每个$J_j(j = 0,1,2,\cdots)$上等度连续, 且$v_m^{(i)}(t)$ 在每个$J_j(j = 0,1,2,\cdots)$ 上一致收敛于$\bar{u}_i(t)$, 因此$\bar{u}^{(i)}(t) = \bar{u}_i(t)(\forall t \in J)$, $\bar{u}^{(i)}(t) \in PC[J,E]$. 再根据(6.4.13) 得,

$$\|\bar{u}^{(i)}\|_B \le \frac{\delta}{1-\gamma}. \tag{6.4.16}$$

由(6.4.6), (6.4.7), (6.4.15) 及(6.4.16) 可知, $\bar{u}^{(i)}(t) \in P(D)$, 且$\|\bar{u}^{(i)}\|_D \le \frac{\delta}{1-\gamma}$, 且有

$$\theta = v_0(t) \le v_1(t) \le \cdots \le v_m(t) \le \cdots \le \bar{u}(t), \tag{6.4.17}$$

$$\theta = v_0^{(i)}(t) \le v_1^{(i)}(t) \le \cdots \le v_m^{(i)}(t) \le \cdots \le \bar{u}_i(t), \tag{6.4.18}$$

对任意的 $\tau > 0$, 在$J_\tau = [0,\tau]$上有

$$\begin{aligned}&\int_0^t (t-s)^{(n-1)} |f(s, v_{m-1}(s), v'_{m-1}(s), \cdots, v_{m-1}^{(n-1)}(s), (Tv_{m-1})(s), (Sv_{m-1})(s))| \mathrm{d}s \\ &\qquad \le \tau^{n-1}\left(\int_0^t a(s)\mathrm{d}s + \frac{\delta}{1-\gamma}\int_0^t \mathrm{e}^s \sum_{i=0}^{n+1} b_i(s)\mathrm{d}s\right) < \infty.\end{aligned} \tag{6.4.19}$$

根据算子$A$的连续性及控制收敛定理, 令$m \to \infty$, 在$J_\tau = [0,\tau]$ 上对(6.4.3)

式两端取极限得:

$$
\begin{aligned}
\bar{u}(t) =&A\bar{u}(t)\\
=&\frac{1}{\beta-1}\{\sum_{j=0}^{n-2}(\prod_{s=j}^{n-2}\beta_s)\frac{t^j}{j!}+\frac{t^{n-1}}{(n-1)!}\}\\
&\times\{\int_0^{\infty}f(s,\bar{u}(s),\bar{u}'(s),\cdots,\bar{u}^{(n-1)}(s),(T\bar{u})(s),(S\bar{u})(s))\mathrm{d}s\\
&+\sum_{k=1}^{\infty}I_{n-1k}(\bar{u}(t_k),\bar{u}'(t_k),\cdots,\bar{u}^{(n-1)}(t_k))\}\\
&+\frac{1}{(n-1)!}\int_0^t(t-s)^{(n-1)}f(s,\bar{u}(s),\bar{u}'(s),\cdots,\bar{u}^{(n-1)}(s),(T\bar{u})(s),(S\bar{u})(s))\mathrm{d}s\\
&+\sum_{0<t_k<t}\sum_{j=0}^{n-1}\frac{(t-t_k)^j}{j!}I_{jk}(\bar{u}(t_k),\bar{u}'(t_k),\cdots,\bar{u}^{(n-1)}(t_k)).
\end{aligned}
\tag{6.4.20}
$$

由于$\tau$ 的任意性, 故对任意的$t\in J$都有$\bar{u}(t)=(A\bar{u})(t)$ 且$\bar{u}(t)\in DPC^{n-1}[J,E]$, 由此, 根据引理6.4.1 可知, $\bar{u}(t)\in P(D)\cap C^n[J',E]$ 且$\bar{u}(t)$ 是方程(6.4.1) 的一个正解.

最后, 设$u(t)\in P(D)\cap C^n[J',E]$ 是方程(6.4.1)的任一个正解, 由引理6.4.1得, $u\in P(D)$且满足(6.4.3), 即$u(t)=(Au)(t)$, 显然$u(t)\geq\theta=v_0(t)$, 假设$u(t)\geq v_{m-1}(t)$, $u^{(i)}(t)\geq v_{m-1}^{(i)}(t)$, 由引理6.4.2可得, $(Au)(t)\geq(Av_{m-1})(t)$, $(Au)^{(i)}(t)\geq(Av_{m-1})^{(i)}(t)$, 即$u(t)\geq v_m(t)$, $u^{(i)}(t)\geq v_m^{(i)}(t)$. 根据数学归纳法, 对任意的$t\in J$, $m=1,2,\cdots$, $i=1,2,\cdots,n-1$, 有

$$u(t)\geq v_m(t),\ u^{(i)}(t)\geq v_m^{(i)}(t).$$

再令 $m\to\infty$ 取极限, 即得

$$u(t)\geq\bar{u}(t),\ u^{(i)}\geq\bar{u}^{(i)}(t).$$

所以, $\bar{u}(t)$就是方程(6.4.1)的最小正解. □

## 6.5 小结

本章内容主要介绍了高阶脉冲(积)微分方程. 6.1节介绍了四阶脉冲微分方程初值问题, 利用算子不动点定理证明了解的存在唯一性, 选自郝瑞肖的论文结果[23]. 6.2节应用混合单调算子的不动点定理, 研究一类具有可变系数非线性项的四阶脉冲微分方程边值问题, 选自王慧, 张玲玲和王小强论文[24]. 6.3节研究了一类四阶脉冲积微分方程初值问题解的存在性, 选自李丽香论文中的结论[25]. 6.4节研究了实Banach 空间中 $n$ 阶混合型脉冲积微分方程, 选自原文志和王文霞论文结果[22].

# 第 7 章　分数阶脉冲微分方程

分数阶微分方程是指含有任意阶导数的微分方程, 其中的分数阶导数与分形有密切的关系, 并且具有全局相关性、记忆性和遗传性等特性, 使得分数阶微分方程模型能够有效地描述自然界中一些复杂行为和现象. 近几十年来, 分数阶模型已经广泛应用于诸多领域中的非线性问题中, 如生物系统的电传导、扩散、地震奇异性分析、分形动力学、混沌和多孔介质中溶质的对流与弥散以及物理学、电化学、生物学、生物物理学等学科中非线性问题刻画. 研究表明, 它能够很好地从理论上对有关现象进行阐述, 并得到与实验相吻合的结果.

本章主要介绍了分数阶微积分的基本概念和性质, 研究了一类分数阶脉冲微分方程初值问题、一类共形分数阶脉冲微分方程初值问题以及分数阶脉冲微分方程混合边值问题解的存在唯一性.

## 7.1　预备知识

**定义7.1.1**　假设$h\in C[0,1]$, 其$\alpha$ ($\alpha>0$) 阶Riemann-Liouville 型分数阶导数定义为

$$D_{0^+}^{\alpha}h(t)=\frac{1}{\Gamma(n-\alpha)}\frac{\mathrm{d}^n}{\mathrm{d}t^n}\int_0^t (t-s)^{n-\alpha-1}h(s)\mathrm{d}s.$$

其$\alpha$ ($\alpha>0$) 阶Riemann-Liouville 型分数阶积分定义为

$$I_{0^+}^{\alpha}h(t)=\frac{1}{\Gamma(\alpha)}\int_0^t (t-s)^{\alpha-1}h(s)\mathrm{d}s,$$

其中$n=[\alpha]+1$, $[\alpha]$ 表示$\alpha$ 取整.

**定义7.1.2**　函数$h:(0,+\infty)\to\mathbb{R}$ 的$\alpha$ ($\alpha>0$) 阶Caputo型分数阶导数可

以表示为

$$ {}^cD_{0^+}^{\alpha}h(t)=\frac{1}{\Gamma(n-\alpha)}\int_0^t(t-s)^{n-\alpha-1}h^{(n)}(s)\mathrm{d}s,t>0,n-1<\alpha\leq n, $$

其中$n=[\alpha]+1$, $[\alpha]$ 表示$\alpha$ 取整.

**定义7.1.3** 函数$f:(0,+\infty)\to\mathbb{R}$ 在$t>0$ 时的$\alpha(0<\alpha<1)$ 阶共形分数阶导数定义为

$$ T_{\alpha}f(t)=\lim_{\varepsilon\to 0}\frac{f(t+\varepsilon t^{1-\alpha})-f(t)}{\varepsilon}. $$

在$t=0$ 处的共形分数阶导数定义为$T_{\alpha}f(0)=\lim\limits_{\varepsilon\to 0}T_{\alpha}f(t)$.

**引理7.1.1** 假设$h\in C[0,1]\cap L^1[0,1],\alpha>0$, 则有

$$ I_{0^+}^{\alpha}D_{0^+}^{\alpha}h(t)=h(t)+c_1t^{\alpha-1}+c_2t^{\alpha-2}+\cdots+c_nt^{\alpha-n}, $$

其中$c_i\in\mathbb{R},i=1,2,\cdots,n,(n=[\alpha]+1)$.

**引理7.1.2** 假设$u\in C[0,+\infty)$ 有$n$ 阶导数, 那么有

$$ I_{0^+}^{\alpha}\ {}^cD_{0^+}^{\alpha}u(t)=u(t)+C_1+C_2t+C_3t^2+\cdots+C_nt^{n-1},\ \alpha>0, $$

其中$C_i\in\mathbb{R},i=1,2,\cdots,n,(n=[\alpha]+1)$.

## 7.2 分数阶脉冲微分方程初值问题

讨论以下Caputo型分数阶脉冲微分方程初值问题（IVP）正解的存在性和唯一性:

$$ \begin{cases} {}^cD^{\alpha}y(t)=f(t,y(t),y(t))+g(t,y(t)),t\in[0,T],t\neq t_k,\\ \Delta y|_{t=t_k}=I_k(y(t_k^-)),\ k=1,2,\cdots,m,\\ y(0)=y_0, \end{cases} \tag{7.2.1} $$

其中$k=1,2,\cdots,m$, $0<\alpha\leq 1$, ${}^cD^{\alpha}$是Caputo 型分数阶导数, 给定函数$f:[0,T]\times\mathbb{R}\times\mathbb{R}\to\mathbb{R}$, $g:[0,T]\times\mathbb{R}\to\mathbb{R}$ , $I_k:\mathbb{R}\to\mathbb{R},y_0\in\mathbb{R},0=t_0<t_1<\cdots<$

$t_m < t_{m+1} = T$, $\Delta y|_{t=t_k} = y(t_k^+) - y(t_k^-)$, 其中$y(t_k^+) = \lim\limits_{h\to 0} y(t_k + h)$, $y(t_k^-) = \lim\limits_{h\to 0} y(t_k - h)$为$y(t)$在$t_k$点的右极限和左极限.

### 7.2.1 解的存在唯一性

接下来在Banach空间$C[0,T] = \{x : [0,T] \to \mathbb{R}\}$ 中展开研究, 空间中的范数为$\|x\| = \sup\limits_{t\in[0,T]} \{|x(t)|\}$, 定义空间中的半序关系为:

$$x, y \in C[0,T], x \leq y \Longleftrightarrow x(t) \leq y(t), t \in [0,T].$$

令 $P = \{x \in C[0,T] | x(t) \geq 0, t \in [0,T]\}$ ,显然 $P$是$C[0,T]$ 上的正规锥,正规常数为 1.定义 $PC[0,T] = \{y : [0,T] \to \mathbb{R} \,|y \in C\,(t_k, t_{k+1}], k = 1, 2, \cdots, m\,,\, y(t_k^-) = y(t_k),\ k = 1, 2, \cdots, m\}$, 那么 $PC[0,T]$ 是一个 Banach 空间, 并且空间中的范数为:

$$\|y\|_{PC} = \sup_{t\in[0,T]} |y(t)|\,.$$

定义$P_C = \{x \in PC[0,T] | x(t) \geq 0,\ t \in [0,T]\}$, 那么$P_C$ 为$PC[0,T]$中的正规锥.

**引理7.2.1** 令 $P$ 是正规锥, 并且 $A : P \times P \to P$ 是一个混合单调算子 , 假设:

($W_1$) 存在$v > 0$以及$c > 0$, 使得$0 < A(v, 0) \leq v, A(0, v) \geq cA(v, 0)$;

($W_2$) 对于任意的$0 < a < b < 1$, 都存在$\eta = \eta(a, b) > 0$, 使得:

$$A(tx, t^{-1}y) \geq t(1 + \eta)A(x, y),\ \forall a \leq t \leq b, 0 \leq y \leq x \leq \nu,$$

那么$A$ 在$[0, v]$ 中有唯一的不动点$x^*$, 并且$x^* > 0$, 对于任意的初始值$x_0, y_0 \in [0, v]$, 构造序列:

$$x_n = A(x_{n-1}, y_{n-1}),\ y_n = A(y_{n-1}, x_{n-1}),\ n = 1, 2, \cdots,$$

当$n \to \infty$ 时有$x_n \to x^*$, $y_n \to x^*$.

**证明：** 取$u_0=0$, 选取$v$和$c$ 满足条件($W_1$)，则$0<A(v,0)\leq v$, $A(0,v)\geq cA(v,0)$. 如果取$v_0=v$, 定义$u_1=A(u_0,v_0), v_1=A(v_0,u_0)$, 则

$$u_0=0\leq A(0,v)=u_1,\qquad v_1=A(v,0)\leq v=v_0,$$

$$u_1=A(0,v)\leq A(v,0)=v_1,\quad u_1\geq cv_1.$$

定义$u_n=A(u_{n-1},v_{n-1}), v_n=A(v_{n-1},u_{n-1})$, $n=1,2,\cdots$, 假设$u_{n-1}\leq u_n\leq v_n\leq v_{n-1}$, 则

$$u_n=A(u_{n-1},v_{n-1})\leq A(u_n,v_n)=u_{n+1}$$

$$\leq A(v_n,u_n)=v_{n+1}\leq A(v_{n-1},u_{n-1})=v_n.$$

因此

$$0=u_0\leq u_1\leq\cdots\leq u_n\leq\cdots\leq v_n\leq\cdots\leq v_1\leq v_0=v.$$

由此可得

$$u_n\geq u_1\geq cv_1\geq cv_n, n=1,2,\cdots.$$

令$t_n=\sup\{t>0|u_n\geq tv_n\}$, 则$u_n\geq t_nv_n$, 且$0<c\leq t_1\leq t_2\leq\cdots\leq t_n\leq\cdots\leq 1$, 可得$\lim\limits_{n\to+\infty}t_n=t^*$, 且$0<t^*\leq 1$. 下证$t^*=1$.

事实上, 如果$t^*<1$, 那么$t_n\in(c,t^*), n=1,2,\cdots$. 因为$u_n\geq t_nv_n$, 利用条件($W_2$), 存在一个$\eta>0$, 使得

$$u_{n+1}=A(u_n,v_n)\geq A(t_nv_n,t_n^{-1}u_n)$$

$$\geq t_n(1+\eta)A(v_n,u_n)=t_n(1+\eta)v_{n+1}.$$

即$t_{n+1}\geq t_n(1+\eta), n=1,2,\cdots$. 因此 $t_n\geq t_1(1+\eta)^n\geq c(1+\eta)^n, n=1,2,\cdots$. 当$t_n\to+\infty$, 与前面假设矛盾，所以$t^*=1$.

又因为$0\leq u_{n+p}-u_n\leq v_n-u_n\leq(1-t_n)v_n\leq(1-t_n)v$, 且$||u_{n+p}-u_n||\leq N(1-t_n)||v||$, 其中$N$是$P$的正规常数, 所以$\lim\limits_{n\to+\infty}u_n=u^*$, $\lim\limits_{n\to+\infty}v_n=v^*$. 因为$u_n\leq u^*\leq v^*\leq v_n$, 有$0\leq v^*-u^*\leq v_n-u_n\leq(1-t_n)v$, 所以当$n\to+\infty$

时, $||v^* - u^*|| \le N(1-t_n)||v|| \to 0$. 因此$u^* = v^*$.

令$x^* = u^* = v^*$, 则$x^* \in (0, v)$. 因为$u_n \le x^* \le v_n, n = 1, 2, \cdots$, 可知$u_{n+1} = A(u_n, v_n) \le A(x^*, x^*) \le A(v_n, u_n) = v_{n+1}$, 两端取极限可得$x^* \le A(x^*, x^*) \le x^*$, 所以$A(x^*, x^*) = x^*$, 即$x^*$ 是算子$A$ 的一个不动点.

令$\bar{x}$是算子$A$ 的另一个不动点, 则$u_0 = 0 \le \bar{x} \le v - v_0$, $A(\bar{x}, \bar{x}) = \bar{x}$. 因此$u_1 = A(u_0, v_0) \le A(\bar{x}, \bar{x}) = \bar{x} \le A(v_0, u_0) = v_1$, 即$u_n \le \bar{x} \le v_n, n = 1, 2, \cdots$, 两端取极限, 可得$\bar{x} = x^*$.

最后, 令$x_0, y_0 \in (0, v)$, 有

$$u_n \le x_n \le v_n, u_n \le y_n \le v_n, n = 1, 2, \cdots .$$

由$P$的正规性, 当$n \to \infty$ 时有$u_n \to x^*$, $v_n \to x^*$. □

**引理7.2.2** 令$0 < \alpha \le 1, h: J \to \mathbb{R}$ 是连续的, 函数$y \in PC[0, T]$ 是分数阶积分方程

$$y(t) = \begin{cases} y_0 + \frac{1}{\Gamma(\alpha)} \int_0^t (t-s)^{\alpha-1} h(s) \mathrm{d}s, \ t \in [0, t_1], \\ y_0 + \frac{1}{\Gamma(\alpha)} \sum\limits_{i=1}^{k} \int_{t_{i-1}}^{t_{i+1}} (t_i - s)^{\alpha-1} h(s) \mathrm{d}s + \frac{1}{\Gamma(\alpha)} \int_{t_k}^{t} (t-s)^{\alpha-1} h(s) \mathrm{d}s \\ \quad + \sum\limits_{i=1}^{k} I_i(y(t_i^-)), \ t \in (t_k, t_{k+1}], \ k = 1, 2, \cdots . \end{cases} \tag{7.2.2}$$

的一个解,当且仅当$y$是如下分数阶IVP的一个解.

$$\begin{cases} {}^cD^\alpha y(t) = h(t), \quad t \in [0, T], \ t \ne t_k, \\ \Delta y|_{t=t_k} = I_k(y(t_k^-)), (k = 1, 2, \cdots, m), \\ y(0) = y_0. \end{cases}$$

**证明:** 如果$t \in [0, t_1]$, 由分数阶积分的性质可知

$$y(t) = y_0 + \frac{1}{\Gamma(\alpha)} \int_0^t (t-s)^{\alpha-1} h(s) \mathrm{d}s.$$

如果$t\in(t_1,t_2]$, 可知

$$
\begin{aligned}
y(t)=&y(t_1^+)+\frac{1}{\Gamma(\alpha)}\int_{t_1}^{t}(t-s)^{\alpha-1}h(s)\mathrm{d}s\\
=&\Delta y|_{t=t_1}+y(t_1^-)+\frac{1}{\Gamma(\alpha)}\int_{t_1}^{t}(t-s)^{\alpha-1}h(s)\mathrm{d}s\\
=&I_1(y(t_1^-))+y_0+\frac{1}{\Gamma(\alpha)}\int_{0}^{t_1}(t-s)^{\alpha-1}h(s)\mathrm{d}s\\
&+\frac{1}{\Gamma(\alpha)}\int_{t_1}^{t}(t-s)^{\alpha-1}h(s)\mathrm{d}s.
\end{aligned}
$$

如果$t\in(t_2,t_3]$, 可得

$$
\begin{aligned}
y(t)=&y(t_2^+)+\frac{1}{\Gamma(\alpha)}\int_{t_2}^{t}(t-s)^{\alpha-1}h(s)\mathrm{d}s\\
=&\Delta y|_{t=t_2}+y(t_2^-)+\frac{1}{\Gamma(\alpha)}\int_{t_2}^{t}(t-s)^{\alpha-1}h(s)\mathrm{d}s\\
=&I_1(y(t_2^-))+I_1(y(t_1^-))+y_0+\frac{1}{\Gamma(\alpha)}\int_{0}^{t_1}(t-s)^{\alpha-1}h(s)\mathrm{d}s\\
&+\frac{1}{\Gamma(\alpha)}\int_{t_1}^{t_2}(t-s)^{\alpha-1}h(s)\mathrm{d}s+\frac{1}{\Gamma(\alpha)}\int_{t_2}^{t}(t-s)^{\alpha-1}h(s)\mathrm{d}s.
\end{aligned}
$$

如果$t\in(t_k,t_{k+1}]$, 重复上述运算, 可得(7.2.2).

反之, 假设$y$满足(7.2.2). 如果$t\in[0,t_1]$, 则$y(0)=y_0$, 且对任意的$t\in[0,t_1]$, ${}^cD^\alpha y(t)=h(t)$.

如果$t\in(t_k,t_{k+1}]$, $k=1,2,\cdots,m$, 由分数阶导数的性质, ${}^cD^\alpha C=0$, 其中$C$ 为常数, 可得对任意的$t\in(t_k,t_{k+1}]$, ${}^cD^\alpha y(t)=h(t)$.

根据$y(t)$ 的表达式易知, $\Delta y|_{t=t_k}=T_k(y(t_k^-)),k=1,2,\cdots,m$. □

**定理7.2.1** 假设如下条件都成立,

$(\mathrm{W}_3)$ $f:[0,T]\times[0,+\infty)\to[0,+\infty)$ 是连续的, $g:[0,T]\times[0,+\infty)\to[0,+\infty)$是连续的;

$(\mathrm{W}_4)$ $f(t,u,v)$对于固定的$t\in[0,T]$ 和$v\in[0,\infty)$ 关于$u\in[0,+\infty)$是递增的; 对于固定的$t\in[0,T]$, $u\in[0,+\infty)$ 关于$v\in[0,+\infty)$是递减的; $g(t,v)$对于

固定的$t \in [0,T]$ 关于$v \in [0,+\infty)$ 是递减的;

($W_5$) 对任意的 $t \in [0,T]$, $0 < p < q < 1$, $p \le \lambda \le q$, $u$, $v \in [0,\infty)$, $k = 1,2,\cdots,m$, 存在依赖于 $q$ 的正数 $\beta_1$, $\beta_2$, $\beta_3$, 使得:

$$f(t,\lambda u,\lambda^{-1}v) \ge \frac{\lambda}{1-\lambda^{\beta_1}} f(t,u,v),$$
$$g(t,\lambda^{-1}v) \ge \frac{\lambda}{1-\lambda^{\beta_2}} g(t,v),$$

$$I_k(\lambda u) \ge \frac{\lambda}{1-\lambda^{\beta_3}} I_k(u);$$

($W_6$) 函数$I_k : [0,+\infty) \to \mathbb{R}$ 是连续的并且是非减的, 那么存在一个常数$M^* > 0$ 使得对于任意$u \in [0,+\infty)$, 有$|I_k(u)| \le M^*$, $k = 1,2,\cdots,m$;

($W_7$) $y_0 > mM^* > 0$. 并且存在$R > 0$使得:

$$y_0 + \frac{(m+1)(M_1+M_2)}{\Gamma(\alpha+1)} T^\alpha + mM^* \le R,$$

其中$M_1 = \max\limits_{t\in[0,T]} f(t,R,0)$, $M_2 = \max\limits_{t\in[0,T]} g(t,0)$.

那么IVP(7.3.1)在$P_{[\theta,R]} = \{y \in P_C | 0 \le y(t) \le R, t \in [0,T]\}$上有唯一的正解, 并且$u^*(t) \not\equiv 0, t \in [0,T]$.

对于任意的初始值$x_0, y_0 \in P_C$, 构造序列:

$$x_{n+1}(t) = y_0 + \frac{1}{\Gamma(\alpha)} \sum_{0<t_k<t} \int_{t_{k-1}}^{t_k} (t_k - s)^{\alpha-1} [f(s,x_n(s),y_n(s)) + g(s,y_n(s))] \mathrm{d}s$$
$$+ \frac{1}{\Gamma(\alpha)} \int_{t_k}^{t} (t-s)^{\alpha-1} [f(s,x_n(s),y_n(s)) + g(s,x_n(s)] \mathrm{d}s + \sum_{0<t_k<t} I_k(x_n(t_k^-)),$$
$$y_{n+1}(t) = y_0 + \frac{1}{\Gamma(\alpha)} \sum_{0<t_k<t} \int_{t_{k-1}}^{t_k} (t_k - s)^{\alpha-1} [f(s,y_n(s),x_n(s)) + g(s,x_n(s))] \mathrm{d}s$$
$$+ \frac{1}{\Gamma(\alpha)} \int_{t_k}^{t} (t-s)^{\alpha-1} [f(s,y_n(s),x_n(s)) + g(s,x_n(s))] \mathrm{d}s + \sum_{0<t_k<t} I_k(y_n(t_k^-)),$$

其中$n = 1,2,\cdots$, 那么当$n \to \infty$, 有$\|x_n - u^*\| \to 0$, $\|y_n - u^*\| \to 0$.

**证明:** 由引理7.2.2 可知,IVP(7.2.1) 解的积分形式如下:

$$\begin{aligned}u(t)=&y_0+\frac{1}{\Gamma(\alpha)}\sum_{0<t_k<t}\int_{t_{k-1}}^{t_k}(t_k-s)^{\alpha-1}[f(s,u(s),u(s))+g(s,u(s))]\mathrm{d}s\\&+\frac{1}{\Gamma(\alpha)}\int_{t_k}^{t}(t-s)^{\alpha-1}[f(s,u(s),u(s))+g(s,u(s)]\mathrm{d}s\\&+\sum_{0<t_k<t}I_k(u(t_k^-)).\end{aligned}$$

定义算子$A:P_C\times P_C\to PC[0,T]$ 为

$$\begin{aligned}A(u,v)(t)=&y_0+\frac{1}{\Gamma(\alpha)}\sum_{0<t_k<t}\int_{t_{k-1}}^{t_k}(t_k-s)^{\alpha-1}[f(s,u(s),v(s))+g(s,v(s))]\mathrm{d}s\\&+\frac{1}{\Gamma(\alpha)}\int_{t_k}^{t}(t-s)^{\alpha-1}[f(s,u(s),v(s))+g(s,v(s))]\mathrm{d}s\\&+\sum_{0<t_k<t}I_k(u(t_k^-)).\end{aligned}$$

易知$u$ 是IVP(7.3.1) 的解当且仅当$u$ 是算子$A$ 的一个不动点. 由条件($W_3$), ($W_6$) 和($W_7$)可知

$$\begin{aligned}A(u,v)(t)=&y_0+\frac{1}{\Gamma(\alpha)}\sum_{0<t_k<t}\int_{t_{k-1}}^{t_k}(t_k-s)^{\alpha-1}[f(s,u(s),v(s))+g(s,v(s))]\mathrm{d}s\\&+\frac{1}{\Gamma(\alpha)}\int_{t_k}^{t}(t-s)^{\alpha-1}[f(s,u(s),v(s))+g(s,v(s))]\mathrm{d}s\\&+\sum_{0<t_k<t}I_k(u(t_k^-))\\\geq&y_0-mM^*>0,\end{aligned}$$

其中$u,v\in P_C$, $t\in[0,T]$. 因此 $A:P_C\times P_C\to P_C$.

接下来验证算子$A$满足引理7.2.1的所有条件.

首先, 证明 $A$ 是一个混合单调算子. 事实上, 对于 $u_i,v_i\in P_C,i=1,2$, 且 $u_1\geq u_2$, $v_1\leq v_2$, 可得 $u_1(t)\geq u_2(t)$, $v_1(t)\leq v_2(t)$, $t\in[0,T]$, 根据条件 ($W_4$),

可得

$$
\begin{aligned}
&A(u_1,v_1)(t)\\
=&y_0+\frac{1}{\Gamma(\alpha)}\sum_{0<t_k<t}\int_{t_{k-1}}^{t_k}(t_k-s)^{\alpha-1}[f(s,u_1(s),v_1(s))+g(s,v_1(s))]\mathrm{d}s\\
&+\frac{1}{\Gamma(\alpha)}\int_{t_k}^{t}(t-s)^{\alpha-1}[f(s,u_1(s),v_1(s))+g(s,v_1(s))]\mathrm{d}s\\
&+\sum_{0<t_k<t}I_k(u_1(t_k^-))\\
\geq&y_0+\frac{1}{\Gamma(\alpha)}\sum_{0<t_k<t}\int_{t_{k-1}}^{t_k}(t_k-s)^{\alpha-1}[f(s,u_2(s),v_2(s))+g(s,v_2(s))]\mathrm{d}s\\
&+\frac{1}{\Gamma(\alpha)}\int_{t_k}^{t}(t-s)^{\alpha-1}[f(s,u_2(s),v_2(s))+g(s,v_2(s))]\mathrm{d}s\\
&+\sum_{0<t_k<t}I_k(u_2(t_k^-))\\
=&A(u_2,v_2)(t).
\end{aligned}
$$

即$A(u_1,v_1)\geq A(u_2,v_2)$.

接着，证明算子$A$满足引理7.2.1 的条件($\mathrm{W}_1$). 当 $t\in[0,T]$ 时 $v(t)\equiv R$, 则 $v>0$. 由条件($\mathrm{W}_3$)和($\mathrm{W}_7$)可知

$$
\begin{aligned}
A(v,\theta)(t)=&y_0+\frac{1}{\Gamma(\alpha)}\sum_{0<t_k<t}\int_{t_{k-1}}^{t_k}(t_k-s)^{\alpha-1}[f(s,R,0)+g(s,0)]\mathrm{d}s\\
&+\frac{1}{\Gamma(\alpha)}\int_{t_k}^{t}(t-s)^{\alpha-1}[f(s,R,0)+g(s,0)]\mathrm{d}s+\sum_{0<t_k<t}I_k(R)\\
\geq&y_0-mM^*>0,
\end{aligned}
$$

即$A(v,0)>0$. 所以对任意的$t\in[0,T]$, 可得

$$
\begin{aligned}
A(v,0)(t)\leq&y_0+\frac{m(M_1+M_2)}{\Gamma(\alpha+1)}T^\alpha+\frac{M_1+M_2}{\Gamma(\alpha+1)}T^\alpha+mM^*\\
\leq&R=v(t),
\end{aligned}
$$

即$A(v,0)\leq v$.

取$c \in (0,1)$, 使得$c \le \min\{\frac{m_1+m_2}{M_1+M_2}, \frac{m_3}{M^*}\}$, 其中$m_1 = \min\limits_{t\in[0,T]} f(t,0,R)$, $m_2 = \min\limits_{t\in[0,T]} g(t,R)$, $m_3 = \min\limits_{k\in 1,2,\cdots,m} I_k(0)$. 对任意的$t \in [0,T]$,

$$\begin{aligned}
A(0,v)(t) =& y_0 + \frac{1}{\Gamma(\alpha)} \sum_{0<t_k<t} \int_{t_{k-1}}^{t_k} (t_k - s)^{\alpha-1}[f(s,0,R) + g(s,R)]\mathrm{d}s \\
&+ \frac{1}{\Gamma(\alpha)} \int_{t_k}^{t} (t-s)^{\alpha-1}[f(s,0,R) + g(s,R)]\mathrm{d}s + \sum_{0<t_k<t} I_k(0) \\
\ge& y_0 + \frac{1}{\Gamma(\alpha)} \sum_{0<t_k<t} \int_{t_{k-1}}^{t_k} (t_k - s)^{\alpha-1}(m_1 + m_2)\mathrm{d}s \\
&+ \frac{1}{\Gamma(\alpha)} \int_{t_k}^{t} (t-s)^{\alpha-1}(m_1 + m_2)\mathrm{d}s + \sum_{0<t_k<t} m_3 \\
\ge& y_0 + \frac{1}{\Gamma(\alpha)} \sum_{0<t_k<t} \int_{t_{k-1}}^{t_k} (t_k - s)^{\alpha-1}c(M_1 + M_2)\mathrm{d}s \\
&+ \frac{1}{\Gamma(\alpha)} \int_{t_k}^{t} (t-s)^{\alpha-1}c(M_1 + M_2)\mathrm{d}s + \sum_{0<t_k<t} cM^* \\
\ge& cy_0 + \frac{c}{\Gamma(\alpha)} \sum_{0<t_k<t} \int_{t_{k-1}}^{t_k} (t_k - s)^{\alpha-1}[f(s,R,0) + g(s,0)]\mathrm{d}s \\
&+ \frac{c}{\Gamma(\alpha)} \int_{t_k}^{t} (t-s)^{\alpha-1}[f(s,R,0) + g(s,0)]\mathrm{d}s + c\sum_{0<t_k<t} I_k(R) \\
=& cA(v,0)(t),
\end{aligned}$$

即$A(0,v) \ge cA(v,0)$. 因此, 引理7.2.1的条件$(\mathrm{W}_1)$ 成立.

最后, 证明算子$A$满足引理7.2.1的条件$(\mathrm{W}_2)$. 令$0 < a < b < 1$,

$$\eta = \min\left\{\frac{1}{b} - 1, \frac{1}{1-\alpha^{\beta_1}} - 1, \frac{1}{1-\alpha^{\beta_2}} - 1, \frac{1}{1-\alpha^{\beta_3}} - 1\right\} > 0.$$

对任意的$a \le \lambda \le b$, $x, y \in P_C$, $t \in [0,T]$, 根据条件$(\mathrm{W}_5)$ 可得

$$\begin{aligned}
&A(\lambda x, \lambda^{-1}y)(t) \\
=& y_0 + \frac{1}{\Gamma(\alpha)} \sum_{0<t_k<t} \int_{t_{k-1}}^{t_k} (t_k - s)^{\alpha-1}[f(s, \lambda x(s), \lambda^{-1}y(s))
\end{aligned}$$

$$
\begin{aligned}
&+ g(s, \lambda^{-1}y(s))]\mathrm{d}s \\
&+ \frac{1}{\Gamma(\alpha)}\int_{t_k}^{t}(t-s)^{\alpha-1}[f(s, \lambda x(s), \lambda^{-1}y(s)) + g(s, \lambda^{-1}y(s))]\mathrm{d}s \\
&+ \sum_{0<t_k<t} I_k(\lambda x(t_k^-)) \\
\geq& y_0 + \frac{1}{\Gamma(\alpha)}\sum_{0<t_k<t}\int_{t_{k-1}}^{t_k}(t_k-s)^{\alpha-1}[\frac{\lambda}{1-\lambda^{\beta_1}}f(s, x(s), y(s)) \\
&+ \frac{\lambda}{1-\lambda^{\beta_2}}g(s, y(s))]\mathrm{d}s \\
&+ \frac{1}{\Gamma(\alpha)}\int_{t_k}^{t}(t-s)^{\alpha-1}[\frac{\lambda}{1-\lambda^{\beta_1}}f(s, x(s), y(s)) + \frac{\lambda}{1-\lambda^{\beta_2}}g(s, y(s))]\mathrm{d}s \\
&+ \sum_{0<t_k<t}\frac{\lambda}{1-\lambda^{\beta_3}}I_k(x(t_k^-)) \\
\geq& y_0 + \frac{1}{\Gamma(\alpha)}\sum_{0<t_k<t}\int_{t_{k-1}}^{t_k}(t_k-s)^{\alpha-1}[\frac{\lambda}{1-\alpha^{\beta_1}}f(s, x(s), y(s)) \\
&+ \frac{\lambda}{1-\alpha^{\beta_2}}g(s, y(s))]\mathrm{d}s \\
&+ \frac{1}{\Gamma(\alpha)}\int_{t_k}^{t}(t-s)^{\alpha-1}[\frac{\lambda}{1-\alpha^{\beta_1}}f(s, x(s), y(s)) + \frac{\lambda}{1-\alpha^{\beta_2}}g(s, y(s))]\mathrm{d}s \\
&+ \sum_{0<t_k<t}\frac{\lambda}{1-\alpha^{\beta_3}}I_k(x(t_k^-)) \\
\geq& b(1+\eta)y_0 + \frac{1}{\Gamma(\alpha)}\sum_{0<t_k<t}\int_{t_{k-1}}^{t_k}(t_k-s)^{\alpha-1}[\lambda(1+\eta)f(s, x(s), y(s)) \\
&+ \lambda(1+\eta)g(s, y(s))]\mathrm{d}s \\
&+ \frac{1}{\Gamma(\alpha)}\int_{t_k}^{t}(t-s)^{\alpha-1}[\lambda(1+\eta)f(s, x(s), y(s)) + \lambda(1+\eta)g(s, y(s))]\mathrm{d}s \\
&+ \sum_{0<t_k<t}\lambda(1+\eta)I_k(x(t_k^-)) \\
\geq& \lambda(1+\eta)A(x, y)(t).
\end{aligned}
$$

即对任意的$a \leq \lambda \leq b$, $x, y \in P_C$, $A(\lambda x, \lambda^{-1}y) \geq \lambda(1+\eta)A(x, y)(t)$. 引

理7.2.1中的条件($W_2$) 成立. 由引理7.2.1可知, 结论成立. □

### 7.2.2　例子

**例7.2.1**　讨论如下分数阶脉冲微分方程初值问题:

$$\begin{cases} {}^cDx^{\frac{1}{2}}(t)=[(1+x(t)^{\frac{1}{2}})+(1+x(t)^{-\frac{1}{4}})]+(tx(t)+4)^{\frac{1}{2}}, \quad t\in(0,1),\ t\neq\frac{1}{2}, \\ \Delta x|_{t=\frac{1}{2}}=1+x(\frac{1}{2})^{\frac{1}{2}}, \\ x(0)=0. \end{cases} \tag{7.2.3}$$

**结论:**　初值问题(7.2.3)有唯一的正解$x^*\in P_{[\theta,R]}=\{u\in P_C|0\leq u(t)\leq R,\ t\in[0,1]\}$, 并且对于任意的初值都可以构造迭代序列逼近唯一解.

**证明:**　由方程可知$f(t,x,y)=(1+x(t)^{\frac{1}{2}})+(1+x(t)^{-\frac{1}{4}})$, $g(t,x)=(tx(t)+4)^{\frac{1}{2}}, I_k(x)=1+x(\frac{1}{2})^{\frac{1}{2}}$, 易知条件($W_3$)—($W_7$) 成立. 应用定理7.2.1可得(7.2.3)有唯一正解. □

## 7.3　共形分数阶脉冲微分方程初值问题

### 7.3.1　解的存在唯一性

考虑如下脉冲微分方程初值问题:

$$\begin{cases} -T_\alpha u(t)=f(t,u(t),u(t)),\ 0<\alpha<1,\ t\in[0,1]\backslash\{t_1,t_2,\cdots,t_m\}, \\ \Delta u|_{t=t_k}=I_k(u(t_k),u(t_k)),\ k=1,2,\cdots,m, \\ u(0)=u_0. \end{cases} \tag{7.3.1}$$

令$J=[0,1]$, $\mathbb{R}^+=(0,\infty), f\in C[J\times\mathbb{R}^+\times\mathbb{R}^+,\ \mathbb{R}^+]$, $0<t_1<t_2<\cdots<t_m<1$, $\Delta u|_{t=t_k}=u(t_k^+)-u(t_k^-)$, 其中$u(t_k^+)$ 和$u(t_k^-)$ 分别表示$u(t)$ 在$t=t_k$ 的右极限和左极限, $I_k\in C[\mathbb{R}^+\times\mathbb{R}^+,\mathbb{R}^+]$.

令$PC[J,\mathbb{R}]:=\{x|x:J\to\mathbb{R},x(t)$在$t\neq t_k$处连续, 在$t=t_k$处左连续, $x(t_k^+)$存在, $k=1,2,\cdots,m\}$. 显然$PC[J,\mathbb{R}]$ 是Banach空间, 范数为$||x||_{PC}=\sup\limits_{t\in J}|x(t)|$.

令$\tilde{P}:=\{u\in PC[J,\mathbb{R}],u(t)\geq 0,\forall t\in J\}$, 显然$\tilde{P}$ 是$PC[J,\mathbb{R}]$ 上的一个正规锥, 其正规常数为1.

**引理7.3.1** 令$f\in C[J\times\mathbb{R}^+\times\mathbb{R}^+,\mathbb{R}^-]$, 那么$u\in PC[J,\mathbb{R}]\cap C^1[J',\mathbb{R}]$是方程(7.3.1)在$J$ 上的一个解当且仅当$u\in PC[J,\mathbb{R}]$ 是如下积分方程的解,

$$u(t)=\begin{cases} u_0-\int_0^t s^{\alpha-1}f(s,u(s),u(s))\mathrm{d}s,\ t\in J_0,\\ u_0+I_1(u(t_1),u(t_1))-\int_0^t s^{\alpha-1}f(s,u(s),u(s))\mathrm{d}s,\ t\in J_1,\\ \cdots\\ u_0+\sum\limits_{0<t_k<t}I_k(u(t_k),u(t_k))-\int_0^t s^{\alpha-1}f(s,u(s),u(s))\mathrm{d}s,\ t\in J_k. \end{cases}\tag{7.3.2}$$

**证明:** 如果$t\in J_0$, 对(7.3.1) 的第一个方程取$\alpha$阶时间积分, 可得

$$-I_\alpha T_\alpha u(t)=I_\alpha f(t,u(t),u(t)),$$

$$u(t)=u_0-\int_0^t s^{\alpha-1}f(s,u(s),u(s))\mathrm{d}s.$$

如果$t\in J_1$, 对(7.3.1)的第一个方程取 $\alpha$ 阶时间积分, 可得

$$-\int_0^{t_1}u'(s)\mathrm{d}s-\int_{t_1}^t u'(s)\mathrm{d}s=\int_0^t s^{\alpha-1}f(s,u(s),u(s))\mathrm{d}s.$$

$$u(t)=u_0+I_1(u(t_1))-\int_0^t s^{\alpha-1}f(s,u(s),u(s))\mathrm{d}s.$$

如果$t\in J_k$, 可得

$$\begin{aligned}-I_\alpha T_\alpha u(t)&=-\int_0^{t_1}u'(s)\mathrm{d}s-\int_{t_1}^{t_2}u'(s)\mathrm{d}s-\cdots-\int_{t_k}^t u'(s)\mathrm{d}s\\&=u(0)+\sum_{0<t_k<t}I_k(u(t_k),u(t_k))-u(t).\end{aligned}$$

因此, 可以得到

$$u(t)=u(0)+\sum_{0<t_k<t}I_k(u(t_k),u(t_k))-\int_0^t s^{\alpha-1}f(s,u(s),u(s))\mathrm{d}s.$$

由此可知(7.3.1)的等价积分形式为(7.3.2).

下面接着证明(7.3.2)满足(7.3.1) 的各个方程.

如果$t \in J_0$, 令$t=0$, 根据(7.3.1)可知$u(0)=u_0$.

如果$t \in J_1$, 对(7.3.1)两端同时取$\alpha$ 阶共形积分有

$$\begin{aligned} T_\alpha u(t) &= T_\alpha\{u(0)+I_1(u(t_1),u(t_1))-\int_0^t s^{\alpha-1}f(s,u(s),u(s))\mathrm{d}s\} \\ &= -t^{1-\alpha}\frac{d}{dt}\int_0^t s^{\alpha-1}f(s,u(s),u(s))\mathrm{d}s=-f(t,u(t),u(t)). \end{aligned}$$

如果$u(t)=u_0-\int_0^t s^{\alpha-1}f(s,u(s),u(s))\mathrm{d}s$, 令$t\to t_1^-$ 可得

$$u(t_1^-)=u_0-\int_0^{t_1^-} s^{\alpha-1}f(s,u(s),u(s))\mathrm{d}s.$$

如果$u(t)=u_0+I_1(u(t_1),u(t_1))-\int_0^t s^{\alpha-1}f(s,u(s),u(s))\mathrm{d}s$, 令$t\to t_1^+$ 可得

$$u(t_1^+)=u_0+I_1(u(t_1),u(t_1))-\int_0^{t_1^+} s^{\alpha-1}f(s,u(s),u(s))\mathrm{d}s.$$

两式相减, 可得

$$I_1(u(t_1),u(t_1))=u(t_1^+)-u(t_1^-).$$

当$t\in J_k$, 同理可得上述结论. 因此(7.3.1)与(7.3.2) 等价. □

**定理7.3.1** 假设

($W_8$) $f: J\times\mathbb{R}^+\times\mathbb{R}^+\to(-\infty,0]$, 其中$t\in J$, $x,y\in\mathbb{R}^+$, 并且$f(t,x,y)$ 对于任意的$t\in J$, $y\in\mathbb{R}^+$关于$x$ 单调递减, 对于任意的$t\in J$, $y\in\mathbb{R}^+$ 关于$y$单调递增, 并且对任意的$t\in J$, $f(t,\frac{1}{2},1)<0$.

($W_9$) $k=1,2,\cdots,m$, $I_k:\mathbb{R}^+\times\mathbb{R}^+\to\mathbb{R}^+$, $I_k(x,y)$ 对于任意的$x\in\mathbb{R}^+$ 关于$y$ 非增, 对于任意的$y\in\mathbb{R}^+$ 关于$x$ 非减.

($W_{10}$) 对于任意的$\gamma\in(0,1)$, 存在$\varphi_1(\gamma),\varphi_2(\gamma)\in(\gamma,1)$ 使得

$$f(t,\gamma x,\gamma^{-1}y)\le\varphi_1(\gamma)f(t,x,y),\ I_k(\gamma x,\gamma^{-1}y)\ge\varphi_2(\gamma)I_k(x,y),$$

其中$x,y\in\mathbb{R}^+$, $k=1,2,\cdots,m$.

则方程在$J$ 上存在唯一解 $x^*$，对于任意的初值 $x_0$，$y_0 \in P_h$ 可以构造迭代序列

$$x_n = A(x_{n-1}, y_{n-1}),\ y_n = A(y_{n-1}, x_{n-1}),\ n = 1, 2, \cdots,$$

使得当$n \to \infty$ 时, $x_n \to x^*$, $y_n \to x^*$.

**证明:** 定义算子$A : PC[J, \mathbb{R}] \times PC[J, \mathbb{R}] \to PC[J, \mathbb{R}]$,

$$A(x, y)(t) = u(0) + \sum_{0<t_k<t} I_k(x(t_k), y(t_k)) - \int_0^t s^{\alpha-1} f(s, x(s), y(s))\mathrm{d}s.$$

根据$(\mathrm{W}_8)$,$(\mathrm{W}_9)$可知对任意的$x, y \in \tilde{P}, t \in J$, 有$A(x, y)(t) \geq 0$. 因此$A : \tilde{P} \times \tilde{P} \to \tilde{P}$, 且$A$ 是混合单调算子.

第一步, 证明存在$\varphi(\gamma) \in (\gamma, 1]$, 使得$A(\gamma x, \gamma^{-1} y) \geq \varphi(\gamma) A(x, y)$，$x, y \in \tilde{P}$，$\gamma \in (0, 1)$.

令$\varphi(\gamma) = \min\{\varphi_1(\gamma), \varphi_2(\gamma)\}$，$\gamma \in (0, 1)$, 根据$(\mathrm{W}_{10})$ 有$\varphi(\gamma) \in (\gamma, 1)$. 因此对任意的$\gamma \in (0, 1)$, $x, y \in \tilde{P}$, 根据条件$(\mathrm{W}_8)$, $(\mathrm{W}_9)$, $(\mathrm{W}_{10})$, 对任意$t \in J$有

$$\begin{aligned}
A(\gamma x, \gamma^{-1} y)(t) =& u(0) + \sum_{0<t_k<t} I_k(\gamma x(t_k), \gamma^{-1} y(t_k)) \\
& - \int_0^t s^{\alpha-1} f(s, \gamma x(s), \gamma^{-1} y(s))\mathrm{d}s \\
\geq & u(0) + \varphi_2(\gamma) \sum_{0<t_k<t} I_k(x(t_k), y(t_k)) \\
& - \varphi_1(\gamma) \int_0^t s^{\alpha-1} f(s, x(s), y(s))\mathrm{d}s \\
\geq & \varphi(\gamma) A(x, y)(t),
\end{aligned}$$

即$A(\gamma x, \gamma^{-1} y)(t) \geq \varphi(\gamma) A(x, y)(t)$，$\forall \gamma \in (0, 1), x, y \in \tilde{P}$.

第二步, 证明存在$h \in P$, 使得$A(h, h) \in P_h$.

令$h(t) = \frac{1}{2} + \int_0^t s^{\alpha-1}\mathrm{d}s = \frac{1}{2} + \frac{t^\alpha}{\alpha}$，$t \in J$. 可得$\frac{1}{2} \leq h(t) \leq \frac{1}{2} + \frac{1}{\alpha}$，$t \in J$. 令

$$r_1 = \min_{t \in J}\{-f(t, \frac{1}{2}, \frac{1}{2} + \frac{1}{\alpha})\},\ r_2 = \min_{t \in J}\{-f(t, \frac{1}{2} + \frac{1}{\alpha}, \frac{1}{2})\},\ r_3 = \min\{2u_0, r_1\}$$

有$0\le r_1\le r_2$, 根据条件$(\mathrm{W}_8)$, $(\mathrm{W}_9)$, 有

$$\begin{aligned}A(h,h)&=u(0)+\sum_{0<t_k<t}I_k(h(t_k),h(t_k))-\int_0^t s^{\alpha-1}f(s,h(s),h(s))\mathrm{d}s\\&\ge u(0)+\int_0^t s^{\alpha-1}[-f(s,\frac{1}{2}+\frac{1}{\alpha},\frac{1}{2})]\mathrm{d}s\\&\ge u(0)+r_1\int_0^t s^{\alpha-1}\mathrm{d}s\ge\frac{1}{2}r_3+r_3\int_0^t s^{\alpha-1}\mathrm{d}s=r_3h(t).\end{aligned}$$

同理有

$$\begin{aligned}A(h,h)&=u(0)+\sum_{0<t_k<t}I_k(h(t_k),h(t_k))-\int_0^t s^{\alpha-1}f(s,h(s),h(s))\mathrm{d}s\\&\le u(0)+\sum_{0<t_k<t}I_k(\frac{1}{2}+\frac{1}{\alpha},\frac{1}{2})+\int_0^t s^{\alpha-1}[-f(s,\frac{1}{2}+\frac{1}{\alpha},\frac{1}{2})]\mathrm{d}s\\&\le u(0)+r_2\int_0^t s^{\alpha-1}\mathrm{d}s+\sum_{0<t_k<t}I_k(\frac{1}{2}+\frac{1}{\alpha},\frac{1}{2})\\&\le 2[u_0+r_2+\sum_{0<t_k<t}I_k(\frac{1}{2}+\frac{1}{\alpha},\frac{1}{2})]h(t).\end{aligned}$$

因此可得

$$r_3h\le A(h,h)\le 2[u_0+r_2+\sum_{0<t_k<t}I_k(\frac{1}{2}+\frac{1}{\alpha},\frac{1}{2})]h,$$

即$A(h,h)\in P_h$.

由此可得算子$A$ 有唯一的不动点, 因此(7.3.1) 存在唯一的解$x^*$. 此外对于任意初值$x_0,y_0\in\tilde{P}$, 构造连续的序列$x_n=A(x_{n-1},y_{n-1})$, $y_n=A(y_{n-1},x_{n-1})$, $n=1,2,\cdots$, 当$n\to\infty$ 时, $x_n\to x^*$, $y_n\to x^*$. □

### 7.3.2　例子

**例7.3.1**　考虑如下共形分数阶脉冲微分方程:

$$\begin{cases}-T_{\frac{1}{2}}x(t)=-2[(1+x(t)^{\frac{1}{2}})+(1+x(t)^{-\frac{1}{4}})],\\\Delta x|_{t=\frac{1}{3}}=(1+x(\frac{1}{3}))^{\frac{1}{2}}+(1+x(\frac{1}{3}))^{-\frac{1}{4}},\\x(0)=1,\quad t\in(0,1),\ t\ne\frac{1}{3}.\end{cases}\tag{7.3.3}$$

**结论:** 带有脉冲项的共形分数阶微分方程初值问题 (7.3.3) 在 $P_h$ 中有唯一的正解, 其中 $h(t)=\frac{1}{2}+\int_0^t x^{\alpha-1}\mathrm{d}x$, 并且该唯一的正解在 $[0\ ,\frac{1}{3})\cup(\frac{1}{3}\ ,1]$ 上连续可导.

**证明:** 令$J=[0,1]$, $t_1=\frac{1}{3}$, $f(t,x,y)=-2(1+x(t))^{\frac{1}{2}}-2(1+y(t))^{-\frac{1}{4}}$. 显然, $f(t,x,y)$ 在$y\geq 0$ 时关于$x$ 单调递减, 在$x\geq 0$ 时关于$y$ 单调递增. 令$I_1(x,y)=(1+x(t))^{\frac{1}{2}}+(1+y(t))^{-\frac{1}{4}}$, $I_1(x,y)$ 在$y>0$ 时关于$x$ 单调递增, 在$x>0$ 时关于$y$ 单调递减. 令$\varphi(\gamma)=\gamma^{\frac{1}{2}},\gamma\in(0,1)$, 则有

$$\begin{aligned}f(t,\gamma x,\gamma^{-1}y)&=-2(1+\gamma x(t))^{\frac{1}{2}}-2(1+\gamma^{-1}y(t))^{-\frac{1}{4}}\\&\leq\varphi(\gamma)f(t,x(t),y(t)),\\I_1(\gamma x,\gamma^{-1}y)&=(1+\gamma x(t))^{\frac{1}{2}}+(1+\gamma^{-1}y(t))^{-\frac{1}{4}}\\&\geq\varphi(\gamma)I_1(x(t),y(t)).\end{aligned}$$

定理7.3.1的所有条件成立, 因此, 方程(7.3.3)有唯一解. □

## 7.4 分数阶脉冲微分方程混合边值问题

本节研究如下一类分数阶非线性脉冲微分方程解的存在唯一性:

$$\begin{cases}{}^cD^\alpha u(t)=f(t,u(t)),\quad 1<\alpha\leq 2,t\in J',\\ \Delta u(t_k)=I_k(u(t_k)),\quad \Delta u'(t_k)=I_k^*(u(t_k)),\quad k=1,2,\cdots,p,\\ Tu'(0)=-au(0)-bu(T),\\ Tu'(T)=-cu(0)-du(T),\quad a,b,c,d\in\mathbb{R},\end{cases}\tag{7.4.1}$$

其中${}^cD^\alpha$是Caputo 型分数阶导数, $f\in C[J\times\mathbb{R},\mathbb{R}],I_k,I_k^*\in C[\mathbb{R},\mathbb{R}]$, $J=[0,T](T>0)$, $0=t_0<t_1<\cdots<t_k<\cdots<t_p<t_{p+1}=T$, $J'=J\setminus\{t_1,t_2,\cdots,t_p\}$, $\Delta u(t_k)=u(t_k^+)-u(t_k^-)$, $u(t_k^+)$和$u(t_k^-)$ 分别表示$u(t)$在$t=t_k(k=1,2,\cdots,p)$ 时的右极限和左极限. $\Delta u'(t_k)=u'(t_k^+)-u'(t_k^-)$, $u'(t_k^+)$

和$u'(t_k^-)$分别表示$u'(t)$在$t=t_k(k=1,2,\cdots,p)$ 时的右极限和左极限.

设$J_0=[0,t_1],J_1=(t_1,t_2],\cdots,J_{p-1}=(t_{p-1},t_p]$, $J_p=(t_p,T]$, 引入空间$PC[J,\mathbb{R}]=\{u:J\to\mathbb{R}|u\in C(J_k)$, $k=0,1,\cdots,p$, 且$u(t_k^+)$存在, $k=1,2,\cdots,p$ }, 其中范数$||u||=\sup\limits_{t\in J}|u(t)|$. 令$PC^1[J,\mathbb{R}]=\{u:J\to\mathbb{R}|u\in C^1(J_k)$, $k=0,1,\cdots,p$, 且$u(t_k^+),u'(t_k^+)$ 存在, $k=1,2,\cdots,p$ }, 其中范数$||u||_{PC^1}=\max\{||u||,||u'||\}$. 显然, $PC[J,\mathbb{R}],PC^1[J,\mathbb{R}]$是Banach 空间.

### 7.4.1 解的存在唯一性

为了方便起见, 设

$$\lambda_1(t)=\frac{(b+d)T+(ad-bc)t}{\Lambda T},\quad \lambda_2(t)=\frac{(b+1)T+(a+b)t}{\Lambda},$$
$$\lambda_3(t)=\frac{(1-d)(T+at)+b(c+1)t}{\Lambda},\quad \lambda_4(t)=\frac{|ad|+|bc|}{T|\Lambda|},\quad \lambda_5(t)=\frac{|a+b|}{|\Lambda|},$$

其中

$$\Lambda=(b+1)(c+d)-(a+b)(d-1)\neq 0.$$

定义算子$T:PC[J,\mathbb{R}]\to PC[J,\mathbb{R}]$,

$$\begin{aligned}Tu(t)=&\int_{t_k}^{t}\frac{(t-s)^{\alpha-1}}{\Gamma(\alpha)}f(s,u(s))\mathrm{d}s+\lambda_1(t)\int_{t_p}^{T}\frac{(T-s)^{\alpha-1}}{\Gamma(\alpha)}f(s,u(s))\mathrm{d}s\\&-\lambda_2(t)\int_{t_p}^{T}\frac{(T-s)^{\alpha-2}}{\Gamma(\alpha-1)}f(s,u(s))\mathrm{d}s\\&+\sum_{i=1}^{k}\left[\int_{t_i-1}^{t_i}\frac{(t_i-s)^{\alpha-1}}{\Gamma(\alpha)}f(s,u(s))\mathrm{d}s+I_i(u(t_i))\right]\\&+\sum_{i=1}^{k-1}(t_k-t_i)\left[\int_{t_{i-1}}^{t_i}\frac{(t_i-s)^{\alpha-2}}{\Gamma(\alpha-1)}f(s,u(s))\mathrm{d}s+I_i^*(u(t_i))\right]\\&+\sum_{i=1}^{k}(t-t_k)\left[\int_{t_{i-1}}^{t_i}\frac{(t_i-s)^{\alpha-2}}{\Gamma(\alpha-1)}f(s,u(s))\mathrm{d}s+I_i^*(u(t_i))\right]\end{aligned}$$

$$+\lambda_1(t)\sum_{i=1}^{p}\left[\int_{t_{i-1}}^{t_i}\frac{(t_i-s)^{\alpha-1}}{\Gamma(\alpha)}f(s,u(s))\mathrm{d}s+I_i(u(t_i))\right]$$
$$+\lambda_1(t)\sum_{i=1}^{p-1}(t_p-t_i)\left[\int_{t_{i-1}}^{t_i}\frac{(t_i-s)^{\alpha-2}}{\Gamma(\alpha-1)}f(s,u(s))\mathrm{d}s+I_i^*(u(t_i))\right]$$
$$-\sum_{i=1}^{p}[\lambda_3(t)+\lambda_1(t)t_p]\left[\int_{t_{i-1}}^{t_i}\frac{(t_i-s)^{\alpha-2}}{\Gamma(\alpha-1)}f(s,u(s))\mathrm{d}s+I_i^*(u(t_i))\right].$$

**定理7.4.1** 算子$T:PC[J,\mathbb{R}]\to PC[J,\mathbb{R}]$ 是全连续算子.

**证明:** 由$f,I_k$和$I_k^*$的连续性可知算子$T$ 是连续算子. 令$\Omega\subset PC[J,\mathbb{R}]$是有界区域, 那么存在常数$L_i>0$ $(i=1,2,3)$, 使得$\forall u\in\Omega$, $|f(t,u)|\le L_1$,$|I_k(u)|\le L_2$, $|I_k^*(u)|\le L_3$, 且

$$|Tu(t)|\le\int_{t_k}^{t}\frac{(t-s)^{\alpha-1}}{\Gamma(\alpha)}|f(s,u(s))|\mathrm{d}s+|\lambda_1(t)|\int_{t_p}^{T}\frac{(T-s)^{\alpha-1}}{\Gamma(\alpha)}|f(s,u(s))|\mathrm{d}s$$
$$+|\lambda_2(t)|\int_{t_p}^{T}\frac{(T-s)^{\alpha-2}}{\Gamma(\alpha-1)}|f(s,u(s))|\mathrm{d}s$$
$$+\sum_{i=1}^{k}\left[|\lambda_1(t)|\int_{t_{i-1}}^{t_i}\frac{(t_i-s)^{\alpha-1}}{\Gamma(\alpha)}|f(s,u(s))|\mathrm{d}s+|I_i(u(t_i))|\right]$$
$$+\sum_{i=1}^{k-1}(t_k-t_i)\left[\int_{t_{i-1}}^{t_i}\frac{(t_i-s)^{\alpha-2}}{\Gamma(\alpha-1)}|f(s,u(s))|\mathrm{d}s+|I_i^*(u(t_i))|\right]$$
$$+\sum_{i=1}^{k}(t-t_k)\left[\int_{t_{i-1}}^{t_i}\frac{(t_i-s)^{\alpha-2}}{\Gamma(\alpha-1)}|f(s,u(s))|\mathrm{d}s+|I_i^*(u(t_i))|\right]$$
$$+|\lambda_1(t)|\sum_{i=1}^{p}\left[\int_{t_{i-1}}^{t_i}\frac{(t_i-s)^{\alpha-1}}{\Gamma(\alpha)}|f(s,u(s))|\mathrm{d}s+|I_i(u(t_i))|\right]$$
$$+|\lambda_1(t)|\sum_{i=1}^{p-1}(t_p-t_i)\left[\int_{t_{i-1}}^{t_i}\frac{(t_i-s)^{\alpha-2}}{\Gamma(\alpha-1)}|f(s,u(s))|\mathrm{d}s+|I_i^*(u(t_i))|\right]$$
$$+\sum_{i=1}^{p}[|\lambda_3(t)|+|\lambda_1(t)|t_p]\left[\int_{t_{i-1}}^{t_i}\frac{(t_i-s)^{\alpha-2}}{\Gamma(\alpha-1)}|f(s,u(s))|\mathrm{d}s+|I_i^*(u(t_i))|\right]$$
$$\le L_1\int_{t_k}^{t}\frac{(t-s)^{\alpha-1}}{\Gamma(\alpha)}\mathrm{d}s+|\lambda_1(t)|L_1\int_{t_p}^{T}\frac{(T-s)^{\alpha-1}}{\Gamma(\alpha)}\mathrm{d}s$$

$$
\begin{aligned}
&+|\lambda_2(t)|L_1\int_{t_p}^{T}\frac{(T-s)^{\alpha-2}}{\Gamma(\alpha-1)}\mathrm{d}s+\sum_{i=1}^{p}\left[L_1\int_{t_{i-1}}^{t_i}\frac{(t_i-s)^{\alpha-1}}{\Gamma(\alpha)}\mathrm{d}s+L_2\right]\\
&+\sum_{i=1}^{p-1}T\left[L_1\int_{t_{i-1}}^{t_i}\frac{(t_i-s)^{\alpha-2}}{\Gamma(\alpha-1)}\mathrm{d}s+L_3\right]\\
&+\sum_{i=1}^{p}T\left[L_1\int_{t_{i-1}}^{t_i}\frac{(t_i-s)^{\alpha-2}}{\Gamma(\alpha-1)}\mathrm{d}s+L_3\right]\\
&+|\lambda_1(t)|\sum_{i=1}^{p}\left[L_1\int_{t_{i-1}}^{t_i}\frac{(t_i-s)^{\alpha-1}}{\Gamma(\alpha)}\mathrm{d}s+L_2\right]\\
&+|\lambda_1(t)|\sum_{i=1}^{p-1}T\left[L_1\int_{t_{i-1}}^{t_i}\frac{(t_i-s)^{\alpha-2}}{\Gamma(\alpha-1)}\mathrm{d}s+L_3\right]\\
&+\sum_{i=1}^{p}[|\lambda_3(t)|+T|\lambda_1(t)|]T\left[L_1\int_{t_{i-1}}^{t_i}\frac{(t_i-s)^{\alpha-2}}{\Gamma(\alpha-1)}\mathrm{d}s+L_3\right]\\
\leqslant&\frac{(1+p)(1+|\lambda_1(t)|)T^{\alpha}L_1}{\Gamma(\alpha+1)}\\
&+\frac{[(2p-1)(1+T|\lambda_1(t)|)+p|\lambda_3(t)|+|\lambda_2(t)|]T^{\alpha-1}L_1}{\Gamma(\alpha)}\\
&+(1+|\lambda_1(t)|)pL_2+[(2p-1)(1+T|\lambda_1(t)|)+p|\lambda_3(t)|]L_3.
\end{aligned}
$$

由于$t\in[0,T]$, 所以存在一个正数$L$, 使得$||Tu||\leq L$, 即算子$T$一致有界.

另一方面，对任意的$t\in J_k$，$0\leq k\leq p$, 有

$$
\begin{aligned}
&|(Tu)'(t)|\\
\leqslant&\int_{t_k}^{t}\frac{(t-s)^{\alpha-2}}{\Gamma(\alpha-1)}|f(s,u(s))|\mathrm{d}s+|\lambda_4|\int_{t_p}^{T}\frac{(T-s)^{\alpha-1}}{\Gamma(\alpha)}|f(s,u(s))|\mathrm{d}s\\
&+|\lambda_5|\int_{t_p}^{T}\frac{(T-s)^{\alpha-2}}{\Gamma(\alpha-1)}|f(s,u(s))|\mathrm{d}s\\
&+\sum_{i=1}^{p}\left[\int_{t_{i-1}}^{t_i}\frac{(t_i-s)^{\alpha-2}}{\Gamma(\alpha-1)}|f(s,u(s))|\mathrm{d}s+|I_i^*(u(t_i))|\right]\\
&+\lambda_4\sum_{i=1}^{p}\left[\int_{t_{i-1}}^{t_i}\frac{(t_i-s)^{\alpha-1}}{\Gamma(\alpha)}|f(s,u(s))|\mathrm{d}s+|I_i(u(t_i))|\right]
\end{aligned}
$$

$$
\begin{aligned}
&+\lambda_4\sum_{i=1}^{p-1}(t_p-t_i)\left[\int_{t_{i-1}}^{t_i}\frac{(t_i-s)^{\alpha-2}}{\Gamma(\alpha-1)}|f(s,u(s))|\mathrm{d}s+|I_i^*(u(t_i))|\right]\\
&+\sum_{i=1}^{p}\left|\frac{(a+b)T+(bc-ad)(T-t_p)}{T\Lambda}\right|\\
&\times\left[\int_{t_{i-1}}^{t_i}\frac{(t_i-s)^{\alpha-2}}{\Gamma(\alpha-1)}|f(s,u(s))|\mathrm{d}s+|I_i^*(u(t_i))|\right]\\
\leq& L_1\int_{t_k}^{t}\frac{(t-s)^{\alpha-2}}{\Gamma(\alpha-1)}\mathrm{d}s+\lambda_4L_1\int_{t_p}^{T}\frac{(T-s)^{\alpha-1}}{\Gamma(\alpha)}\mathrm{d}s\\
&+\lambda_5L_1\int_{t_p}^{T}\frac{(T-s)^{\alpha-2}}{\Gamma(\alpha-1)}\mathrm{d}s+\sum_{i=1}^{p}\left[L_1\int_{t_{i-1}}^{t_i}\frac{(t_i-s)^{\alpha-2}}{\Gamma(\alpha-1)}\mathrm{d}s+L_3\right]\\
&+\lambda_4\sum_{i=1}^{p}\left[L_1\int_{t_{i-1}}^{t_i}\frac{(t_i-s)^{\alpha-12}}{\Gamma(\alpha)}\mathrm{d}s+L_2\right]\\
&+\lambda_4\sum_{i=1}^{p-1}\left[L_1\int_{t_{i-1}}^{t_i}\frac{(t_i-s)^{\alpha-2}}{\Gamma(\alpha-1)}\mathrm{d}s+L_3\right]\\
&+\sum_{i=1}^{p}(\lambda_5+T\lambda_4)\left[L_1\int_{t_{i-1}}^{t_i}\frac{(t_i-s)^{\alpha-1}}{\Gamma(\alpha)}\mathrm{d}s+L_3\right]\\
\leq&\frac{(1+p)\lambda_4T^{\alpha}L_1}{\Gamma(\alpha+1)}+[(1+p)(1+\lambda_5)+(1+pT)\lambda_4]\frac{T^{\alpha-1}L_1}{\Gamma(\alpha)}\\
&+p\lambda_4L_2+[p+(1+pT)\lambda_4+(1+p)\lambda_5]L_3:=\bar{L}.
\end{aligned}
$$

因此, 若$t_1,t_2\in J_k,t_1<t_2,0\leq k\leq p$, 有

$$
|(Tu)(t_2)-(Tu)(t_1)|\leq\int_{t_1}^{t_2}|(Tu)'(s)|\mathrm{d}s\leq\bar{L}(t_2-t_1),
$$

则算子$T$在所有的$J_k(k=0,1,2,\cdots,p)$ 上等度连续. 由Arzela-Ascoli 定理可知, 算子$T:PC[J,\mathbb{R}]\to PC[J,\mathbb{R}]$是全连续算子. □

**定理7.4.2** 若$\lim\limits_{u\to0}\dfrac{f(t,u)}{u}=0$, $\lim\limits_{u\to0}\dfrac{I_k(u)}{u}=0$, $\lim\limits_{u\to0}\dfrac{I_k^*(u)}{u}=0$, 则方程(7.4.1)至少存在一个解.

**证明:** 由于$\lim\limits_{u\to0}\dfrac{f(t,u)}{u}=0$, $\lim\limits_{u\to0}\dfrac{I_k(u)}{u}=0$, $\lim\limits_{u\to0}\dfrac{I_k^*(u)}{u}=0$, 因此存在一个常数$r>0$, 使得$0<|u|<r$时, $|f(t,u)|\leq\delta_1|u|$, $|I_k(u)|\leq\delta_2|u|$, $|I_k^*(u)|\leq\delta_3|u|$,

其中$\delta_i > 0(i=1,2,3)$ 满足不等式:

$$\sup_{t\in J}\left\{\frac{(1+p)(1+|\lambda_1(t)|)T^\alpha\delta_1}{\Gamma(\alpha+1)}\right.$$
$$+\frac{[(2p-1)(1+T|\lambda_1(t)|)+p|\lambda_3(t)|+|\lambda_2(}{\Gamma(\alpha)}$$
$$+(1+|\lambda_1(t)|)p\delta_2+[(2p-1)(1+T|\lambda_1(t)|)+$$

令$\Omega=\{u\in PC[J,\mathbb{R}]\mid ||u||<r\}$, 取$u\in PC[J,\mathbb{R}]$, 使

$\partial\Omega$. 因此

$$|Tu(t)| \le \sup_{t\in J}\left\{\frac{(1+p)(1+|\lambda_1(t)|)T^\alpha\delta_1}{\Gamma(\alpha+1)}\right.$$
$$+\frac{[(2p-1)(1+T|\lambda_1(t)|)+p|\lambda_3(t)|+|\lambda_2(t)|]T^{\alpha-1}\delta_1}{\Gamma(\alpha)}$$
$$\left.+(1+|\lambda_1(t)|)p\delta_2+[(2p-1)(1+T|\lambda_1(t)|)+p|\lambda_3(t)|]\delta_3\right\}$$

由此可得$||Tu||\le||u||$, $u\in\partial\Omega$, 所以算子$T$至少有一个不动点, 因此(7.4.

少有一个解$u\in\bar{\Omega}$.

**定理7.4.3** 假设存在正数$L_i(i=1,2,3)$, 使得

$$|f(t,u)|\le L_1,\quad |I_k(u)|\le L_2,\quad |I_k^*(u)|\le L_3,\quad t\in J, u\in\mathbb{R}, k=1,2,\cdots,p.$$

则方程(7.4.1)至少存在一个解.

**证明:** 令 $V=\{u\in PC[J,\mathbb{R}]|u=\mu Tu, 0<\mu<1\}$, 显然 $V$ 有界. 令 $u\in V$, 则对任意的 $t\in J$, $0<\mu<1$, $u=\mu Tu$, 可得

$$u(t)=\int_{t_k}^{t}\frac{\mu(t-s)^{\alpha-1}}{\Gamma(\alpha)}f(s,u(s))\mathrm{d}s+\lambda_1(t)\int_{t_p}^{T}\frac{\mu(T-s)^{\alpha-1}}{\Gamma(\alpha)}f(s,u(s))\mathrm{d}s$$
$$-\lambda_2(t)\int_{t_p}^{T}\frac{\mu(T-s)^{\alpha-2}}{\Gamma(\alpha-1)}f(s,u(s))\mathrm{d}s$$
$$+\sum_{i=1}^{k}\mu\left[\int_{t_{i-1}}^{t_i}\frac{(t_i-s)^{\alpha-1}}{\Gamma(\alpha)}f(s,u(s))\mathrm{d}s+I_i(u(t_i))\right]$$

$$
\begin{aligned}
&+\sum_{i=1}^{k-1}\mu(t_k-t_i)\left[\int_{t_i-1}^{t_i}\frac{(t_i-s)^{\alpha-2}}{\Gamma(\alpha-1)}f(s,u(s))\mathrm{d}s+I_i^*(u(t_i))\right]\\
&+\sum_{i=1}^{k}\mu(t-t_k)\left[\int_{t_i-1}^{t_i}\frac{(t_i-s)^{\alpha-2}}{\Gamma(\alpha-1)}f(s,u(s))\mathrm{d}s+I_i^*(u(t_i))\right]\\
&+\lambda_1(t)\sum_{i=1}^{p}\mu\left[\int_{t_i-1}^{t_i}\frac{(t_i-s)^{\alpha-1}}{\Gamma(\alpha)}f(s,u(s))\mathrm{d}s+I_i(u(t_i))\right]\\
&+\lambda_1(t)\sum_{i=1}^{p-1}\mu(t_p-t_i)\left[\int_{t_i-1}^{t_i}\frac{(t_i-s)^{\alpha-2}}{\Gamma(\alpha-1)}f(s,u(s))\mathrm{d}s+I_i^*(u(t_i))\right]\\
&-\sum_{i=1}^{p}\mu\left[\lambda_3(t)+\lambda_1(t)t_p\right]\left[\int_{t_i-1}^{t_i}\frac{(t_i-s)^{\alpha-2}}{\Gamma(\alpha-1)}f(s,u(s))\mathrm{d}s+I_i^*(u(t_i))\right].
\end{aligned}
$$

由条件可得

$$
\begin{aligned}
|u(t)|=&\mu|Tu(t)|\\
\le&\int_{t_k}^{t}\frac{(t-s)^{\alpha-1}}{\Gamma(\alpha)}|f(s,u(s))|\mathrm{d}s\\
&+|\lambda_1(t)|\int_{t_p}^{T}\frac{(T-s)^{\alpha-1}}{\Gamma(\alpha)}|f(s,u(s))|\mathrm{d}s\\
&+|\lambda_2(t)|\int_{t_p}^{T}\frac{(T-s)^{\alpha-2}}{\Gamma(\alpha-1)}|f(s,u(s))|\mathrm{d}s\\
&+\sum_{i=1}^{k}\left[\int_{t_i-1}^{t_i}\frac{(t_i-s)^{\alpha-1}}{\Gamma(\alpha)}|f(s,u(s))|\mathrm{d}s+|I_i(u(t_i))|\right]\\
&+\sum_{i=1}^{k-1}(t_k-t_i)\left[\int_{t_i-1}^{t_i}\frac{(t_i-s)^{\alpha-2}}{\Gamma(\alpha-1)}|f(s,u(s))|\mathrm{d}s+|I_i^*(u(t_i))|\right]\\
&+\sum_{i=1}^{k}(t-t_k)\left[\int_{t_i-1}^{t_i}\frac{(t_i-s)^{\alpha-2}}{\Gamma(\alpha-1)}|f(s,u(s))|\mathrm{d}s+|I_i^*(u(t_i))|\right]\\
&+|\lambda_1(t)|\sum_{i=1}^{p}\left[\int_{t_i-1}^{t_i}\frac{(t_i-s)^{\alpha-1}}{\Gamma(\alpha)}|f(s,u(s))|\mathrm{d}s+|I_i(u(t_i))|\right]\\
&+|\lambda_1(t)|\sum_{i=1}^{p-1}(t_p-t_i)\left[\int_{t_i-1}^{t_i}\frac{(t_i-s)^{\alpha-2}}{\Gamma(\alpha-1)}|f(s,u(s))|\mathrm{d}s+|I_i^*(u(t_i))|\right]
\end{aligned}
$$

$$
\begin{aligned}
&+\sum_{i=1}^{p}[|\lambda_3(t)|+|\lambda_1(t)|t_p]\left[\int_{t_i-1}^{t_i}\frac{(t_i-s)^{\alpha-2}}{\Gamma(\alpha-1)}|f(s,u(s))|\mathrm{d}s+|I_i^*(u(t_i))|\right]\\
\le&\max_{t\in J}\left\{\frac{(1+p)(1+|\lambda_1(t)|)T^{\alpha}L_1}{\Gamma(\alpha+1)}\right.\\
&+\frac{[(2p-1)(1+T|\lambda_1(t)|)+p|\lambda_3(t)|+|\lambda_2(t)|]T^{\alpha-1}L_1}{\Gamma(\alpha)}\\
&\left.+(1+|\lambda_1(t)|)pL_2+[(2p-1)(1+T|\lambda_1(t)|)+p|\lambda_3(t)|]L_3\right\}:=M.
\end{aligned}
$$

则对于$t\in J$, $\|u\|\le M$. 由定理1.3.18 可知算子$T$至少有一个不动点, 所以(7.4.1) 至少有一个解. □

**定理7.4.4** 假设存在正数$K_i(i=1,2,3)$, 使得

$$|f(t,u)-f(t,v)|\le K_1|u-v|,$$

$$|I_k(u)-I_k(v)|\le K_2|u-v|,$$

$$|I_k^*(u)-I_k^*(v)|\le K_3|u-v|,$$

其中$t\in J, u,v\in\mathbb{R}$, $k=1,2,\cdots,p$. 假设如下条件成立,

$$
\begin{aligned}
\mathcal{H}=&\max_{t\in J}\left\{\frac{(1+p)(1+|\lambda_1(t)|)T^{\alpha}K_1}{\Gamma(\alpha+1)}\right.\\
&+\frac{[(2p-1)(1+T|\lambda_1(t)|)+p|\lambda_3(t)|+|\lambda_2(t)|]T^{\alpha-1}K_1}{\Gamma(\alpha)}\\
&\left.+(1+|\lambda_1(t)|)pK_2+[(2p-1)(1+T|\lambda_1(t)|)+p|\lambda_3(t)|]K_3\right\}\\
&<1.
\end{aligned}
\tag{7.4.3}
$$

则问题(7.4.1)有唯一解.

**证明:** 对于$u,v\in PC[J,\mathbb{R}]$, 有

$$
\begin{aligned}
&|(Tu)(t)-(Tv)(t)|\\
\le&\int_{t_k}^{t}\frac{(t-s)^{\alpha-1}}{\Gamma(\alpha)}|f(s,u(s))-f(s,v(s))|\mathrm{d}s\\
&+|\lambda_1(t)|\int_{t_p}^{T}\frac{(T-s)^{\alpha-1}}{\Gamma(\alpha)}|f(s,u(s))-f(s,v(s))|\mathrm{d}s
\end{aligned}
$$

$$
\begin{aligned}
&+|\lambda_2(t)|\int_{t_p}^{T}\frac{(T-s)^{\alpha-2}}{\Gamma(\alpha-1)}|f(s,u(s))-f(s,v(s))|\mathrm{d}s\\
&+\sum_{i=1}^{k}[\int_{t_{i-1}}^{t_i}\frac{(t_i-s)^{\alpha-1}}{\Gamma(\alpha)}|f(s,u(s))-f(s,v(s))|\mathrm{d}s\\
&+|I_i(u(t_i))-I_i(v(t_i))|]\\
&+\sum_{i=1}^{k-1}(t_k-t_i)[\int_{t_{i-1}}^{t_i}\frac{(t_i-s)^{\alpha-2}}{\Gamma(\alpha-1)}|f(s,u(s))-f(s,v(s))|\mathrm{d}s\\
&+|I_i^*(u(t_i))-I_i^*(v(t_i))|]\\
&+\sum_{i=1}^{k}(t-t_k)[\int_{t_{i-1}}^{t_i}\frac{(t_i-s)^{\alpha-2}}{\Gamma(\alpha-1)}|f(s,u(s))-f(s,v(s))|\mathrm{d}s\\
&+|I_i^*(u(t_i))-I_i^*(v(t_i))|]\\
&+|\lambda_1(t)|\sum_{i=1}^{p}[\int_{t_{i-1}}^{t_i}\frac{(t_i-s)^{\alpha-1}}{\Gamma(\alpha)}|f(s,u(s))-f(s,v(s))|\mathrm{d}s\\
&+|I_i(u(t_i))-I_i(v(t_i))|]\\
&+|\lambda_1(t)|\sum_{i=1}^{p-1}(t_p-t_i)[\int_{t_{i-1}}^{t_i}\frac{(t_i-s)^{\alpha-2}}{\Gamma(\alpha-1)}|f(s,u(s))-f(s,v(s))|\mathrm{d}s\\
&+|I_i^*(u(t_i))-I_i^*(v(t_i))|]\\
&+\sum_{i=1}^{p}[|\lambda_3(t)|+|\lambda_1(t)|t_p][\int_{t_{i-1}}^{t_i}\frac{(t_i-s)^{\alpha-2}}{\Gamma(\alpha-1)}|f(s,u(s))-f(s,v(s))|\mathrm{d}s\\
&+|I_i^*(u(t_i))-I_i^*(v(t_i))|]\\
\le&\left\{\frac{(1+p)(1+|\lambda_1(t)|)T^{\alpha}K_1}{\Gamma(\alpha+1)}\right.\\
&+\frac{[(2p-1)(1+T|\lambda_1(t)|)+p|\lambda_3(t)|+|\lambda_2(t)|]T^{\alpha-1}K_1}{\Gamma(\alpha)}\\
&\left.+(1+|\lambda_1(t)|)pK_2+[(2p-1)(1+T|\lambda_1(t)|)+p|\lambda_3(t)|]K_3\right\}||u-v||.
\end{aligned}
$$

由此可得$||Tu-Tv||\le\mathcal{H}||u-v||$, 其中$\mathcal{H}$ 由(7.4.3) 给出. 由于$\mathcal{H}<1$, 因此$T$是

一个压缩映射, 由压缩映射原理可知方程有唯一解. □

### 7.4.2 例子

**例7.4.1** 考虑如下分数阶脉冲方程混合边值问题:

$$\begin{cases} {}^cD^\alpha u(t) = 2\ln(1+u^2(t)) - \cos u(t) + 1, \quad 0 < t, t_1 < T, t \neq t_1, \\ \Delta u(t_1) = \mathrm{e}^{u^3(t_1)} - 1, \quad \Delta u'(t_1) = (1+u^2(t_1))^{\frac{1}{3}} - 1, \\ Tu'(0) = -2u(0) - 3u(T), \quad Tu'(T) = 4u(0) + 5u(T). \end{cases} \tag{7.4.4}$$

**结论:** 问题(7.4.4)至少有一个解.

**证明:** 由方程可知$1 < \alpha \leq 2, p = 1, a = 2, b = 3, c = 4, d = 5$,

$f(t,u) = 2\ln(1+u^2) - \cos u + 1, I_1(u(t_1)) = \mathrm{e}^{u^3(t_1)} - 1$,

$I_1^*(u(t_1)) = (1+u^2)^{\frac{1}{3}} - 1$.

$$\begin{aligned} \lim_{u\to 0}\frac{f(t,u)}{u} &= \lim_{u\to 0}\frac{2\ln(1+u^2) - \cos u + 1}{u} \\ &= \lim_{u\to 0}\frac{2\ln(1+u^2)}{u} + \lim_{u\to 0}\frac{1-\cos u}{u} = 0, \end{aligned}$$

$$\begin{aligned} \lim_{u\to 0}\frac{I_1(u)}{u} &= \lim_{u\to 0}\frac{e^{u^3}-1}{u} = \lim_{u\to 0} u^2 = 0, \\ \lim_{u\to 0}\frac{I_1^*(u)}{u} &= \lim_{u\to 0}\frac{(1+u^2)^{\frac{1}{3}}-1}{u} = \lim_{u\to 0}\frac{u}{3} = 0. \end{aligned}$$

而且$\delta_i (i = 1,2,3)$满足不等式:

$$\frac{T^{\alpha-1}\delta_1}{\Gamma(\alpha+1)}\left(3T + \frac{\alpha}{16}(16+21T)\right) + \frac{3}{2}\delta_2 + \left(1 + \frac{3}{4}T\right)\delta_3 \leq 1.$$

由此可知定理7.4.3的所有条件都成立, 所以分数阶脉冲混合边值问题(7.4.4)至少有一个解.

## 7.5 小结

本章主要围绕分数阶脉冲微分方程进行了研究.

在7.1节中, 介绍了分数阶微积分的基础知识, 内容选自王国涛, Bashir Ahmadb和张丽红的论文结果[26].

在7.2节中, 对分数阶脉冲微分方程的初值问题进行了详细研究, 应用混合单调算子的不动点定理, 简单给出了这类方程解的存在唯一性, 内容选自张杰明, 杨晨和翟成波论文结论[27].

在7.3节中, 探讨了共形分数阶脉冲微分方程的初值问题, 证明了这类方程解的存在唯一性, 内容选自周碧波, 张玲玲和白桑论文[28].

在7.4节中, 探讨了分数阶脉冲微分方程的混合边值问题, 证明了这类问题解的存在性和唯一性, 内容选自王国涛, Bashir Ahmadb和张丽红论文所得结果[26].

# 参考文献

[1] 张恭庆,林源渠.泛函分析讲义.上册[M].北京:北京大学出版社,2005.

[2] 郭大钧.非线性泛函分析[M].2 版.济南:山东科学技术出版社,2001.

[3] 郭大钧.非线性分析中的半序方法[M].济南:山东科学技术出版社,2000.

[4] ZHAI C B,ZHANG L L.New fixed point theorems for mixed monotone operators and local existence - uniqueness of positive solutions for nonlinear boundary value problems[J].Journal of mathematical analysis and applications,2011,382(2):594-614.

[5] 翟成波,王文霞,张玲玲.一类凹与凸算子的推广[J].数学学报,2008,(03):529-540.

[6] ZHAI C B,HAO M R.Fixed point theorems for mixed monotone operators with perturbation and applications to fractional differential equation boundary value problems[J].Nonlinear analysis theory methods and applications,2012,75(4):2542-2551.

[7] LIANG Z D,ZHANG L L,LI S J.Fixed point theorems for a class of mixed monotone operators[J]. Zeitschrift für Analysis undihre Anwendungen,2003,22(3):529-542.

[8] 李建利.脉冲微分方程周期解和周期边值问题[D].长沙:湖南师范大学,2003.

[9] ERBE L H,LIU X Z.Quasi-solutions of nonlinear impulsive equations in abstract cones[J].Applicable analysis,1989,34(3-4):231-250.

[10] 柴国庆,陈宙.一阶脉冲微分方程周期边值问题[J].湖北师范学院学报(自然科学版),2001,021(002):7-10.

[11] GUO D J,LIU X Z.Extremal solutions of nonlinear impulsive integrodif-

ferential equations in Banach spaces[J].Journal of mathematical analysis and applications,1993,177(2):538-552.

[12] ZHANG L H.Boundary value problem for first order impulsive functional integro-differential equations [J]. Journal of computational and applied mathematics,2011,235(8):2442-2450.

[13] GUO D J,LAKSHMIKANTHAM V,LIU X Z.Nonlinear integral equations in abstract spaces [M]. NewYork: Springer Science &Business Media,2013.

[14] WANG G T,ZHANG L H,SONG G X.Integral boundary value problem for impulsive integro-differential equations in Banach spaces[J].Journal of applied mathematics and computing,2011,37:559-574.

[15] ZHANG L L,YAMAZAKI N,ZHAI C B.Optimal control problem of positive solutions to second order impulsive differential equations [J]. Zeitschrift für Analysis und ihre Anwendungen,2012,31(2):237-250.

[16] GUO D J.Existence of solutions of boundary value problems for nonlinear second order impulsive differential equations in banach spaces[J].Journal of mathematical analysis and applications,1994,181(2):407-421.

[17] ZHANG L L,ZHAI C B.Existence and uniqueness of positive solutions to nonlinear second order impulsive differential equations with concave or convex nonlinearities[J].Discrete dynamics in nature and society,2013, 2013(1):259730.

[18] WANG W X,ZHANG L L,LIANG Z D.Initial value problems for nonlinear impulsive integro-differential equations in Banach space[J].Journal of mathematical analysis and applications,2006,320(2):510-527.

[19] HOU Y M,ZHANG L H,WANG G T.A new comparison principle and its application to nonlinear impulsive functional integro-differential equations[J].Advances in difference equations,2018,2018:1-13.

[20] GUO D J.Periodic boundary value problems for second order impulsive integro-differential equations in banach spaces [J]. Nonlinear analysis: theory,methods &applications,1997,28(6):983-997.

[21] DEIMLING K.Nonlinear functional analysis[M].NewYork:Springer Sci-

ence &Business Media,2013.

[22] 原文志,王文霞.Banach 空间中 n 阶非线性脉冲积分-微分方程无穷边值问题的最小正解[J].山西大学学报:自然科学版,2011(4):9.

[23] 郝瑞肖.两类非线性脉冲微分方程(组)及其最优控制问题研究[D].太原:太原理工大学,2015.

[24] WANG H,ZHANG L L,WANG X Q.Unique existence results and numerical solutions for fourth-order impulsive differential equations with nonlinear boundary conditions[J].Journal of applied analysis & computation,2019.

[25] 李丽香.脉冲(积)微分方程解的存在性研究[D].太原:太原理工大学,2014.

[26] WANG G T,AHMAD B,ZHANG L H.Some existence results for impulsive nonlinear fractional differential equations with mixed boundary conditions[J]. Computers & mathematics with applications, 2011, 62(3): 1389-1397.

[27] ZHANG J M,YANG C,ZHAI C B.A mixed monotone operator method for the existence and uniqueness of positive solutions to impulsive Caputo fractional differential equations [J]. Discrete dynamics in nature and society,2013,2013(1):745674.

[28] 周碧波,张玲玲,白桑.一类非线性共形分数阶微分方程的边值问题和脉冲初值问题[J].应用数学,2021,34(1):47-58.